高等学校“十二五”电气自动化类规划教材

微机原理与接口技术

娄国焕　曹晓华　王海群　编著

電子工業出版社
Publishing House of Electronics Industry
北京 • BEIJING

内 容 简 介

本书以 Intel 系列微处理器为背景，系统介绍了 80x86 微处理器及后继机型的基本组成、工作原理和接口技术，同时以大量实例介绍了汇编语言程序设计的基本理论和方法。全书在编写上坚持理论联系实际的原则，注重系统性、先进性和实用性。

全书共分 9 章，分别讲述了微型计算机基础知识，微型计算机概述，8086/8088 寻址方式与指令系统，汇编语言程序设计，存储器，输入/输出与中断系统，定时器/计数器与 DMA 控制器，并行与串行接口，以及总线等内容。

本书可作为高等院校电气、电子、自动化等专业教材，也可供从事微型计算机系统设计和应用的技术人员自学和参考。

图书在版编目（CIP）数据

微机原理与接口技术/娄国焕，曹晓华，王海群编著. —北京：电子工业出版社，2011.5

高等学校“十二五”电气自动化类规划教材

ISBN 978-7-121-13327-5

Ⅰ. ①微… Ⅱ. ①娄… ②曹… ③王… Ⅲ. ①微型计算机—理论—高等学校—教材②微型计算机—接口技术—高等学校—教材 Ⅳ. ①TP36

中国版本图书馆 CIP 数据核字（2011）第 067044 号

责任编辑：陈韦凯
特约编辑：刘 忠
印 刷：
装 订：三河市鑫金马印装有限公司
出版发行：电子工业出版社
北京市海淀区万寿路 173 信箱 邮编 100036
开 本：787×1 092 1/16 印张：18 字数：460.8 千字
印 次：2012 年 5 月第 2 次印刷
印 数：2 000 册 定价：35.00 元

凡所购买电子工业出版社图书有缺损问题，请向购买书店调换。若书店售缺，请与本社发行部联系，联系及邮购电话：（010）88254888。

质量投诉请发邮件至 zlts@phei.com.cn，盗版侵权举报请发邮件至 dbqq@phei.com.cn。

服务热线：（010）88258888。

高等学校“十二五”电气自动化类规划教材
丛书编委会

前　言

“微机原理与接口技术”是高等学校电气自动化类、电子信息类等专业重要的专业基础课，随着工业自动化水平的不断提高，微型计算机已成为解决工程问题不可缺少的工具。近年来，虽然计算机技术飞速发展，经历了 8 位、16 位、32 位、64 位微处理器的发展过程，但其基本工作原理相同，而且 8086/8088 微处理器具有很好的兼容性和代表性，工科院校的学生通过学习 8086/8088 的原理与接口技术，可以很好地掌握微型计算机的组成和应用技术，为将来参与实际工程设计打下良好基础。

本书是在编著者多年教学实践的基础上，并参考国内同类优秀教材而编写的，在内容安排上注重理论联系实际，采用深入浅出、通俗易懂、突出重点的原则，具有较强的技术性和实用性。通过本课程的学习，要求学生不仅要掌握微机原理与接口技术，还要通过实践来锻炼其实际动手能力。

全书共分 9 章。第 1 章微型计算机基础知识，主要介绍数据信息在计算机内的表示及运算方法；第 2 章微型计算机概述，介绍微型计算机发展及性能指标和分类，详细介绍 80x86 微处理器和 Pentium 系列微处理器的结构及性能特点；第 3 章介绍了 8086/8088 的寻址方式和指令系统；第 4 章汇编语言程序设计，介绍 8086/8088 汇编语言程序设计的方法和技巧；第 5 章存储器，主要介绍半导体存储器的工作原理、结构、特点及与 CPU 的连接；第 6 章输入/输出与中断系统，重点介绍 8259A 可编程中断控制器；第 7 章定时器/计数器与 DMA 控制器，介绍 8253 和 8237 芯片的原理与应用；第 8 章并行接口与串行接口，介绍 8255 和 8251 芯片的使用方法；第 9 章总线，介绍总线的标准和分类，以及常见的系统总线。

为了便于读者对本书内容的理解和掌握，每章最后都附有相应的习题，帮助读者巩固所学内容。

本书第 1～3 章由娄国焕编写，第 4 章、第 6 章由曹晓华编写，第 5 章、第 7～9 章由王海群编写，全书由娄国焕统稿。

本书在编写过程中参考了国内同类教材的有关内容和研究成果，在此对相关作者表示衷心的感谢！

由于时间仓促，编著者水平有限，书中难免存在缺点和错误，敬请广大读者批评指正。

编著者
2011 年 2 月

目　　录

第 1 章　微型计算机基础知识……1

1.1　进位计数制与不同基数的数之间的转换……1

1.1.1　常用进位计数制……1

1.1.2　各种数制之间的转换……3

1.2　计算机中数值数据的表示方法及运算……6

1.2.1　二进制数的编码及运算……6

1.2.2　十进制数的编码及运算……10

1.3　非数值数据的表示方法……11

习题……13

第 2 章　微型计算机概述……15

2.1　微型计算机的发展概况……15

2.2　微型计算机的分类及特点……17

2.2.1　微型计算机的分类……17

2.2.2　微型计算机的特点……18

2.3　微型计算机系统……19

2.3.1　微型计算机系统的组成……19

2.3.2　微型计算机系统的主要性能指标……21

2.3.3　微型计算机的新技术……22

2.4　微型计算机的应用……24

2.5　8086 微处理器……25

2.5.1　8086 微处理器的内部结构……25

2.5.2　8086 微处理器内部寄存器结构……28

2.5.3　8086 微处理器的引脚功能……31

2.5.4　8086 微处理器总线周期……34

2.6　80x86 微处理器和 Pentium 系列微处理器的结构和性能特点……36

2.6.1　80286 微处理器……36

2.6.2　80386 微处理器……39

2.6.3　80486 微处理器……42

2.6.4　Pentium 微处理器……46

2.6.5　Pentium II 微处理器……48

2.6.6　Pentium　III微处理器……50

2.6.7　Pentium 4 微处理器……51

习题……52

第 3 章　8086/8088 寻址方式与指令系统……53

3.1　指令系统概述……53

3.2　8086/8088 的寻址方式……53

3.2.1 与数据有关的寻址方式······53
3.2.2 与转移地址有关的寻址方式······59
3.3 8086/8088 指令系统······61
3.3.1 数据传送指令······61
3.3.2 算术运算指令······66
3.3.3 逻辑运算和移位指令······75
3.3.4 串操作指令······78
3.3.5 控制转移指令······82
3.3.6 处理器控制指令······88
习题······89
第 4 章 汇编语言程序设计······91
4.1 汇编语言程序格式······91
4.2 汇编语言的基本语法······92
4.2.1 伪指令语句格式······92
4.2.2 常数、变量和标号······93
4.2.3 运算符与表达式······95
4.3 汇编语言的伪指令······101
4.4 宏指令······109
4.5 DOS 系统功能调用······111
4.6 汇编语言程序的上机过程······115
4.7 汇编语言程序设计基础······118
4.7.1 顺序程序设计······119
4.7.2 分支程序设计······121
4.7.3 循环程序设计······128
4.7.4 子程序设计······135
习题······139
第 5 章 存储器······140
5.1 概述······140
5.1.1 存储器的分类······140
5.1.2 存储器的主要性能指标······142
5.2 半导体存储器的工作原理、结构、特点······142
5.2.1 半导体存储器的一般结构······142
5.2.2 RAM 的工作原理、结构、特点······144
5.2.3 ROM 的工作原理、结构、特点······147
5.3 存储器与 CPU 的接口······150
5.3.1 存储器与 CPU 连接时应该注意的一些问题······150
5.3.2 存储器与数据总线、控制总线的连接······150
5.3.3 存储器与地址总线的连接······151
5.3.4 存储器与 CPU 连接时的速度匹配······152
5.3.5 存储器与 CPU 接口的应用······154
习题······155

第 6 章　输入/输出与中断系统……158
6.1　输入/输出与接口概述……158
6.2　输入/输出接口及其编址方式……159
6.3　CPU 与外设之间的数据传送方式……160
6.3.1　程序控制的输入/输出……160
6.3.2　中断控制的输入/输出……162
6.3.3　直接存储器存取（DMA）方式……162
6.3.4　输入/输出通道控制方式和处理机控制方式……163
6.4　中断系统的基本概念……163
6.4.1　中断的基本概念……163
6.4.2　中断源与中断识别……164
6.4.3　中断优先权……165
6.4.4　中断处理……165
6.5　8086 微处理器的中断系统……166
6.5.1　中断的分类……166
6.5.2　中断向量和中断向量表……167
6.6　8259A 可编程中断控制器……169
6.6.1　8259A 的内部结构及工作原理……169
6.6.2　8259A 的芯片引脚信号……171
6.6.3　8259A 的工作原理……172
6.6.4　8259A 的级联使用……173
6.6.5　8259A 编程方法……174
6.6.6　8259A 的应用……179
习题……183
第 7 章　定时器/计数器与 DMA 控制器……185
7.1　可编程计数器/定时器 8253……185
7.1.1　8253 芯片内部结构及引脚信号……185
7.1.2　8253 芯片的工作方式……189
7.1.3　8253 芯片的应用……193
7.2　8237A DMA 控制器……195
7.2.1　DMA 传送的特点……195
7.2.2　8237A 芯片概述……196
7.2.3　8237A 芯片内部结构……196
7.2.4　8237A 芯片的工作时序……199
7.2.5　8237A 芯片的寄存器与编程……200
7.2.6　8237A 芯片各寄存器的端口地址……205
7.2.7　8237A 芯片的编程与应用……207
习题……209
第 8 章　并行接口与串行接口……212
8.1　可编程并行接口芯片 8255A……212
8.1.1　并行通信……212

8.1.2 并行接口 212
8.1.3 并行接口芯片 8255A 213
8.1.4 8255A 芯片的应用 221
8.2 可编程串行接口芯片 8251A 223
8.2.1 串行通信的基本概念 223
8.2.2 8251A 芯片内部结构及功能 227
8.2.3 8251A 芯片的控制字及工作方式 231
8.2.4 8251A 芯片的应用 234
习题 236
第 9 章 总线 238
9.1 总线的基本概念 238
9.1.1 微型计算机总线的定义 238
9.1.2 总线的标准 238
9.1.3 总线的分类 239
9.1.4 采用标准总线的优点 240
9.1.5 总线的操作过程 240
9.1.6 总线的主要性能指标 241
9.1.7 总线的通信方式 242
9.1.8 总线的仲裁 242
9.2 系统总线 243
9.2.1 ISA 总线 243
9.2.2 EISA 总线 245
9.2.3 VESA 总线 246
9.2.4 PCI 局部总线 246
9.2.5 PCI-X 总线 248
9.2.6 PCI Express 总线 249
9.3 外部总线 250
9.3.1 IEEE 488 总线 250
9.3.2 RS-232C 串行总线 251
9.3.3 SCSI 总线 254
9.3.4 IEEE 1394 总线 255
9.3.5 USB 256
习题 257
附录 A ASCII 码编码表 258
附录 B 8086/8088 指令系统表 259
附录 C BIOS 中断调用 268
附录 D DOS 功能调用（INT 21H） 272
参考文献 278

第 1 章　微型计算机基础知识

微型计算机自从 20 世纪 70 年代问世以来，得到了迅猛发展，其应用领域已深入到各行各业，成为当今计算机发展的一个主流方向。本章主要介绍微型计算机中数据的表示方法，重点讲述微型计算机中常用数制及其转换方法、二进制数和十六进制数的运算以及数值和字符的表示等计算机基础知识。

1.1　进位计数制与不同基数的数之间的转换

计算机内部的信息分为两大类：控制信息和数据信息。控制信息是一系列控制命令，用于指挥计算机如何操作；数据信息是计算机操作的对象，一般又分为数值数据和非数值数据。数值数据用于表示数量的大小，它有确定的数值；非数值数据没有确定的数值，主要包括字符、汉字、逻辑数据等。不论是控制信息还是数据信息，在计算机内部都采用了二进制的编码方式，包括图形和声音等信息，也必须转换成二进制（Binary）数的形式，才能存入计算机中。为了书写和使用方便，计算机中还采用了其他的数制，如八进制（Octal）、十进制（Decimal）、十六进制（Hexadecimal）等。

1.1.1　常用进位计数制

日常生活中广泛使用十进制，计算机内部则以二进制作为数字表示的基础，这是因为计算机内部的电子部件有两种工作状态，即电流的“通”与“断”（或电压的“高”与“低”），因此，计算机能够直接识别的只是二进制数。在二进制基础上，计算机也可采用八进制、十六进制、二—十进制表示。

任意的十进制数$(N)_{10}$可表示为

$$
\begin{aligned}
(N)_{10} &= D_m \cdot 10^m + D_{m-1} \cdot 10^{m-1} + \cdots + D_1 \cdot 10^1 + D_0 \cdot 10^0 + \\
&\quad D_{-1} \cdot 10^{-1} + D_{-2} \cdot 10^{-2} + \cdots + D_{-k} \cdot 10^{-k} \\
&= \sum_{i=m}^{-k} D_i \cdot 10^i
\end{aligned}
$$

式中：$(N)_{10}$的下标 10 表示十进制，该十进制数的总位数位 $T=m+k+1$ 位（m 和 k 取正整数），有 $m+1$ 位的整数位，k 位的小数位；D_i 取任意一个 0～9 中的数，在此引入一个权（Weight）定义，以上式为例，同一个数 D_i 处在不同数位时它所表示的数值不同，例如，个位的 D_0

表示 $D_0 \cdot 10^0$，而十位的 D_1 则表示 $D_1 \cdot 10^1, \cdots, m$ 位上的 D_m 表示 $D_m \cdot 10^m$，其中每一位数都对应一个固定的单位值 10^i 称为权值，其中的 10 称为基数或“底”。

任意的二进制数$(N)_2$可表示为

$$\begin{aligned}(N)_2 &= D_m \cdot 2^m + D_{m-1} \cdot 2^{m-1} + \cdots + D_1 \cdot 2^1 + D_0 \cdot 2^0 + \\ &\quad D_{-1} \cdot 2^{-1} + D_{-2} \cdot 2^{-2} + \cdots + D_{-k} \cdot 2^{-k} \\ &= \sum_{i=m}^{-k} D_i \cdot 2^i\end{aligned}$$

式中：$(N)_2$的下标 2 表示二进制；D_i 取 0 或 1；式中有 m+1 位的整数位，k 位的小数位；权值为 2^i，基数为 2。

任意的八进制数$(N)_8$可表示为

$$\begin{aligned}(N)_8 &= D_m \cdot 8^m + D_{m-1} \cdot 8^{m-1} + \cdots + D_1 \cdot 8^1 + D_0 \cdot 8^0 + \\ &\quad D_{-1} \cdot 8^{-1} + D_{-2} \cdot 8^{-2} + \cdots + D_{-k} \cdot 8^{-k} \\ &= \sum_{i=m}^{-k} D_i \cdot 8^i\end{aligned}$$

式中：$(N)_8$的下标 8 表示是八进制；D_i 取任意一个 0～7 中的数；式中有 m+1 位的整数位，k 位的小数位；权值为 8^i，基数为 8。

同理，当权值为 16^i，基数为 16 时，就可以表示十六进制数。在十六进制数中由于要表示 16 种状态就存在如何表示 0～15 数的问题，0～9 可以正常表示，而 10～15 是用 A、B、C、D、E、F 表示的。

因此，任意十六进制数$(N)_{16}$可表示为

$$(N)_{16} = \sum_{i=m}^{-k} D_i \cdot 16^i$$

在计算机内部可以根据实际情况的需要，分别采用二进制数、八进制数、十进制数和十六进制数。表 1-1 给出了计算机中常用计数制的基数、数码以及进位关系。

表 1-1　计算机中常用计数制的基数、数码以及进位关系

计 数 制	基　　数	数　　码	进 位 关 系
二进制	2	0、1	逢二进一
八进制	8	0、1、2、3、4、5、6、7	逢八进一
十进制	10	0、1、2、3、4、5、6、7、8、9	逢十进一
十六进制	16	0、1、2、3、4、5、6、7、8、9、A、B、C、D、E、F	逢十六进一

为了区分各种计数制的数据，经常采用以下两种方法进行书写。

（1）在数字后面加相应的英文字母作为标识。例如，B（Binary）表示二进制数；O（Octonary）或 Q 表示八进制数；D（Decimal）表示十进制数，通常其后缀可以省略；H（Hexadecimal）表示十六进制数。

（2）在括号外面加数字下标，例如，二进制的 11011101 可以写成$(11011101)_2$，八进制

数 3157 可以写成$(3157)_8$，此种方法比较直观。

表 1-2 给出了常见计数制的表示方法及它们之间的关系。

表 1-2　常见计数制的表示方法

二 进 制	八 进 制	十 六 进 制	十 进 制
0000	00	0	0
0001	01	1	1
0010	02	2	2
0011	03	3	3
0100	04	4	4
0101	05	5	5
0110	06	6	6
0111	07	7	7
1000	10	8	8
1001	11	9	9
1010	12	A	10
1011	13	B	11
1100	14	C	12
1101	15	D	13
1110	16	E	14
1111	17	F	15

1.1.2　各种数制之间的转换

1．十进制数转换为二进制数

一个十进制数通常由整数和小数部分组成，这两部分的转换规则是不同的，在实际应用中，整数部分与小数部分要分别进行转换，然后再进行合并。

1）十进制整数转换为二进制整数

十进制整数转换成二进制整数采用的是“除 2 取余法”，具体操作方法如下：

将十进制整数除以 2，余数作为对应二进制数的最低整数位，然后对本次商再除以 2，余数作为对应二进制数的次低位。如此反复，直到商等于 0 为止。最后将得到的余数由低位到高位排列起来，即得到转换后的二进制整数。

【例 1.1】　将十进制整数$（107）_{10}$转换成二进制整数。

转换过程如下：

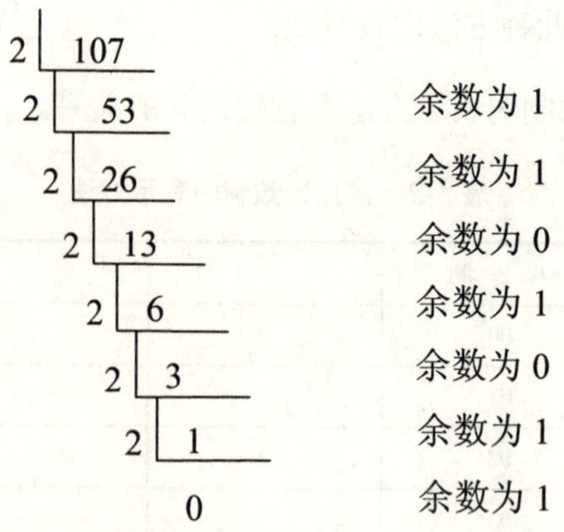

```
2 | 107
  2 | 53        余数为 1
    2 | 26      余数为 1
      2 | 13    余数为 0
        2 | 6   余数为 1
          2 | 3 余数为 0
            2 | 1 余数为 1
                0 余数为 1
```

所以，$(107)_{10}=(1101011)_2$。

2）十进制小数转换为二进制小数

十进制小数转换成二进制小数采用的是“乘 2 取整法”。即将十进制数小数乘以 2，结果的整数位作为对应二进制小数的最高位，然后用本次结果的小数部分再乘以 2，结果的整数位作为对应二进制小数的次高位。如此重复，直到乘积的结果为 0，或结果满足所要求的精度为止。

【例 1.2】 将十进制小数$(0.71875)_{10}$转换成二进制小数。

转换过程见表 1-3。

表 1-3 十进制转换成二进制

整数位	0	0.71875×2
最高位	1	0.4375×2
	0	0.875×2
	1	0.75×2
	1	0.5×2
最低位	1	0.0

所以，$(0.71875)_{10}=(0.10111)_2$。

2. 二进制数、八进制数和十六进制数转换为十进制数

二进制数转换成十进制数，利用公式$(N)_2=\sum_{i=m}^{-k} D_i \cdot 2^i$ 逐一展开就可以得到结果。

【例 1.3】 将二进制数$(11101.11)_2$转换成十进制数。

$$(11101.11)_2=1\times2^4+1\times2^3+1\times2^2+0\times2^1+1\times2^0+1\times2^{-1}+1\times2^{-2}$$
$$=16+8+4+0+1+0.5+0.25=(29.75)_{10}$$

对于八进制数和十六进制数，同样按照公式$(N)_8=\sum_{i=m}^{-k} D_i \cdot 8^i$ 和$(N)_{16}=\sum_{i=m}^{-k} D_i \cdot 16^i$ 逐一展开即可。

【例 1.4】 将八进制数$(1372.51)_8$转换成十进制数。

$$(1372.51)_8=1\times8^3+3\times8^2+7\times8^1+2\times8^0+5\times8^{-1}+1\times8^{-2}$$
$$=512+192+56+2+0.625+0.015625=(762.640625)_{10}$$

【例 1.5】 将十六进制数$(1A2.14)_{16}$转换成十进制数。

$$(1A2.14)_{16}=1\times16^2+10\times16^1+2\times16^0+1\times16^{-1}+4\times16^{-2}$$
$$=256+160+2+0.0625+0.015625=(418.078125)_{10}$$

3．二进制数、八进制数和十六进制数之间的转换

由于二进制数表达起来比较麻烦，所以，演变出了八进制数和十六进制数。微型计算机中常用的是十六进制数。

1）二进制数和八进制数之间的转换

因为 $8=2^3$，3 位二进制数可以有 8 种状态，每一种状态对应一个八进制数，所以，二进制数转换成八进制数的方法：以小数点为界，对小数点左右的数字分组进行处理，3 位二进制数为一组，整数不足一组的用左侧补 0 的方法，小数不足一组则用右侧补 0 的方法。然后将每 3 位二进制数用 1 位八进制数表示即可。具体操作见下面的例子。

【例 1.6】 将二进制数$(11011.10111)_2$转换成八进制数。

$$(11011.10111)_2=(\underline{011}\ \underline{011}.\underline{101}\ \underline{110})_2=(33.56)_8$$

八进制数转换成二进制数可以是上述方法的逆过程，即每 1 位八进制数用 3 位二进制数表示即可。

【例 1.7】 将八进制数$(423.45)_8$转换成二进制数。

$$(423.45)_8=(\underline{100}\ \underline{010}\ \underline{011}.\ \underline{100}\ \underline{101})_2$$

2）二进制数和十六进制数之间的转换

与二进制数和八进制数之间的转换方法类似，因为 $16=2^4$，4 位二进制数可以有 16 种状态，每一种状态对应一个十六进制数，所以，二进制数转换成十六进制数的方法：以小数点为界，对小数点左右的数字按 4 位一组进行处理，整数不足一组的用左侧补 0 的方法，小数不足一组则用右侧补 0 的方法。然后每 4 位二进制数用 1 位十六进制数表示即可。具体见下面的例子。

【例 1.8】 将二进制数$(11011.10111)_2$转换成十六进制数。

$$(11011.10111)_2=(\underline{0001}\ \underline{1011}.\underline{1011}\ \underline{1000})_2=(1B.B8)_{16}$$

十六进制数转换成二进制数仍然是上述方法的逆过程，即每 1 位十六进制数用 4 位二进制数表示即可。

【例 1.9】 将十六进制数$(A5C2.8F)_{16}$转换成二进制数。

$$(A5C2.8F)_{16}=(\underline{1010}\ \underline{0101}\ \underline{1100}\ \underline{0010}.\underline{1000}\ \underline{1111})_2$$

4．十进制数转换为八进制数和十六进制数

十进制数转换成八进制数和十六进制数时，可以参照十进制数转换为二进制数的方法来处理。例如，十进制整数转换为八进制整数，可采用“除 8 取余法”，十进制小数转换为八进制小数，可采用“乘 8 取整法”，具体操作见下面的例子。

【例 1.10】 将十进制整数$(1107)_{10}$转换成八进制整数。

转换过程如下：

```
8 | 1107
   ------
  8 | 138      余数为 3
     -----
    8 | 17     余数为 2
       ----
      8 | 2    余数为 1
         ---
          0    余数为 2
```

所以，$(1107)_{10}=(2123)_8$。

【例 1.11】 将十进制小数$(0.9525)_{10}$转换成八进制小数。

十进制转换成八进制见表 1-4。

表 1-4 十进制转换成八进制

整数位	0	0.9525×8
最高位	7	0.62×8
	4	0.96×8
	7	0.68×8
最低位	5	0.44

计算精度取小数点后 4 位数，则其后的数可以不再计算。所以，$(0.9525)_{10}=(0.7475)_8$。

对于十进制数转换为十六进制数，方法与之类似，不再赘述。

1.2 计算机中数值数据的表示方法及运算

如前所述，任何数据在计算机中都是以二进制数的形式表示的，数据又有数值数据和非数值之分，下面讨论数值数据和非数值数据在计算机中的编码方法。

1.2.1 二进制数的编码及运算

在计算机内部表示二进制数的方法通常称为数值编码，把一个数及其符号在机器中的表示加以数值化，这样的数称为机器数。机器数所代表的实际值称为真值。一般机器数的最高有效位用来表示数的正负号，0 表示正数，1 表示负数。常用的编码方法有原码、反码和补码。

1. 原码

一个二进制数的最高位表示数的符号（用 0 表示正数，用1 表示负数），其余各位表示数值本身，这样的表示方法称为数的原码。

设真值为 X，机器字长为 n 位，则当 X≥0 时，$[X]_{原}$的最高位为 0，其余 n–1 位为 X 的各数值位的值。例如，n=8 时，$[+1]_{原}$=00000001，$[+127]_{原}$=01111111。当 X≤0 时，$[X]_{原}$的最高位为 1，其余 n–1 位为 X 的各数值位的值。例如，n=8 时，$[-1]_{原}$=10000001，$[-127]_{原}$=11111111。

注意：（1）在二进制数的原码表示中，0 的表示有两种形式：+0 和–0。

$$[+0]_{原}=00000000，[-0]_{原}=10000000$$

（2）原码表示的整数范围是$-(2^{n-1}-1)$～$+(2^{n-1}-1)$，其中 n 为机器字长。

原码表示的优点是简单直观，与真值间的转换方便。缺点是在进行加减运算时比较麻烦，既要考虑是做加法运算还是做减法运算，还要考虑数的符号和绝对值的大小，这不仅使运算器的设计较为复杂，而且降低了运算器的运算速度，很不方便。为了将加法运算和减法运算统一起来，以加快运算速度，引进了数的反码和补码表示。

2. 反码

正数的反码与其原码相同，最高位为 0 表示正数，其余位为数值位。负数的反码为其原码除符号位以外的各位按位取反。

设真值为 X，机器字长为 n 位，则当 X≥0 时，$[X]_{反}$的最高位为 0，其余 n–1 位为 X 的各数值位的值。例如，n=8 时，$[+1]_{反}$=00000001，$[+127]_{反}$=01111111。

当 X≤0 时，$[X]_{反}$的最高位为 1，其余 n–1 位为 X 的各位数值按位取反。例如，n=8 时，$[-1]_{反}$=11111110，$[-127]_{反}$=10000000。

注意：（1）在二进制数的反码表示中，0 的表示也有两种形式：+0 和–0。

$$[+0]_{反}=00000000，[-0]_{反}=11111111$$

（2）反码表示的整数范围与原码相同。

可以看出，二进制正数的反码就是其原码，二进制负数的反码是机器数符号位不变，其余各位按位取反。反码通常用做求补码的中间形式。

3. 补码

正数的补码与其原码相同，负数的补码为其反码在最低位加 1。补码是微机中非常重要的一种编码，主要用来处理有符号数的运算。

设真值为 X，机器字长为 n 位，则当 X≥0 时，$[X]_{补}$与$[X]_{原}$和$[X]_{反}$相同。例如，n=8 时，$[+1]_{补}$=00000001，$[+127]_{补}$=01111111。

当 X≤0 时，$[X]_{补}$的最高位为 1，其余 n–1 位为 X 的各位数值按位取反，最低位再加 1。例如，n=8 时，$[-1]_{补}$=11111111，$[-127]_{补}$=10000001。

注意：（1）在二进制数的补码表示中，0 的表示是唯一的，即

$$[+0]_{补}=[-0]_{补}=00000000$$

（2）补码表示的整数范围是-2^{n-1}～ $+(2^{n-1}-1)$，其中 n 为机器字长。

（3）对于 10000000 这个补码表示，其真值被定义为–128。

4. 补码与真值之间的转换

给定机器数的真值可以通过补码的定义来完成真值到补码的转换，若已知某数的补码求其真值，可按如下方法计算：正数补码的真值等于补码的本身，负数补码转换为其真值时，将负数的补码按位求反，某位加 1，即可得到该负数补码对应的真值。

【例 1.12】 （1）已知$[X]_{补}$=01110011，求真值 X；

（2）已知$[X]_{补}$=11110011，求真值 X。

解：

（1）由于$[X]_{补}$=01110011，X 为正数，则其真值为

$$X=+1110011$$

（2）由于$[X]_{补}$=11110011，X 为负数，则其真值为

$$X=-([1110011]_{反}+1)=-(0001100)+1=-0001101$$

5．二进制数补码运算及溢出判断

补码加减法的规则为

$$[X\pm Y]_{补}=[X]_{补}+[\pm Y]_{补}$$

已知$[X]_{补}$，求$[-X]_{补}$的方法是将$[X]_{补}$各位按位取反（包括符号位在内），末位再加 1。下面举例说明上式的正确性。

【例 1.13】 以 8 位二进制数为例，设 X=67，Y=21，试用补码进行下列运算：

（1）X+Y；（2）X−Y；（3）−X+Y；（4）−X−Y。

解：$X=67=(01000011)_2$，$Y=21=(00010101)_2$

$[X]_{补}$=01000011，$[-X]_{补}$=10111101，$[Y]_{补}$=00010101，$[-Y]_{补}$=11101011

（1）计算 X+Y。

```
      01000011   [X]补
  +   00010101   [Y]补
  ————————————————————
      01011000   [X]补+[Y]补
```

因为$[X]_{补}+[Y]_{补}$= 01011000=$[X+Y]_{补}$，所以

$$X+Y=+(1011000)_2=88$$

（2）计算 X−Y。

```
      01000011   [X]补
  +   11101011   [-Y]补
  ————————————————————
     100101110   [X]补+[-Y]补
     ↑____ 进位自然丢失
```

因为$[X]_{补}+[-Y]_{补}$=00101110=$[X-Y]_{补}$，所以

$$X-Y=+(0101110)_2=46$$

（3）计算−X+Y。

```
      10111101   [-X]补
  +   00010101   [Y]补
  ————————————————————
      11010010   [-X]补+[Y]补
```

因为$[-X]_{补}+[Y]_{补}$=11010010=$[-X+Y]_{补}$，所以

$$-X+Y=-(0101110)_2=-46$$

（4）计算−X−Y。

$$
\begin{array}{rl}
10111101 & [-X]_{补} \\
+\quad 11101011 & [-Y]_{补} \\
\hline
110101000 & [-X]_{补}+[-Y]_{补}
\end{array}
$$

↑____ 进位自然丢失

因为$[-X]_{补}+[-Y]_{补}=10101000=[-X-Y]_{补}$，所以有

$$-X-Y=-(1011000)_2=-88$$

由此可以看出，计算机引入了补码后，带来了以下优点：

（1）减法转化成了加法，这样大大简化了运算器硬件电路的设计，加减法可用同一硬件电路进行处理。

（2）运算时，符号位与数值位同等对待，都按二进制数参加运算，符号位产生的进位丢掉不管，其结果是正确的，这大大简化了运算规则。

运用公式$[X\pm Y]_{补}=[X]_{补}+[\pm Y]_{补}$时，要注意以下两点：

（1）采用补码运算后，结果也是补码，要得到结果的真值，还需进行转换。

（2）公式成立有个前提条件，就是运算结果不能超出机器数所能表示的范围，否则运算结果不正确，按溢出处理。

所谓溢出问题，是由于计算机字长的限制，进行运算时会产生运算结果超出机器数所能表示的范围的现象。那么，判断运算结果是否溢出方法如下：

（1）直接用观察法判断运算是否溢出。当正数加正数的结果为负数时，或负数加负数的结果为正数时，结果都产生溢出。

（2）利用进位位判断溢出。其规则是，两个补码数进行加法运算时，若最高数值位向符号位的进位值与符号位产生的进位值不相同，则表明运算产生了溢出，这时可表示为

$$OVR=C_{n-1}\oplus C_n$$

这里 OVR 表示溢出条件，C_{n-1}表示最高数值位向符号位的进位值，C_n表示符号位向上产生的进位值。当有进位时，取值为 1，无进位时取值为 0，若C_{n-1}与C_n的异或运算结果为 1，即 OVR=1，则表明运算结果产生溢出，反之表示无溢出。

【例 1.14】 设$[X]_{补}=01000011$，$[Y]_{补}=01000101$，试用补码进行下列运算，并判断运算结果是否产生溢出。

（1）$[X+Y]_{补}$；（2）$[-X-Y]_{补}$。

解：（1）计算$[X+Y]_{补}$。

$$
\begin{array}{rl}
01000011 & [X]_{补} \\
+\quad 01000101 & [Y]_{补} \\
\hline
10001000 & [X]_{补}+[Y]_{补}
\end{array}
$$

$$[X]_{补}+[Y]_{补}=[X+Y]_{补}=10001000$$

① 直接用观察法判断运算是否溢出。因为 X、Y 均为正数，而 X+Y 结果为负数，所以产生溢出。

② 利用公式$OVR=C_{n-1}\oplus C_n$判断运算是否溢出。因为$C_{n-1}=1$，$C_n=0$，$OVR=C_{n-1}\oplus C_n=1$，所以产生溢出。

（2）计算$[-X-Y]_{补}$。

因为$[X]_{补}=01000011$，$[Y]_{补}=01000101$，所以有

$[-X]_{补}$=10111101，$[-Y]_{补}$=10111011

```
   10111101    [-X]补
+  10111011    [-Y]补
  101111000    [-X]补+[-Y]补
  ↑——— 进位自然丢失
```

$[-X]_{补}+[-Y]_{补}=[-X-Y]_{补}$=01111000

① 直接用观察法判断运算是否溢出。因为–X、–Y 均为负数，而–X–Y 结果为正负数，所以产生溢出。

② 利用公式 $OVR=C_{n-1}\oplus C_n$ 判断运算是否溢出。因为 $C_{n-1}=0$，$C_n=1$，$OVR=C_{n-1}\oplus C_n=1$，所以产生溢出。

以上例子运算结果之所以产生溢出，是因为运算结果均超出了 8 位二进制数补码所能表示的最大范围为–128～+127。

1.2.2 十进制数的编码及运算

十进制是人们常用的数制，但计算机内只能处理二进制数，为此需要在输入时将十进制数转换为二进制数，然后才能进行运算，而在输出运算结果时又要将二进制数再转换成十进制数。当输入/输出（I/O）的数据量很大，而要求的运算确很简单时，这种转换过程使得系统的绝大部分时间都浪费在数制之间的转换上。为提高计算机的运行效率，可以采用在计算机内部直接用十进制表示和处理数据的方法。BCD（Binary Coded Decimal）码又称“二–十进制编码”，就是专门解决用二进制数表示十进制数问题的一种方法。

常见的 BCD 码有 8421 码、2421 码、5211 码、余 3 码等，这里只介绍最常用的 8421 BCD 码。表 1-5 列出了 8421 BCD 码的部分编码关系。从表 1-5 可知，8421 BCD 码是用 4 位二进制数表示 1 位十进制数，且是“逢十进一”。表中 4 位二进制数中的每一位都有其特定的“权”，从左到右各位的“权”分别为 $2^3=8$，$2^2=4$，$2^1=2$，$2^0=1$，即权依次为 8，4，2，1，故把这种编码称为 8421 BCD 码。

表 1-5　8421 BCD 编码表

十 进 制 数	8421 BCD 码	十 进 制 数	8421 BCD 码
0	0000	10	0001 0000
1	0001	11	0001 0001
2	0010	12	0001 0010
3	0011	13	0001 0011
4	0100	14	0001 0100
5	0101	15	0001 0101
6	0110	16	0001 0110
7	0111	17	0001 0111
8	1000	18	0001 1000
9	1001	19	0001 1001

通常 BCD 码有两类：压缩 BCD 码和非压缩 BCD 码。

1. 压缩 BCD 码

压缩 BCD 码的每一位数采用 4 位二进制数来表示，即一个字节表示 2 位十进制数。例如，$(0100\ 0111)_{BCD}$ 表示十进制数的 47。

注意：不要和二进制数 01000111 混淆起来。$(0100\ 0111)_{BCD}$ 中的高 4 位的权为 10，低 4 位的权为 1，故要将 $(0100\ 0111)_{BCD}$ 转化为等值的二进制数，可用高 4 位 0100 乘以权 10，然后加上低 4 位 0111 乘以权 1 来得到。

```
     0111          （0111 乘 1 仍为 0111）
     1000          （0100 乘 2，相当于左移 1 位）
 +  100000         （0100 乘 8，相当于左移 3 位）
 ----------
   101111
```

0100 乘 10 可用 0100 乘 2 加上 0100 乘 8 来得到。0100 乘 10 加上 0111 乘 1，最后等值的二进制数为 00101111B。

2. 非压缩 BCD 码

非压缩 BCD 码的每一位数采用 8 位二进制数来表示，即一个字节表示 1 位十进制数。而且用每个字节的低 4 位来表示 0～9，高 4 位为 0。

例如，十进制数 89，采用非压缩 BCD 码表示为二进制数是 00001000　00001001B。

十进制数只有 0～9 共 10 种状态，即 0000～1001，而 4 位二进制数一共可表示 16 种状态，余下的 6 种状态 1010～1111，在 8421 BCD 码中称为非法码，若在 BCD 码运算中出现非法码，需要用调整指令进行调整，才能得到正确的结果。有关 BCD 码的调整指令，将在第 3 章指令系统中加以介绍。

1.3　非数值数据的表示方法

现代计算机不仅要处理数值数据，而且还要处理大量的非数值数据，像英文字母、标点符号、专业符号、汉字等。前面已经说过，不论什么数据，在计算机内部都必须转换成二进制数表示的编码。而且随着计算机应用领域的不断扩大，计算机处理非数值数据远比处理数值数据多得多。下面分别讨论常见的非数值数据的二进制编码方法。

1. 字符编码

目前，计算机中最通用的字符编码是美国信息交换标准代码（American Standard Code for Information Interchange，ASCII），包括英文字母大小写、数字、专用字符、控制字符等。这种编码由 7 位二进制数组合而成，可以表示 128 种字符，目前，在国际上广泛流行。ASCII 码的编码内容如表 1-6 所示。

表 1-6　7 位 ASCII 码编码表

$B_6B_5B_4$ / $B_3B_2B_1B_0$	000 (0)	001 (1)	010 (2)	011 (3)	100 (4)	101 (5)	110 (6)	111 (7)
0000 (0)	NUL	DLE	SP	0	@	P	?	p
0001 (1)	SOH	DC1	!	1	A	Q	a	q
0010 (2)	STX	DC2	?	2	B	R	b	r
0011 (3)	ETX	DC3	#	3	C	S	c	s
0100 (4)	ENQ	DC4	$	4	D	T	d	t
0101 (5)	EOT	NAK	%	5	E	U	e	u
0110 (6)	ACK	SYN	&	6	F	V	f	v
0111 (7)	BEL	ETB	`	7	G	W	g	w
1000 (8)	BS	CAN	(	8	H	X	h	x
1001 (9)	HT	EM	)	9	I	Y	i	y
1010 (A)	LF	SUB	*	:	J	Z	j	z
1011 (B)	VT	ESC	+	;	K	[	k	{
1100 (C)	FF	FS	,	<	L	\	l	|
1101 (D)	CR	GS	-	=	M	]	m	}
1110 (E)	SO	RS	.	>	N	^	n	～
1111 (F)	SI	US	/	?	O	_	o	DEL

ASCII 码表具有以下特点：

（1）每个字符用 7 位二进制数表示，其排列顺序为 $B_6B_5B_4B_3B_2B_1B_0$。实际上，在计算机内部，每个字符是用 8 位（一个字节）表示的。一般情况下，将最高置为“0”，即 B_7 位为“0”，需要奇偶校验位时，最高位用做校验位。

（2）ASCII 码共编码了 128 个字符：

- 32 个控制符，主要用于通信中的通信控制或对计算机设备的功能控制，编码值为 0～31（十进制）。
- 间隔字符（也称空格字符）SP，编码值为 20H。
- 删除控制码 DEL，编码值为 7FH。
- 94 个可印刷字符（或称有形字符），这 94 个可印刷字符编码有如下两个规律：

① 字符 0～9 这 10 个数字符的高 3 位编码都为 011，低 4 位为 0000～1001，屏蔽掉高 3 位的值，低 4 位正好是数据 0～9 的二进制形式。这样编码的好处是既满足正常的数值排序关系，又有利于 ASCII 码与二进制码之间的转换。

② 英文字母的编码值满足 A～Z 或 a～z 正常的字母排序关系。另外，大小写英文字母编码仅是 B_5 位值不相同，B_5 位为 1 是小写字母，这样的编码有利于大、小写字母之间的编码转换。

2．汉字编码

计算机在处理汉字时，汉字字符也必须用二进制编码表示，一般汉字编码采用两个字节即 16 位二进制数。但由于汉字的特殊性，在汉字的输入、存储、输出过程中所使用的汉字编码是不一样的，输入时有输入编码，存储时有汉字机内码，输出时又有汉字字形编码。

1）汉字输入编码

为了能把汉字这种象形文字通过英文标准键盘输入到计算机内，就必须对汉字用键盘已有的字符设计编码，这种编码称为汉字的输入编码。同一汉字有不同的输入编码，这取决于用户采用哪种输入法。不同的输入法对同一汉字有不同的编码方案。常见的有数字码、音码、形码及混合码。

2）汉字机内码

汉字机内码也称汉字内部码，简称内码，它是机器存储和处理汉字时采用的统一编码。每个汉字的机内码是唯一的，用两个字节表示。为了避免与英文字符的 ASCII 码之间产生二义性，汉字机内码中两个字节的最高位均规定为 1。

3）汉字字形码

汉字字形码也称汉字字模点阵码，是表示汉字字形信息的编码。目前，在汉字信息处理系统中大多以点阵方式形成汉字，所以，汉字字形码就是确定一个汉字字形点阵的代码，全点阵字形中的每一个点用一个二进制位来表示，随着字形点阵的不同，它们所需要的二进制位数也不同。

例如，24×24 的字形点阵，每字需要 72B；32×32 的字形点阵，每字需要 128B。与每个汉字对应的这一串字节就是汉字的字形码。

3. 逻辑数据的编码

逻辑数据是用来表示“是”与“否”，或“真”与“假”两个状态的数据。在计算机中，用“1”表示“真”或“是”，用“0”表示“假”或“否”。需要注意的是，这里的“1”和“0”没有数值和大小的概念，只有逻辑意义。

对逻辑数据只能进行逻辑运算，例如，逻辑非、逻辑加、逻辑乘等基本逻辑运算和由基本逻辑运算构成的各种组合逻辑运算，运算结果仍是逻辑数据。

数值数据和逻辑数据在机器内部都表示成二进制数串，如 10110110，机器本身不能识别它是哪种数据，必须根据程序中的指令来识别它。算术运算指令所指定的操作数一定是数值数据，而逻辑运算指令指定的操作数一定是逻辑数据。

习　　题

1. 将下列十进制数分别转换成二进制数、八进制数和十六进制数。
   74.5，137，356.25，36.46，269
2. 把下列二进制数转换成十进制数、八进制数和十六进制数。
   1011.10101，10111.0111，11011.011
3. 将下列十六进制数转换成二进制数、八进制数和十进制数。
   8D.A9，109.C4，6A1.41，2FCB.B

4．填空：

（1）$(101101.101)_2$=(　　　　　$)_8$ =(　　　　　$)_{10}$ =(　　　　　$)_{16}$

（2）$(3DB.2)_{16}$=(　　　　$)_2$ =(　　　　$)_{10}$ =(　　　$)_8$

（3）$(714.2)_8$=(　　　　$)_2$ =(　　　　$)_{10}$ =(　　　$)_{16}$

5．假设机器字长为 8 位，写出下列各数的原码、补码和反码。

0，−0，1011010，−0011110，1111011，−1101111

6．已知$[X]_{补}$为下述各值，求 X 的真值。

01000011，10101010，00110011，11111111

7．用补码运算计算下列各组数之和，并判断是否产生溢出。

（1）X=-1011011，Y=1111011

（2）X=01011011，Y=00111011

第2章　微型计算机概述

2.1　微型计算机的发展概况

自1946年世界上第一台电子计算机诞生至今，不过60多年的历史。然而，它发展之迅速，普及之广泛，对整个社会和科学技术影响之深远，是任何其他学科所不及的。60多年来，计算机的发展已经经历了从电子管计算机到晶体管计算机再到集成电路计算机，目前，已发展到以大规模和超大规模集成电路（VLSI）为主要特征的第四代计算机。计算机已从早期的数值计算、数据处理发展到目前的进行知识处理的人工智能阶段，不仅可以处理文字、字符、图形图像信息，而且可以处理音频、视频信息，正向智能、多媒体计算机方向发展。

20世纪70年代，微处理器（CPU）的出现开创了微型计算机（MC）的新时代。微型计算机的出现，为计算机技术的发展和普及开辟了崭新的途径，是计算机科学技术发展史上的一个新的里程碑。今天，微型计算机的应用已经遍及社会的各个领域，几乎无所不在，成为现代社会不可缺少的重要工具。

自从微处理器和微型计算机问世以来，短短的几十年时间里，几乎每两年集成度就提高1倍，每3～5年就更新换代一次，按照微型计算机的微处理器、字长和功能划分，微型计算机经历了6代的演变。

1．第一代（1971年—1973年）：4位和8位低档微处理器

第一代微处理器的代表产品是4位字长的美国Intel公司的4004芯片和由它组成的MCS-4微型计算机。4004微处理器采用PMOS工艺，集成了2300多个晶体管，时钟频率为108kHz，每秒可进行6万次运算，寻址空间只有640B，指令系统比较简单，价格较低廉，由它组成的MCS-4计算机是世界上第一台微型计算机。随后Intel公司研制出字长8位的8008微处理器，基本指令48条，时钟频率为500kHz，集成度为3500晶体管/片，以它为核心组成了MCS-8微型计算机。这一阶段的微型计算机主要用于处理算术运算、家用电器以及简单的控制等。

2．第二代（1974年—1977年）：8位中高档微处理器

第二代8位中高档微处理器的代表产品是美国Intel公司的8080芯片。Intel公司在1974年推出了新一代8位微处理器8080，它采用NMOS工艺，集成了6000个晶体管，时钟频率为2MHz，指令系统比较完善，寻址能力有所增强，运算速度提高了一个数量级。主要用于教学和试验、工业控制、智能仪器等。

3．第三代（1978 年—1984 年）：16 位微处理器

Intel 公司于 1978 年推出了 16 位的微处理器芯片 8086，它采用 HMOS 工艺，各方面的性能指标比第二代又提高了一个数量级。8086 是真正的 16 位微处理器芯片，其内部集成了 29000 个晶体管，时钟频率达 5MHz/8MHz/10MHz，寻址空间达到 lMB。其间，Intel 公司又推出了 8086 的一个简化版本 8088，其时钟频率为 4.77MHz，它将 8 位数据总线独立出来，减少了引脚，成本也较低。1979 年，IBM 公司采用 Intel 公司的 8086 与 8088 作为个人计算机（PC）IBM PC 的微处理器，PC 时代从此诞生。

1982 年 2 月，Intel 公司推出了超级 16 位微处理器 80286，集成度达到 13.5 万个晶体管/片，时钟频率达 20MHz，各方面的性能都有了很大的提高，它的 24 位地址总线可以寻址 16MB 地址空间，还可以访问 lGB 的虚拟地址空间，能够实现多任务并行处理。

4．第四代（1985 年—1992 年）：32 位微处理器

典型的代表产品有 Intel 80386 微处理器。这是在 1985 年 10 月推出的，它集成了 27.5 万个晶体管，时钟频率达到 33MHz，数据总线和地址总线均为 32 位，具有 4GB 的物理寻址能力。由于在芯片内部集成了分段存储管理部件和分页存储管理部件，它能够管理高达 64TB 的虚拟存储空间。另外还提供一种称为“虚拟 8086”的工作方式，使芯片能够同时模拟多个 8086 处理机，可以同时运行多个 8086 应用程序，保证了多任务处理器能够向上兼容。

1989 年 4 月，Intel 公司推出了 80486 微处理器，其芯片内集成了 120 万个晶体管，它不仅把浮点运算部件集成进芯片内，同时还把一个规模大小为 8KB 的高速缓冲存储器（Cache）集成进了微处理器芯片，这种集成再加上时钟倍频技术的引进极大地加快了微处理器处理指令的速度，兼容性得到了更大的提高。

5．第五代（1993 年—1999 年）：超级 32 位 Pentium 系列微处理器

1993 年 3 月，Intel 公司推出 32 位的 Pentium 微处理器芯片（俗称 586）。其内部集成了 310 万个晶体管，采用了全新的体系结构，性能大大高于 Intel 系列其他微处理器。Pentium 系列微处理器的主频为 60～100MHz，它支持多用户、多任务，具有硬件保护功能，支持构成处理器系统。由于采用超标量结构，使它在一个时钟周期可执行多条指令，其速度大大加快。

1996 年，Intel 公司推出了高能奔腾（Pentium Pro）微处理器，它集成了 550 万个晶体管，内部时钟频率为 133MHz，采用了独立总线和动态执行技术，处理速度大大提高。

1996 年年底，Intel 公司又推出了多能奔腾（Pentium MMX）微处理器，MMX（Multi Media eXtension）技术是 Intel 公司发明的一项多媒体增强指令集技术，它为微处理器增加了 57 条 MMX 指令。此外，还将微处理器芯片内的 Cache 由原来的 16KB 增加到 32KB，使处理多媒体的能力大大提高。

1997 年 5 月，Intel 公司推出了 Pentium Ⅱ微处理器，它集成了 750 万个晶体管，8 个 64 位的 MMX 寄存器，时钟频率达 450MHz，二级高速缓冲存储器（L2 Cache）达到 512KB，它的浮点运算性能、MMX 性能都是最出色的。

1999 年 2 月，Intel 公司又推出了 Pentium Ⅲ微处理器。它集成了 950 万个晶体管，时钟频率为 500MHz。2000 年年底，Intel 公司推出代号为 Northwood 的新一代高性能 32 位 Pentium 4 微处理器，其主频为 2GHz，集成度为 4200 万个晶体管/片。在体系结构上，采用 NetBurst 的处理器框架结构，可以更好地处理互联网用户的需求，在数据加密、视频压缩和对等网络等方面的性能都有较大幅度的提高。

6．第六代（2001 年至今）：新一代 64 位微处理器

20 世纪 90 年代末，Intel 公司与 HP 公司合作联手研制更先进的 64 位微处理器体系结构 IA-64（Intel Architecture-64），2001 年 6 月，正式推出第一款 64 位安腾（Itanium）微处理器，其内部工作频率为 800MHz/1.4GHz，使用 128 位的数据总线。第一代 IA-64 微处理器实际上是 CISC、RISC 和 EPIC（精确并行指令计算）技术的结合。

2003 年 9 月，AMD 公司发布了面向台式机的 64 位处理器：Athlon 64 和 Athlon 64 FX，在 64 位机的发展上，AMD 公司成为 Intel 公司最强劲的竞争对手。64 位微处理器标志着微型计算机的发展方向。

随着微处理器的不断升级，微型计算机也在不断发展，其功能不断完善，应用领域扩展到了国民经济和人们生活中的各个方面。目前，微处理器和微型计算机正在向着更微型化、更高速、更廉价、更强功能和多媒体的方向发展。其结果表现在两个方面：一方面各种便携式微型计算机（笔记本型微型计算机、膝上微型计算机、掌上微型计算机等）将大量涌现；另一方面将超级微型计算机和巨型计算机技术紧密结合、融为一体的计算机也将不断问世。

2.2 微型计算机的分类及特点

2.2.1 微型计算机的分类

1．按照微处理器的字长来分类

微型计算机的性能通常取决于微处理器，如果将微处理器能够处理的字长作为分类标准，可以分为 4 位机、8 位机、16 位机、32 位机、64 位机。

2．按照微型计算机的组装形式和系统规模来分类

1）单片微型计算机

单片微型计算机是将计算机的主要部件：微处理器、随机存储器（RAM）、只读存储器（ROM）及 I/O 接口电路等集成在一片大规模集成电路芯片上形成的计算机。它具有完整的微型计算机的功能。单片机具有体积小、可靠性高、成本低等特点，广泛用于智能仪器、仪表、家用电器、工业控制等领域。

2）单板微型计算机

这是在一块印刷电路板上，把微处理器和一定容量的存储器芯片以及 I/O 接口电路等大规模集成电路组装在一起而成的一种微型计算机。通常，在这块板上还包含有固化在ROM中的容量不大的监控程序以及配置的一些典型的外部设备。

3）位片式微型计算机

这是采用多片双极型位片组合而成的微处理器，由这种多位片微处理器构成的微型计算机称为位片式微型计算机。因为采用了双极型工艺，所以处理速度较高。此外，由于双极型工艺集成度较低、功耗较大，因此，在一个单片上的位数不可能做得很多。位片式微处理器以位为单位构成微处理器芯片，常用多片位片式微处理器构成高速、分布式系统和阵列式系统。

4）个人计算机（PC）

PC是将包含有微处理器、RAM、ROM和I/O接口电路的主板，以及其他若干块印刷电路板（如存储器扩展板、外设接口板、电源等）组装在一个机箱内，并配有磁盘、光盘等作为外部存储器，配有键盘、屏幕显示器等人机对话工具，还配有打印机、扫描仪等外部设备和丰富的系统软件构成的微型计算机系统。PC具有功能强、配置灵活、软件丰富、使用方便等特点，是最普及、应用最广泛的微型计算机。

2.2.2 微型计算机的特点

微型计算机中广泛采用了高集成度的器件和部件，这就带来如下一系列特：

（1）体积小、耗电少。由于集成电路工艺技术的提高，使得微型计算机能够采用大规模集成电路（LSI）和超大规模集成电路（VLSI）芯片，这样就使得微型计算机的体积和耗电都大大降低。另外，近几年在微型计算机中还大量采用了ASIC（大规模集成专用芯片）和GAL（通用可编程门阵列）器件，使得微型计算机的体积明显缩小。

（2）可靠性高。集成度的提高使微型计算机内部的器件数目大为减少，器件间的连线也大为减少，这样促使微型计算机的无故障运行率大为提高。据有关资料统计，芯片集成度增加100倍，系统的可靠性也可增加100倍，目前，微处理器及其系列芯片的平均无故障时间可达10^7～10^8 h。

（3）结构灵活、适应性强。在微型计算机中，硬件扩展是很方便的，而且系统的软件是很容易改变的。因此，在相同的配置下，只要对硬件和软件稍作某些变动，就能适应不同的用户的要求。这使得微型计算机的应用面非常广泛，现在微型计算机几乎在各行各业都找到了应用场所。

（4）价格便宜。由于集成芯片的大规模机械化生产，产品造价十分低廉，降低了微型计算机的成本。加之制造厂家的激烈竞争，使得微型计算机价格一降再降。低价格对于微型计算机的推广和普及是极为有力的。

（5）维护方便。现在用微处理器及其系列产品所构成的微型计算机已逐渐趋于标准化、模块化和系列化芯片，从硬件结构到软件配置都做了较全面的考虑。一方面，微型计算机一般都可以自检诊断及测试发现系统故障；另一方面，发现故障以后，排除故障也比较容易。例如，迅速更换标准化模块或芯片。

2.3　微型计算机系统

2.3.1　微型计算机系统的组成

1．微型计算机系统组成结构

微型计算机系统（Microcomputer System，MCS 或μCS）是以微型计算机为基础，配上相应的外部设备、系统软件和电源所构成的系统。完整的微型计算机系统包括硬件系统和软件系统两大部分。硬件系统是微型计算机的物质基础，没有硬件微型计算机将不复存在；软件系统是使得微型计算机正常工作的程序，没有软件微型计算机将不能发挥作用。硬件与软件的结合，才能使微型计算机正常运行。微型计算机系统的组成结构如图 2.1 所示。

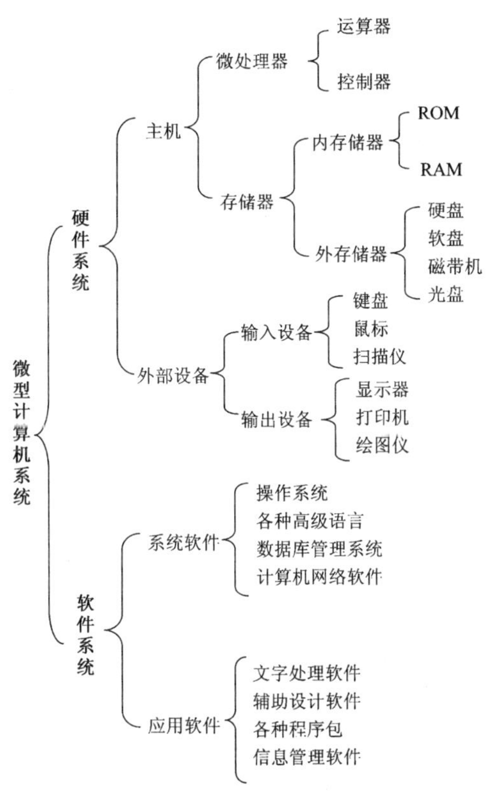

图 2.1　微型计算机系统的组成结构

2．微型计算机的硬件组成

微型计算机（Microcomputer，MC 或μC），又称主机或微电脑，它是以微处理器为核心，外加存储器（RAM、ROM）、I/O 接口电路及系统总线所构成的计算机，其组成框图如图 2.2 所示。

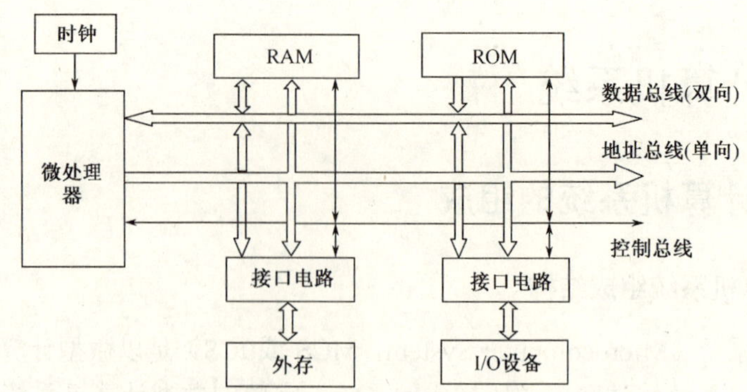

图 2.2　微型计算机硬件系统的组成框图

下面对其组成部分进行简要说明。

1. 中央处理单元

中央处理单元（Central Processing Unit，CPU）是微型计算机的核心部件，主要由运算器、控制器、寄存器组以及总线接口等部件组成，俗称微处理器（CPU)。它负责对系统的各个部件进行统一的协调和控制。

2. 主存储器

主存储器（又称内存储器、简称内存）是微型计算机中存储程序、原始数据、中间结果和最终结果等各种信息的部件。按其功能和性能，可以分为 RAM 和 ROM，二者共同构成主存储器。通常说内存容量时，主要是指 RAM，不包括 ROM 在内。

3. 系统总线

系统总线是 CPU 与其他部件之间传送数据、地址和控制信息的公共通道。各个部件直接用系统总线相连，信号通过总线相互传送。根据传送内容的不同，可以分成以下 3 种：

(1) 数据总线（Data Bus，DB)：用于 CPU 与主存储器、I/O 接口之间传送数据。数据总线的宽带等于计算机的字长，数据总线一般为双向总线。

(2) 地址总线（Address Bus，AB)：用于 CPU 访问主存储器和外部设备时，传送相关的地址。在计算机中，存储器、输入设备、输出设备等都有各自的地址，地址总线的宽度决定 CPU 的寻址能力。

(3) 控制总线（Control Bus，CB)：用于传送 CPU 对主存储器和外部设备的控制信号。控制总线是控制器发送控制信号的通道，控制信号通过控制总线通往各个设备，使这些设备完成指定的操作。

微型计算机的总线结构使得各部件之间的关系都成为单一面向总线的关系，即任何一个部件只要按照标准挂接到总线上，就可以在 CPU 统一控制下进行工作，系统扩充非常灵活。

4. I/O 接口电路

I/O 接口电路也称 I/O 电路，即通常所说的适配器、适配卡或接口卡，它是微型计算机与外部设备交换信息的纽带和桥梁。本书第 6 章～第 8 章中将对常见接口电路进行详细介绍。

5．外部存储器

目前，微型计算机使用的外部存储器大多是磁盘存储器，由磁盘、磁盘驱动器和驱动器接口电路组成。通常，外部存储器分为软磁盘、硬磁盘和光盘3种。

6．I/O设备

I/O设备又称外设，通过I/O接口与CPU相连，它是计算机与外部世界联系的桥梁。

（1）输入设备用于把数字、字符、图形、图像和声音等转换成计算机能识别和接收的信息表示方式，如电信号、二进制编码等，然后把它们放入存储器中。典型的输入设备有键盘、鼠标、扫描仪、光学字符识别设备（OCR）、模/数（A/D）转换装置以及其他声像输入设备等。

（2）输出设备把计算机处理信息的结果转换成人们习惯接受的形式（如字符、曲线、图像、表格和声音等）送出，或变换成与其他设备相匹配的信号形式输出。常见的输出设备有显示器、打印机、绘图仪和数/模（D/A）转换装置等。

2.3.2　微型计算机系统的主要性能指标

衡量一台微型计算机性能的优劣，主要从它的硬件组成、系统总线、外设接口以及软件配置等方面考虑，通常有以下几个性能指标。

1．字长

机器字长是指CPU一次可以处理的二进制数的位数。一般计算机的字长取决于它的通用寄存器、内存储器、运算部件和数据总线的位数。字长越长，表示的数的范围越大，精度也越高，相应的硬件成本也越高。微型计算机字长从4位、8位、16位、32位一直发展到64位，为了更灵活地处理字符一类的信息，大多数微型计算机既具备全字长运算能力，又可按字节（1字节=8位，即1B=8bit）为单位进行处理。

2．主频

计算机的主频也称时钟频率，通常是指微型计算机中时钟脉冲发生器所产生的时钟信号的频率，单位为MHz（兆赫）。它决定了微型计算机的处理速度，一般来说，主频越高，一个时钟周期里完成的指令数也越多，当然CPU的速度就越快。对于Intel系列微型计算机来说，8088的主频为4.77MHz，80286的主频为20MHz，80386的主频为33MHz，Pentium系列微型计算机的主频都在200MHz以上，有的可达到上千兆赫，如Pentium 4系列CPU，其主频在2GHz以上。

3．存储容量

存储容量是衡量微型计算机中存储能力的一个指标，它包括内存容量和外存容量。内存容量以字节为单位，分最大容量和装机容量。最大容量由CPU的地址总线的位数决定，而装机容量按所使用软件环境来定。外存容量是指磁盘机和光盘机等容量，应根据实际应用的需要来配置。

4．外部设备配置

在微型计算机系统中，外部设备占据了重要位置，一台微型计算机可配置外部设备的数量以及配置外部设备的类型，对整个系统的性能有重大影响。如显示器的分辨率、多媒体接口功能和打印机型号等，都是外部设备选择中要考虑的问题。

5．软件配置情况

系统软件也是微型计算机系统不可缺少的组成部分，微型计算机硬件系统仅仅是一个裸机，它本身并不能运行，必须有软件的支持。软件配置情况直接影响微型计算机系统的使用和性能的发挥。系统软件配置是否齐全，软件功能的强弱，是否支持多任务、多用户操作等都是微型计算机硬件系统能否得到充分发挥的重要因素。

2.3.3 微型计算机的新技术

随着微电子技术和计算机技术的发展，一些新思想和新技术被陆续应用于微型计算机领域。其中，有些是以前大中型计算机所采用的技术，有些是专门针对微型计算机所采用的技术。下面将对某些新技术做简单的介绍。

1．流水线技术

为了提高微型计算机的工作速度，采用将某些功能部件分离，使一些大的顺序操作分解为由不同功能部件分别完成、在时间上可以重叠的子操作，这种技术被称为流水线技术。例如，Intel 8086/8088 CPU 对“取指”和“指令译码和执行”这两个顺序操作进行了分离，分别由总线接口部件（BIU）和执行部件（EU）来完成，使得它们在时间上可以重叠。即当一条指令正在 EU 内执行时，BIU 可能已在取另一条指令了。因此，从总体上看加快了指令流速度，缩短了程序执行时间。

为了进一步满足普通流水线设计所不能适应的更高时钟速率的要求，高档 CPU 中流水线的级数（或深度）在逐代增多。当流水线深度在 5～6 级以上时，通常称为超流水线结构。显然，流水线级数越多，每级所花的时间越短，时钟周期就可以设计得越短，指令流速度也就越快，指令平均执行时间也就越短。例如，Pentium 4 CPU 指令流水线深度达到 20 级，使指令的运算速度成倍增长。

2．高速缓冲存储器技术

在 CPU 的所有操作中，内存访问是最频繁的操作。由于一般微型计算机中的主存储器主要由 MOS 型动态 RAM（DRAM）构成，其工作速度比 CPU 低一个数量级，加上 CPU 的所有访问都要通过总线这个瓶颈，所以，缩短存储器的访问时间是提高计算机速度的关键。采用在 CPU 和内存之间加入 Cache 的办法可以较好地解决这一问题。

Cache 是由规模较小，但速度与 CPU 相当的静态 RAM（SRAM）构成。安排上一般有两种情况：一是采用静态 RAM 芯片构成外部 Cache，安排在系统的主板上；二是将 Cache 集成在 CPU 芯片内。当前，有的 CPU 甚至在芯片内安排了二级 Cache（L2 Cache），如 Pentium Ⅲ CPU。

3. 虚拟存储技术

虚拟存储器（Virtual Memory，VM）是一种存储管理技术，其目的是扩大面向用户的内存容量。在一般情况下，系统除配备一定的主存储器（半导体存储器）外，还配备了较大容量的辅助存储器（磁盘存储器），两者相比，前者速度快、但容量小；后者速度慢、但容量大。所以，大量的程序和数据平时是存放在辅助存储器中，待用到时方才调入内存。当程序规模较大、而内存数量相对不足时，编程者就需要做出安排，分批将程序调入内存，也就是说，需要不断用新的程序段来覆盖内存中暂时不用的老程序段。虚拟存储技术就是采用硬件、软件（操作系统）相结合的方法，由系统自动进行这项调度。对于用户来说，这意味着他们可放心地使用更大的虚拟内存，而不必过问实际内存的大小，并可得到与实际内存相似的工作速度。

4. 微程序控制技术

微程序控制技术就是将原来由硬件电路控制的指令操作步骤改用微程序来控制。其基本特点是综合运用程序设计技术和只读存储技术，将每条指令的微操作序列转化为一个控制码点的微程序存放于可编程只读存储器（PROM）、电可编程只读存储器（EPROM）或电可擦可编程只读存储器（E^2PROM）等中。当执行指令时，就从 ROM 中读出与该指令对应的微程序，并转化为微操作控制序列。显然，微程序是许多微指令的有序集合，每条微指令又由若干微操作命令组成。可见，执行一条机器指令，就是执行一段微程序或一个微指令序列。

5. 乱序执行技术

为了进一步提高处理速度，Pentium Pro 和 Power PC 等新推出的高档 CPU 采用了一种乱序执行技术来支持其超流水线设计。乱序执行技术就是允许指令按照不同于程序中指定的顺序发送给执行部件，从而加速程序执行过程的一种最新技术。它本质上是按数据流驱动原理工作（传统的计算机都是按指令流驱动原理工作的），根据操作数是否准备好来决定一条指令是否立即执行。不能立即执行的指令先搁置一边，而把能立即执行的后续指令提前执行。

6. RISC 技术

RISC（Reduced Instruction Set Computer，精简指令计算机）的着眼点是增加内部寄存器的数量、简化指令和指令系统。它选用那些最常使用的简单指令，使得指令数目减少，从而使指令长度和指令周期进一步缩短。这样，以前由硬件和复杂指令实现的工作，现在由用户通过简单指令来实现，这就降低了硬件的设计难度，有利于进一步提高芯片集成度和工作速度，也为将来采用性能更好、但加工难度较大的半导体材料带来希望。

7. 多内核技术

多内核技术就是在单个物理处理器中包含多个处理器的内核逻辑。例如，在一枚 Intel 处理器中封装两枚（或更多）Intel 处理器的所有电路和逻辑。多内核技术将多个处理器“内核”放置在单个物理处理器中，该技术旨在支持系统同时运行更多项任务，由此实现更出色的整体系统性能。

2.4 微型计算机的应用

微型计算机之所以获得迅速的发展，是与它具有极其广泛的应用领域分不开的。微型计算机以其体积小、价格低、耗电少、功能强和可靠性高等诸多优点已渗透到国民经济的各个领域。它不仅在科学计算、信息处理、过程控制、事务管理、国防尖端科技、邮电通信、人工智能、教育等方面占有重要地位，而且在各行各业乃至人们的日常生活中也发挥着重要作用，使计算机技术真正走出科学的殿堂，使计算机技术的应用从科学家、专业技术人员普及到广大民众乃至中小学生和儿童。它已成为人们工作和生活中不可缺少的部分，从而将人类社会推进到了信息时代。微型计算机的应用领域举不胜举，概括起来，它的主要应用领域大致可归纳为以下几个方面。

1．科学计算

在科学技术及工程设计应用中，所遇到的各种数学问题的计算，统称为科学计算。计算机的应用，最早就是从这一领域开始的。微型计算机在科学计算和工程设计中大有作为，它不仅能减轻繁杂的计算工作量，而且解决了过去无法解决或不能及时解决的问题。例如：宇宙飞船运动轨迹和气动干扰问题的计算；人造卫星和洲际导弹发射后，正确的制导入轨计算；天文测量和天气预报的计算等。另外，现代工程中，电站、桥梁、水坝、隧道等最佳设计方案的选择，往往需要详细计算几十个甚至几百个方案，只有借助计算机，才能使上述计算成为可能。

2．数据处理

目前，大部分微型计算机都用于数据处理。例如，政府机关公文、报表和档案；银行、公司、企业的财务、人事、物料，包括市场预测、情报检索、经营决策、生产管理等大量的数据信息，都由计算机收集、存储、整理、检索、统计、修改、增删等。由此，出现了数据库管理系统（DBMS）。目前，常见的应用系统：管理信息系统、地理信息系统、指挥信息系统、决策支持系统、办公信息系统、情报检索系统、医学信息系统、银行信息系统和民航订票系统等。

3．计算机控制

在现代化工程里，微型计算机普遍用于生产过程的自动控制。工业过程控制是微型计算机应用的一个很重要领域。所谓过程控制，就是利用计算机对连续的工业生产过程进行控制。被控对象可以是一台车床、一个窑炉、一条生产线、一个车间甚至整个工厂。用于控制的计算机，其输入信息往往是电压、温度、机械位置等模拟量，要先将它们转换为数字量，称为 A/D 转换，然后计算机才能进行处理和计算。当从被控对象测量到的信息是温度、位置等非电量时，要先将它们转换成电量，然后再转换成数字量。计算机的输出结果是数字量，一般要将它们转换成模拟量去控制对象，称为 D/A 转换。如有需要，可将结果打印输出或在屏幕上显示，以供观察。提供计算机控制系统的厂家往往已将控制程序（称为应用软件包）编制好，可提供给用户直接使用。

4．计算机辅助技术

计算机辅助技术包括计算机辅助设计（CAD）、计算机辅助制造（CAM）、计算机辅助测试（CAT）、计算机辅助教学（CAI）等。

（1）CAD 就是利用微型计算机帮助设计人员进行设计，常见的有机械 CAD、建筑 CAD、服装 CAD，以及电子电路 CAD（又称电子设计自动化，EDA）等。使用这种技术能提高设计工作的自动化程度，大大节省人力和时间。

（2）CAM 是利用微型计算机进行生产设备的管理、控制和操作的过程。采用 CAM 技术能提高产品质量，降低生产成本，改善工作条件和缩短产品的生产周期。

（3）CAT 是利用微型计算机帮助人们进行各种测试工作。

（4）CAI 是利用微型计算机帮助教师和学生进行课程内容的教学和测验。目前，CAI 软件已大量涌现，从小学、中学到大学许多课程都有成熟的 CAI 软件产品。特别是 CAI 和多媒体技术相结合，生成的多媒体计算机辅助教学系统，图、文、声、像俱全，在实现远程教学和网络教学中发挥了重要作用。

5．人工智能

人工智能是专门研究如何使用计算机来模拟人的智能的技术。尽管经过半个多世纪的努力，被人们称为“电脑”的计算机还是无法和人的大脑相比。但是人们还是想尽一切办法，赋予“电脑”一部分人的智力功能，并且还在不断扩大和增强这种智力。近年来人们已经在模式识别、语音识别、专家系统和机器人等方面取得了很大的成就。

2.5 8086 微处理器

8086 是 Intel 系列的 16 位 CPU，芯片上集成了 2.9 万个晶体管，采用 HMOS 工艺制造，时钟频率为 5～10MHz。它有 16 根数据线和 20 根地址线，所以可寻址的地址空间是 2^{20}B=1MB。

2.5.1 8086 微处理器的内部结构

8086 CPU 内部结构如图 2.3 所示。按功能可分为两部分：总线接口部件（Bus Interface Unit，BIU）和执行部件（Execution Unit，EU）。

1．BIU

BIU 是 8086 CPU 在存储器和 I/O 设备之间的接口部件，即 8086 对存储器和 I/O 设备的所有操作都是由 BIU 完成的。其具体功能如下：

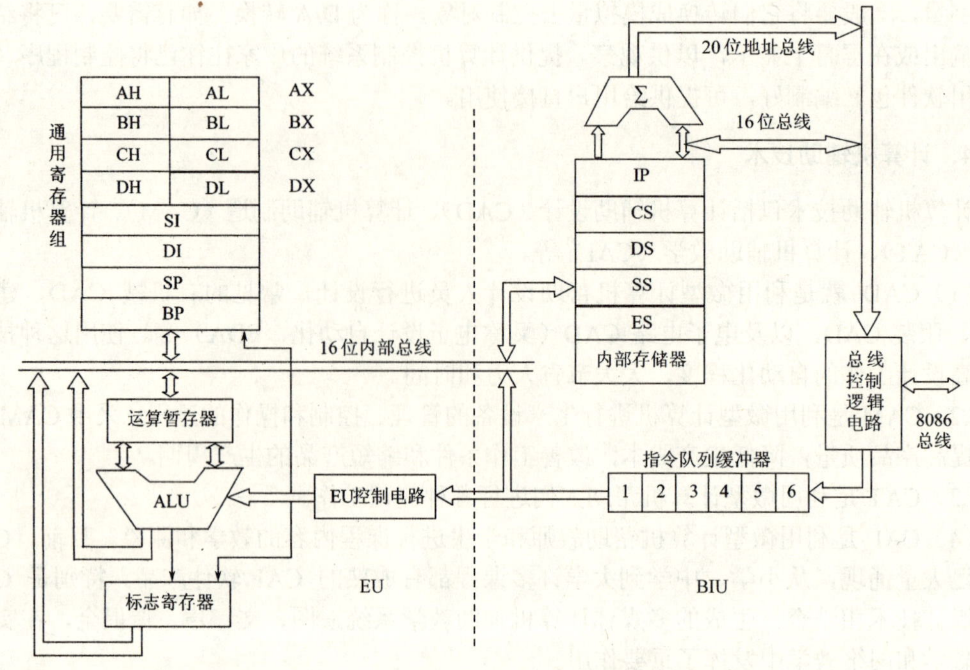

图 2.3　8086 CPU 内部结构

（1）从内存单元中预取指令，并将它们送到指令队列缓冲器暂存。

（2）CPU 执行指令时，总线接口部件要配合执行部件从指定的内存单元或 I/O 端口中取出数据传送给执行部件，或者把执行部件的处理结果传送到指定的内存单元或 I/O 端口中。

BIU 由 20 位地址加法器、4 个段寄存器、16 位指令指针寄存器、指令队列缓冲器和总线控制逻辑电路等组成。

1）地址加法器和段寄存器

8086 CPU 的 20 位地址线可直接寻址 1MB 的存储器物理空间，但 CPU 内部寄存器均为 16 位的寄存器。那么，16 位的寄存器如何实现 20 位地址寻址呢？它是由专门地址加法器将有关段寄存器内容（段的起始地址）左移 4 位后，与 16 位偏移地址相加，形成了 20 位的物理地址，以对存储单元寻址。例如，在取指令时，由 16 位指令指针（Instruction Pointer，IP）提供一个偏移地址（逻辑地址），在地址加法器中与代码段寄存器（CS）内容相加，形成实际的 20 位物理地址，送到总线上实现取指令的寻址。

2）16 位 IP 寄存器

IP 寄存器用来存放下一条要执行指令在代码段中的偏移地址，它只有和代码段寄存器 CS 相结合，才能形成指向指令存放单元的物理地址。在程序运行中，IP 寄存器的内容由 BIU 自动修改，使它总是指向下一条要取的指令在现行代码段中的偏移地址。程序没有直接访问 IP 的指令，但通过某些指令可以修改它的内容。例如，转移指令可将转移目标的偏移地址送入 IP，来实现程序的转移。

3）指令队列缓冲器

当 EU 正在执行指令，且不需占用总线时，BIU 会自动地进行预取指令操作，将所取得的指令按先后次序存入一个 6B 的指令队列寄存器，该队列寄存器按“先进先出”的方式工作，并按顺序取到 EU 中执行，其操作应遵循下列原则：

（1）每当指令队列缓冲器中存满一条指令后，EU 就立即开始执行。

（2）一旦指令队列中缓冲器空出两个字节时，BUI 就会自动地寻找空闲的总线周期进行预取下一条指令的操作，直到填满为止。

（3）每当 EU 执行一条转移、调用或返回指令后，BIU 会自动清除指令队列缓冲器，并要求从新的地址重新开始取指令，新取的第一条指令将直接经指令队列缓冲器送到 EU 去执行，并在新地址基础上再作预取指令操作，从而实现程序段的转移。

（4）在 EU 执行指令的过程中，指令需要对存储器或 I/O 设备进行数据存取时，BIU 将在执行完现行指令周期的下一个存储器周期，对指定的存储器单元或 I/O 设备进行存取操作，交换的数据经 BIU 送至 EU 进行处理。

由于 BIU 和 EU 是各自独立工作的，在 EU 执行指令的同时，BIU 可预取下面一条或几条指令。因此，在一般情况下，CPU 执行完一条指令后，就可立即执行存放在指令队列中的下一条指令，而不需要像以往的 8 位 CPU 那样，采取先取指令，后执行指令的串行操作方式。

4）总线控制逻辑电路

总线控制逻辑电路将 8086 CPU 的内部总线和外部总线相连，是 8086 CPU 与内存单元或 I/O 端口进行数据交换的必经之路。它包括 16 位数据总线、20 位地址总线和若干条控制总线，CPU 通过这些总线与外部取得联系，从而构成各种规模的 8086 微型计算机系统。

2．EU

EU 具有的作用如下：

（1）从指令队列中取出指令。

（2）对指令进行译码，发出相应的传输数据或算术运算的控制信号。

（3）接收由总线接口部件传送来的数据，或把数据传送到总线接口部件。

（4）进行算术运算。

EU 主要由下列部分组成：

（1）算术逻辑运算单元（Arithmetic Logical Unit，ALU）。它是一个 16 位的运算器，可用于 8 位、16 位二进制算术和逻辑运算，也可按指令的寻址方式计算出寻址单元所需的 16 位偏移地址（有效地址 EA），并将其送到 BIU 中形成 20 位的实际地址，实现对 1MB 的存储空间寻址。

（2）标志寄存器。它是一个 16 位的寄存器，用来反映 CPU 最近一次运算结果的状态特征和存放某些控制标志。标志寄存器的各标志位记录了指令执行后的各种状态。

（3）数据暂存寄存器。它协助 ALU 完成运算，暂存参加运算的数据。

（4）通用寄存器组。通用寄存器组包括 4 个 16 位的数据寄存器 AX、BX、CX、DX 和 4 个 16 位指针与变址寄存器 SP、BP、SI 和 DI。

（5）EU 控制电路。EU 控制电路负责从总线接口部件的指令队列缓冲器中取指令，并对指令译码，根据指令要求向 EU 内部各部件发出控制命令，以完成各条指令规定的功能。如果指令队列缓冲器中是空的，那么 EU 就要等待 BIU 通过外部总线从存储器中取得指令并送到 EU，通过译码电路分析，发出相应控制命令，控制 ALU 数据总线中数据的流向。如果是运算操作，操作数据经过数据暂存寄存器送入 ALU，运算结果经 ALU 数据总线送到相应寄存器，同时标志寄存器根据运算结果改变状态。

2.5.2 8086 微处理器内部寄存器结构

8086 CPU 内部可供编程使用的 14 个 16 位寄存器，按其用途可分为 3 类：通用寄存器、段寄存器和控制寄存器。8086 CPU 内部寄存器结构如图 2.4 所示。

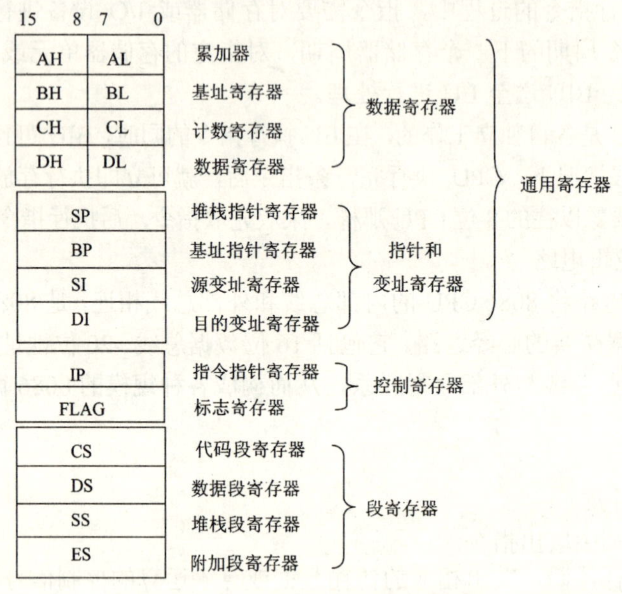

图 2.4 8086 CPU 内部寄存器结构

1. 通用寄存器

8086 CPU 中设置了一些通用寄存器，它是一种面向寄存器的体系结构，在这种结构中，操作数可以直接存放在这些寄存器中，因此，既可减少访问存储器的次数，又可缩短程序的长度，既提高了数据处理速度，又可少占内存空间。8086 CPU 的通用寄存器分为数据寄存器与指针和变址寄存器两组。

1）数据寄存器

数据寄存器包括 4 个 16 位的寄存器 AX、BX、CX 和 DX，一般用来存放 16 位数据，故称为数据寄存器。其中每一个既可作为 16 位数据寄存器使用，也可作为两个 8 位数据寄存器使用。当用做 16 位时，称为 AX、BX、CX 和 DX。当用做 8 位时，AH、BH、CH、DH 存放高字节，AL、BL、CL、DL 存放低字节，并且可独立寻址。这样，4 个 16 位寄存器也可当做 8 个 8 位寄存器来使用。

这 4 个数据寄存器除作为通用寄存器外，还有各自的专门用途。

（1）AX（accumulator）做累加器用，是算术运算的主要寄存器。AX 还用在字乘法和字除法中。此外，所有的I/O指令都是以AX为中心与外部设备进行信息传送。

（2）BX（base）在计算存储器地址时，常用做基址寄存器。

（3）CX（count）在串操作及循环指令中用做计数器。

（4）DX（data）在字乘法、字除法运算中，将DX和AX组合成一个双字长数，DX用来存放高16位数。另外，在间接的I/O指令中，DX用来指定I/O端口地址。

2）指针寄存器和变址寄存器

指针寄存器包括堆栈指针寄存器（Stack Pointer，SP）和基址指针寄存器（Base Pointer，BP），变址寄存器包括源变址寄存器（Source Index，SI）和目的变址寄存器（Destination Index，DI）。这4个寄存器都是16位寄存器，一般用来存放地址的偏移量（被寻址存储单元相对于段起始地址的距离，或称偏移地址）。这些偏移地址在BIU的地址产生器中与左移4位后的段寄存器内容相加产生20位的物理地址。SP和BP一般与段寄存器SS联用，以确定堆栈段中某一存储单元的地址，SP用以指示栈顶的偏移地址，BP指出要处理的数据在堆栈段中的基地址，故称为基址指针寄存器。变址寄存器SI和DI用来存放当前数据段中某个单元的偏移量，一般与段寄存器DS联用，以确定数据段中某一存储单元的地址。SI和DI具有自动增量和自动减量的功能，这一点使在串操作指令中用做变址非常方便，SI作为隐含的源变址和DS联用，DI作为隐含的目的变址和ES联用，从而达到在数据段和附加段中寻址的目的。

2. 段寄存器

8086 CPU有20位地址总线，它可寻址的存储空间为1MB。而8086指令给出的地址编码只有16位，指令指针和变址寄存器也都是16位的，所以，CPU不能直接寻址1MB空间，只能在一个特定的64KB范围内寻址。为了达到寻址1MB存储空间的目的，8086 CPU将这1 MB存储空间分成若干个逻辑段，每个逻辑段长度不大于64 KB，这些逻辑段是相互独立的，可以在整个空间浮动。8086 CPU用4个16位的段寄存器分别存放各个段的起始地址（又称段基址），8086的指令能直接访问这4个段寄存器。不管是指令还是数据的寻址，都只能在划定的64KB范围内进行。寻址时还必须给出一个相对于段寄存器值所指定的起始地址的偏移地址（也称有效地址），以确定段内的具体地址。对物理地址的计算是在BIU中进行的，它先将段地址左移4位，然后与16位的偏移地址相加，从而产生20位的物理地址。

例如，在取指令时，由16位指令指针（IP）提供一个偏移地址（逻辑地址），在地址加法器中与代码段寄存器的内容左移4位后相加，形成实际20位物理地址，送到总线上实现取指令的寻址。图2.5给出了这一物理地址的形成过程。

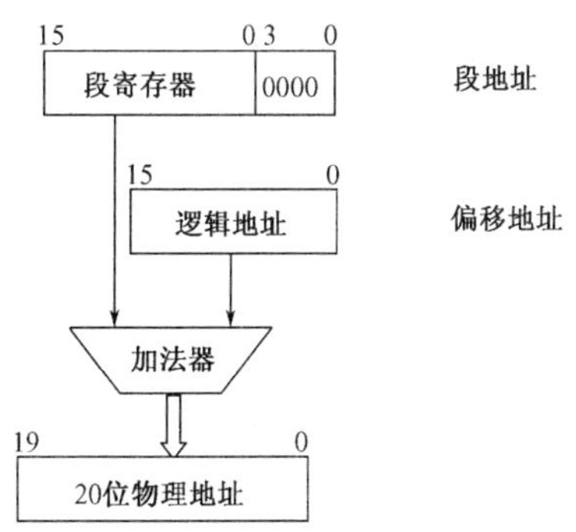

图2.5 物理地址的形成过程

8086 CPU的4个段寄存器如下：

（1）代码段寄存器（Code Segment，CS）。用来给出当前的代码段起始地址。即当前使用的指令代码可从该段寄存器指定的存储器段中取得，相应的偏移地址则由IP提供。

（2）数据段寄存器（Data Segment，DS）。指示当前程序使用的数据所存放段的起始地址。

（3）堆栈段寄存器（Stack Segment，SS）。给出当前程序所使用的堆栈段的起始地址，即在存储器中开辟的堆栈区，堆栈操作的执行地址就在该段。

（4）附加段寄存器（Extra Segment，ES）。给出当前程序使用附加段地址的起始位置，该段一般用来存放原始数据和运算结果。

3. 控制寄存器

8086 CPU 的控制寄存器主要有 IP 寄存器和状态标志寄存器。

1）IP 寄存器

IP 寄存器是一个 16 位的寄存器，功能跟 Z80 CPU 中的程序计数器 PC 功能类似。正常运行时，IP 寄存器中存放的是 EU 要执行的下一条指令的偏移地址。它具有自动加 1 功能，每当执行一次取指令操作时，它将自动加 1，使它指向要取的下一内存单元，每取一个字节后 IP 寄存器内容加 1，而取一个字后 IP 寄存器内容则加 2。我们编制的程序不能直接访问 IP 寄存器，即不能用指令取出 IP 寄存器或给 IP 寄存器设置给定值，但可以通过某些指令修改 IP 值，也可用某些指令使 IP 值压入堆栈或从堆栈中弹出。

2）标志寄存器（Flag Register，FLAG）

标志寄存器是一个 16 位的寄存器，8086 共使用了 9 个有效位，其中的 6 位是状态标志位，3 位为控制标志位。标志寄存器格式如图 2.6 所示。

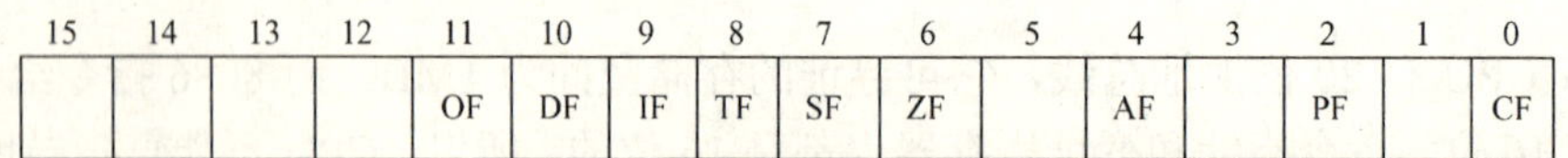

15	14	13	12	11	10	9	8	7	6	5	4	3	2	1	0
				OF	DF	IF	TF	SF	ZF		AF		PF		CF

图 2.6　标志寄存器格式

状态标志位是当一些指令执行后，记录所产生数据的一些特征和状态。而控制标志位则可以由程序写入，以达到控制处理机状态或程序的执行方式。正确地使用这些标志可使程序按人们预定的逻辑实现转移，使计算机能够正确地完成预定的任务。

状态标志位有 6 个，其功能如下：

（1）CF（Carry Flag）：进位标志位。当指令执行结果使最高位产生进位（或借位）时，CF=1，无进位（或借位）时 CF=0。进位标志主要用于加、减法运算，移位指令也能把存储器或寄存器中的最高位（左移时）或最低位（右移时）移入 CF 位中。

（2）PF（Parity Flag）：奇偶标志位。该标志位反映运算结果中 1 的个数是偶数还是奇数。当指令执行结果的低 8 位中含有偶数个 1 时，PF=1，否则 PF=0。

（3）AF（Auxiliary Carry Flag）：辅助进位标志位。当指令执行结果的低 4 位向高 4 位有进位（或借位）时，AF=1，否则 AF=0。该标志主要用于实现 BCD 码算术运算结果的调整。

（4）ZF（Zero Flag）：零标志位。若当前的运算结果为零，则 ZF=1，否则 ZF=0。

（5）SF（Sign Flag）：符号标志位。它和运算结果的最高位相同。进行带符号数运算时，SF=1，表示运算结果为负数，SF=0，则结果为正数。

（6）OF（Overflow Flag）：溢出标志位。在运算过程中，当运算结果超出了机器所能表示的范围，即产生溢出时，OF=1，否则 OF=0。

控制标志位有 3 个，主要用来控制 CPU 的工作方式或工作状态，由指令进行置位和复位。

（1）DF（Direction Flag）：方向标志位。它用于串处理指令中指定字符串处理的方向，当 DF=1 时，字符串以递减顺序处理（变址寄存器 SI 和 DI 减量），即地址从高到低顺序递减。反之，当 DF=0 时，字符串以递增顺序处理（变址寄存器 SI 和 DI 增量），即地址从低到高顺序递增。

（2）IF（Interrupt Enable Flag）：中断允许标志位。它用来控制 8086 是否允许接收外部中断请求。若 IF=1，8086 能响应外部中断，IF=0，则禁止 CPU 响应外部中断。

注意：IF 的状态不影响非屏蔽中断请求（NMI）和 CPU 内部中断请求。

（3）TF（Trap Flag）：陷阱标志或单步操作标志位。它是为调试程序而设定的陷阱控制位。当 TF=1 时，8086 CPU 处于单步工作状态，此时，CPU 每执行完一条指令就自动产生一次内部中断，转去执行一个中断服务程序。这样就可以借助中断服务程序来检查每条指令的执行情况。当 TF=0 时，8086 CPU 正常执行程序。

2.5.3 8086 微处理器的引脚功能

8086 CPU 具有 40 条引脚，采用双列直插式封装形式，其引脚如图 2.7 所示。

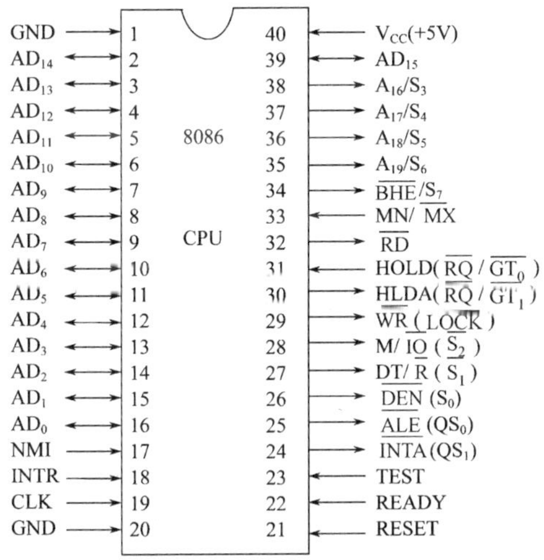

图 2.7 8086 CPU 引脚图

为了减少芯片上的引脚数，8086 CPU 采用了分时复用的地址/数据总线。为了适应各种使用场合，8086 CPU 可在两种模式下工作，即最小模式和最大模式。最小模式就是系统中只有一个 8086 CPU，在这种系统中，所有的总线控制信号都由 8086 CPU 直接产生，因此，系统中的总线控制逻辑部件被减到最少。最大模式是指系统中含有两个或多个 CPU，其中一个为主处理器 8086 CPU，其他的处理器为协处理器，协助主处理器工作。例如，用于数值运算的处理器 8087 CPU，用于输入和输出大量数据的处理器 8089 CPU 等。在最大模式下工作时，控制信号是由 8288 CPU 总线控制器提供的。因此，在不同方式下工作时，部分引脚（第 24～第 31 引脚）会具有不同的功能。图 2.7 括号中所示为最大模式时的引脚名称。本节主要讨论最小模式下的引脚功能。

8086 CPU 的引脚按其作用可分为如下 3 类。

1．地址/数据总线 AD_{15}～AD_0

AD_{15}～AD_0是地址/数据复用引脚，具有双向、三态功能。该引脚既可以作为输出访问存储器或访问 I/O 端口的地址线 A_{15}～A_0，又可以作为与存储器和 I/O 设备交换信息的数据线 D_{15}～D_0。在总线周期的第一个时钟周期 T_1，输出要访问的存储器单元或 I/O 端口的低 16 位地址 A_{15}～A_0。而在总线周期的其他时钟周期（T_2～T_3），对于读周期来说是处于悬浮（高阻）状态，对于写周期来说则是传送数据。

2．地址/状态线 A_{19}/S_6～A_{16}/S_3

A_{19}/S_6～A_{16}/S_3 为分时复用的地址/状态线，三态输出。在总线周期的第一个时钟周期 T_1，用来输出访问存储器的 20 位物理地址的最高 4 位地址（A_{19}～A_{16}），与 AD_{15}～AD_0一起构成访问存储器的 20 位物理地址。当 CPU 访问 I/O 端口时，A_{19}～A_{16}保持为“0”。在其他时钟周期，则用来输出状态信息。其中，S_6=0，表示 8086 CPU 当前正与总线相连。S_5用来指示中断允许标志位 IF 的当前设置，S_5=1，表明当前允许可屏蔽中断请求，若 S_5=0 则禁止可屏蔽中断请求。S_4、S_3 组合起来用以指示 CPU 当前正在使用哪个段寄存器。S_4、S_3 的代码组合与对应的状态如表 2-1 所示。

表 2-1　S_4、S_3 代码组合与对应的状态

S_4	S_3	当前使用的段寄存器
0	0	当前正在使用 ES
0	1	当前正在使用 SS
1	0	当前正在使用 CS（访问 I/O 端口时，不使用任何段寄存器）
1	1	当前正在使用 DS

3．控制总线

（1）$\overline{BHE}$ /S_7（Bus High Enable/Status）：总线高字节允许/状态复用引脚（三态，输出）。

在总线周期的第一个时钟周期 T_1 用来表示总线高 8 位 AD_{15}～AD_8 上的数据有效。若 $\overline{BHE}$ =1，表示仅在数据总线 AD_7～AD_0 上传送数据。读/写存储器或 I/O 端口以及中断响应时，$\overline{BHE}$ 用做选体信号，与最低位地址 A_0 配合，表示当前总线使用情况，如表 2-2 所示。S_7用来输出状态信息，但目前 S_7 并没有的定义。

表 2-2　BHE 和 A_0 编码对数据访问的影响

$\overline{BHE}$	A_0	总线使用情况
0	0	16 位数据总线上进行字传送
0	1	高 8 位数据总线上进行字节传送（访问奇地址存储单元）
1	0	低 8 位数据总线上进行字节传送（访问偶地址存储单元）
1	1	无效

（2）$\overline{RD}$（Read）：读控制信号（三态，输出）。当 $\overline{RD}$=0 低电平有效时，表示当前 CPU 正在进行读存储器或 I/O 端口的操作。$\overline{RD}$=0 与 M/$\overline{IO}$ 信号高电平配合，表示读存储器操作；$\overline{RD}$=0 与 M/$\overline{IO}$ 信号低电平配合，表示读 I/O 端口操作。

（3）$\overline{WR}$（Write）：写信号（三态，输出）。当 $\overline{WR}$=0 低电平有效时，表示当前 CPU 正在对存储器或 I/O 端口进行写操作。与 $\overline{RD}$ 信号一样由 M/$\overline{IO}$ 信号区分对存储器或 I/O 端口的访问。

（4）M/$\overline{IO}$（Memory/Input Ouput）：存储器或 I/O 端口选择控制信号（三态，输出）。M/$\overline{IO}$=1，表示当前 CPU 正在访问存储器；M/$\overline{IO}$=0，表示 CPU 当前正在访问 I/O 端口。一般在前一个总线周期的 T_4 时钟周期就使 M/$\overline{IO}$ 端产生有效电平，然后开始一个新的总线周期。在此新的总线周期中，M/$\overline{IO}$ 一直保持有效电平，直至本总线周期的 T_4 时钟周期为止。在 DMA 方式时，M/$\overline{IO}$ 被悬空为高阻状态。

（5）READY：准备就绪信号（输入）。该信号高电平有效，它是由被访问的存储器或 I/O 端口发来的响应信号。当 READY=1 时，表示 CPU 访问的存储器或 I/O 端口已准备好传送数据，马上就可以进行读/写操作。CPU 在每个总线周期的 T_3 状态开始对 READY 信号进行检测，如果检测到 READY 为低电平，即当 READY=0 时，表示所寻址的存储单元或 I/O 端口尚未准备就绪，要求 CPU 自动插入一个或多个等待状态 T_W，然后在 T_W 状态再次检查 READY 信号，若还是无效，则继续插入一个新的 T_W，直到 READY 信号变为高电平才进行数据传送。

（6）INTR（Interrupt Request）：可屏蔽中断请求信号（输入）。电平触发，高电平有效。当 INTR=1 时，表示外设向 CPU 发出中断请求，CPU 在每个指令周期的最后一个 T 状态去采样该信号，若 INTR=1 且 IF=1（中断允许），则 CPU 就会在结束当前指令后去响应中断，转去执行中断服务程序。

（7）$\overline{INTA}$（Interrupt Acknowledge）：中断响应信号（输出）。低电平有效，该信号有效时，表示 CPU 响应了外设发来的 INTR 信号。在中断响应周期的 T_2、T_3、T_W 时钟周期内使 $\overline{INTA}$ 引脚变为低电平，通知外设端口可向数据总线上放置中断类型号，以便获取相应中断服务程序的入口地址。

（8）NMI（Non Maskable Interrupt）：不可屏蔽中断请求信号（输入）。该信号上升沿有效，此请求不受 IF 状态的影响，即不能用软件进行屏蔽，一旦该信号有效，CPU 就会在现行指令结束后响应中断，进入相应的中断服务程序。NMI 比 INTR 优先级别高。

（9）$\overline{TEST}$：测试信号（输入），低电平有效。当 CPU 执行 WAIT 指令时，每隔 5 个时钟周期对 $\overline{TEST}$ 进行一次测试，若测试到 $\overline{TEST}$ 为高电平状态，则 CPU 停止取下一条指令而处于空闲等待状态，直到 $\overline{TEST}$ 低电平有效时，CPU 才结束等待状态继续执行后续指令。$\overline{TEST}$ 引脚信号用于多处理器系统中，实现 8086 CPU 与协处理器间的同步协调功能。

（10）RESET：复位信号（输入），高电平有效。该信号将使 8086 CPU 立即结束当前正在进行的操作。RESET 信号至少要保持 4 个时钟周期 CPU 才能结束它正在进行的操作。CPU 检测到 RESET 为高电平信号后停止操作，并将标志寄存器、段寄存器、指令指针和指令队列等复位到初始状态。CPU 复位后，从 FFFF0H 单元开始读取指令。

（11）ALE（Address Latch Enable）：地址锁存允许信号（输出），高电平有效。由于 8086 CPU 的 AD_{15}～AD_0 是地址/数据复用总线，CPU 与内存、I/O 电路交换信息时，先利用此总线传送地址信息，再传送数据信息。为此，在任何一个总线周期的 T_1 时钟，ALE 端产生正脉冲，利用它的下降沿将地址信息锁存，达到地址信息与数据信息复用分时传送的目的。

（12）DT/$\overline{R}$（Data Transmit/Receive）：数据发送/接收控制信号（三态，输出）。在最小模式系统中使用 8286/8287 作为数据总线收发器时，DT/$\overline{R}$ 信号用来控制 8286/8287 的数据传送方向。当 DT/$\overline{R}$ =1 时，则进行数据发送，即完成写操作：当 DT/$\overline{R}$ =0 时，则进行数据接收，即完成读操作。

（13）$\overline{DEN}$（Data Enable）：数据允许信号（三态，输出），低电平有效。在最小模式系统中，用做数据收发器 8286/8287 的选通控制信号。在 DMA 方式时，$\overline{DEN}$ 为悬空状态。

（14）HOLD（Hold Request）：总线请求信号（输入），高电平有效。通常把对总线具有控制能力的部件称为主控设备，显然 CPU 是一种主控设备。如果在总线上有两个主控设备，它们对总线的控制就需要进行协调，即同一时间只能有一个主控设备起作用。在较简单的系统中通常以 CPU 的控制为主，平时总是由 CPU 掌握对总线的控制权。当另一个主控设备需要使用总线（获得总线控制权）时，就要向 CPU 的 HOLD 引脚发出一个高电平的请求信号。

（15）HLDA（Hold Acknowledge）：总线请求响应信号（输出），高电平有效。HLDA 输出高电平时，表示 CPU 已响应其他部件的总线请求，通知提出请求的设备可以使用总线。与此同时，CPU 的有关引脚呈现高阻状态，从而让出系统总线，这种状态将一直延续到 HOLD 端的请求撤销，即输入电平降为低电平为止，CPU 恢复对总线的控制权。

（16）MN/$\overline{MX}$（Minimun/Maximun）：工作方式选择信号（输入）。MN/$\overline{MX}$ =1 时，表示 CPU 工作在最小模式系统；MN/$\overline{MX}$ =0 时，表示 CPU 工作在最大模式系统。

（17）CLK（Clock）：主时钟信号（输入）。CLK 时钟输入端为微处理器提供基本的定时脉冲，通常与 8284 时钟发生器的时钟输出端 CLK 相连。时钟引脚 CLK 要求输入一个符合处理器芯片工作频率要求的时钟，8086 要求时钟信号的占空比为 33%，即 1/3 周期为高电平，2/3 周期为低电平。8086 CPU 可使用的时钟频率随芯片型号不同而异，8086 CPU 为 5MHz，8086-2 CPU 为 8MHz，8086-1 CPU 为 10MHz。

2.5.4 8086 微处理器总线周期

8086 CPU 与存储器或外部设备通信是通过 20 位分时多路复用地址/数据总线来实现的。为了取出指令或传输数据，CPU 要执行一个总线周期。通常把 8086 CPU 经外部总线对存储器或 I/O 端口进行一次信息的输入或输出过程称为总线操作，而把执行该操作所需要的时间称为总线周期或总线操作周期。由于总线周期全部由 BIU 来完成，所以也把总线周期称为 BIU 总线周期。

8086 CPU 的总线周期至少由 4 个时钟周期组成。每个时钟周期称为 T 状态，用 T_1、

T_2、T_3和 T_4表示。时钟周期是 CPU 的基本时间计量单位，由主频决定。例如，8086 CPU 的主频为 10MHz，一个时钟周期就是 100ns。基本的总线周期波形如图 2.8 所示。

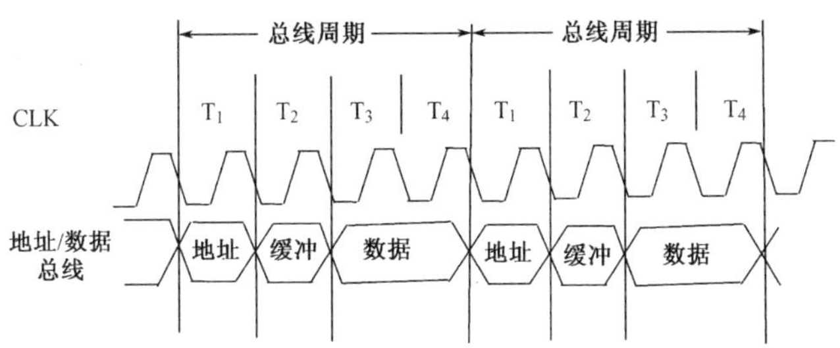

图 2.8 典型的 8086 CPU 总线周期波形图

在 T_1 状态期间，CPU 将存储地址或 I/O 端口的地址置于总线上。若要将数据写入存储器或 I/O 设备，则在 T_2～T_4 这段时间内，要求 CPU 在总线上一直保持要写的数据；若要从存储器或 I/O 设备读入信息，则 CPU 在 T_3～T_4 期间接收由存储器或 I/O 设备置于总线上的信息。T_2 时总线浮空，允许 CPU 有个缓冲时间把输出地址的写方式转换为输入数据的读方式。可见，AD_{15}～AD_0 和 A_{19}/S_6～A_{16}/S_3 在总线周期的不同状态传送不同的信号，这就是 8086 CPU 的分时多路复用地址/数据总线。

BIU 只在下列情况下执行一个总线周期：

（1）在指令的执行过程中，根据指令的需要由 EU 请求 BIU 执行一个总线周期。例如，取操作数或存放指令执行结果等。

（2）当指令队列寄存器已经空出 2 个字节，BIU 必须填写指令队列时。

除了这两种情况下的总线操作周期之外，还存在着两种 BIU 不执行任何操作的时钟周期。

1．空闲状态 T_I（Idle State）

总线周期只用于 CPU 和存储器或 I/O 端口之间传送数据和填充指令队列。如果在两个总线周期之间存在着 BIU 不执行任何操作的时钟周期，这些不起作用的时钟周期称为空闲状态，用 T_I 表示。在系统总线处于空闲状态时，可以包含一个或多个时钟周期。这期间在高 4 位的总线上，CPU 仍然输出前一个总线周期的状态信号 S_3～S_6，而在低 16 位总线上，则视前一个总线周期是写周期还是读周期来确定。若前一个总线周期为写周期，CPU 会在总线的低 16 位继续输出数据信息；若前一个总线周期为读周期，CPU 则使总线的低 16 位处于浮空状态。

空闲状态可以由几种情况引起：当 8086 CPU 把总线的主控权交给协处理器的时候；当 8086 CPU 执行一条长指令（如 16 位的乘法指令 MUL 或除法指令 DIV），这时 BIU 有相当长的一段时间不执行任何操作，其时钟周期处于空闲状态。

2．等待状态 T_W（Wait State）

8086 CPU 与慢速的存储器和 I/O 端口交换信息时，被写入数据或被读取数据的存储器或外设在速度上可能跟不上 CPU 的要求，为了防止丢失数据，会由存储器或外设通过

READY 信号线在总线周期的 T_3 和 T_4 之间插入一个或多个必要的等待状态 T_W 用来给予必要的时间补偿。在等待状态期间，总线上的信息保持 T_3 状态时的信息不变，其他一些控制信号也都保持不变。包含了 T_I 与 T_W 状态的典型总线周期如图 2.9 所示。

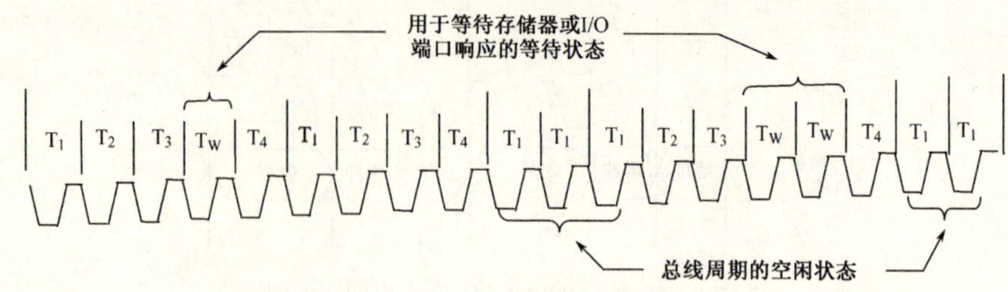

图 2.9　包含 T_I 与 T_W 状态的典型总线周期波形图

当存储器或外设完成数据的读/写准备时，便在 READY 线上发出有效信号，CPU 接到此信号后会自动脱离 T_W 而进入 T_4 状态。

2.6　80x86 微处理器和 Pentium 系列微处理器的结构和性能特点

2.6.1　80286 微处理器

80286 CPU 是 Intel 公司继 8086 之后于 1982 年 1 月推出的一种更先进的超级 16 位 CPU，它打破了 40 条引脚封装的格局，采用 68 引脚的四列双插式封装，不再使用分时复用线。因此，它具有独立的 16 条数据总线和 24 条地址总线，80286 CPU 芯片内部集成了 13.5 万只晶体管，时钟频率高达 20MHz，执行速度更快，内存寻址的范围更大。

1. 80286 CPU 的主要特性

80268 CPU 具有如下主要特性：

（1）具有独立的 16 条数据总线 D_0～D_{15} 和 24 条地址总线 A_0～A_{23}，可寻址 16MB 的地址空间。

（2）具有实地址和保护虚地址两种方式。在实地址方式中，只用 A_0～A_{19} 这 20 条地址线直接寻址 1 MB 空间；在保护虚地址方式下，24 条地址线能直接寻址 16MB 的实际地址。

（3）可以使用虚拟内存，即在 80286 CPU 内存不足的情况下，可以借助于磁盘空间来虚拟内存。

（4）寻址方式更加丰富，在 8 种指令操作数寻址方式中包含着 24 种寻址方式。

（5）可以同时运行多个任务，并且在 80286 CPU 的管理调度下可以在各个任务之间迅速方便地进行切换。

（6）具有 3 种类型的中断，即由硬件引起（INTR 和 NMI）、INT n 指令引起和指令异常引起的中断。

（7）由于 80286 CPU 芯片内部硬件功能的增强，其指令系统中相应增加了高级类指令、执行环境操作类指令和保护类指令。

（8）时钟频率提高，80286 CPU 的最大时钟频率高达 20MHz。

2. 80286 CPU 的内部结构

80286 CPU 的内部结构框图如图 2.10 所示。

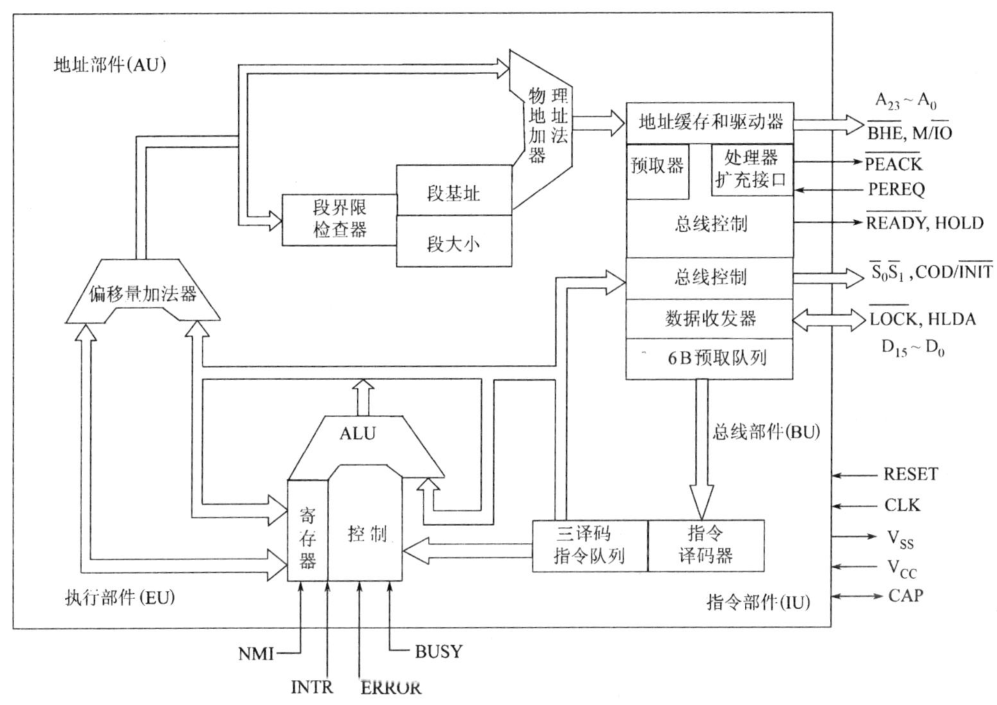

图 2.10 80286 CPU 的内部结构框图

从图中可以看出，80286 CPU 共有 4 个功能部件，这比 8086 CPU 多了两个主要部件。8086 CPU 包括 BIU 和 EU 两个部件，而 80286 CPU 由总线部件（Bus Unit，BU）、指令部件（Instruction Unit，IU）、执行部件（Execute Unit，EU）和地址部件（Address Unit，AU）组成，也就是在 8086 CPU 的基础上，将 8086 CPU 中的 BIU 分成 BU 和 IU，而将 EU 分成 EU 和 AU。这样，80286 CPU 增强了这些部件的并行操作能力，加快了微处理器的运行速度。

80286 CPU 内部的 4 个处理部件并行地进行操作，形成了取指令、指令译码和指令执行重叠进行的流水线工作方式，提高了数据的吞吐率，加快了运行处理速度。由于内部具有存储器管理和存储器保护机构，可以适应多用户、多任务的需要。一个 10MHz 的 80286 CPU 比标准的 5MHz 的 8086 CPU 性能要高 6 倍。它灵活而巧妙地应用存储器管理和保护方法，可使其支持每个用户的虚拟存储器高达 100MB。

3. 80286 CPU 主要部件功能

（1）BU：包括地址锁存和驱动器、预取器、协处理器接口、总线控制器、数据收发器以及指令预取器。地址锁存和驱动器将 24 位地址锁存并加以驱动；预取器负责向存储器取指令代码并放到 6B 的预取队列中；协处理器接口专门负责与 80287 协处理器的连接；数据收发器根据指令要求负责控制数据的 I/O；6B 的指令队列专门存放由预取器送来的指令；总线控制产生有关外部控制信号送到外部的总线控制器 80288 CPU，以便组合产生存储器或 I/O 的读/写控制信号。

（2）IU：负责从预取队列中取代码并进行译码，然后放入 3 条指令的指令队列中，这个指令队列存放的是已经译码的指令，可以立即执行。

（3）AU：负责物理地址的生成，80286 CPU 的物理地址生成方法根据其工作方式的不同而完全不同。如果 80286 CPU 工作在实地址模式，则物理地址的形成与 8086 CPU 一样，即将段地址乘以 16 再与偏移地址相加得到 20 位的物理地址，因此，实地址模式下的 80286 CPU 也只能寻址 1MB 的存储空间，相当于高速的 8086 CPU；在保护虚地址模式下，物理地址线为 24 条，因此，其形成方法不同于 8086 CPU，段地址并不直接存放在 4 个段寄存器中，而是存放在所谓的段描述符中。通过描述符的数据结构寻找 24 位段基址，这样在 AU 中将 24 位段基址与 16 位偏移地址相加得到实际的物理地址，形成真正的 24 位物理地址。

（4）EU：负责从译码指令队列取出已经译码的指令立即执行。执行指令时如果需要操作数，可以向 AU 发出相应的地址信息。

4．80286 CPU 的地址方式

80286 CPU 访问存储器时有如下两种方式：

（1）实地址方式（又称实模式）。80286 CPU 加电后即进入实地址方式。在实地址方式下，80286 CPU 在目标码一级是向上兼容的，它兼容了 8086 CPU 的全部功能，8086 CPU 的汇编语言源程序可以不做任何修改而在 80286 CPU 上运行。访问存储器时使用地址线 A_0～A_{19}，此时不使用 A_{20}～A_{23}。因此，对存储器的寻址能力和 8086 CPU 一样，最大为 1MB 的存储空间。在实地址方式下，处理器产生 20 位物理地址的方法、段的结构以及存储区中的专用单元和保留单元都与 8086 CPU 兼容。

（2）保护虚拟地址方式（又称保护模式）。在实地址方式下操作的 80286 CPU 只相当于一个快速的 8086 CPU，并没有真正发挥 80286 CPU 的作用。只有保护虚拟地址方式才是 80286 CPU 的真正特色，才能充分发挥 80286 CPU 的作用。

80286 CPU 的每个段寄存器都附加有 6 个字节长的段高速缓存器，其中 3 个字节存放段基址。在实模式下，段基址被自动设定为 16 倍于段寄存器的值（16×段寄存器），当改写段寄存器时，自动更新段基址，利用硬件方法，在使地址总线中的 A_{20}～A_{23} 4 位常为 0 的情况下，将段基址与偏移量相加，作为物理地址送入低 20 位地址总线。

在实模式下，虽然可以运行现存的 8086 CPU 程序代码，但 80286 CPU 的固有特性没有得到充分利用，为了发挥 80286 CPU 的强有力的功能，采用了一种称为保护虚拟地址的方式，即保护模式。在保护模式中存储器的地址同样以逻辑地址来表示，而逻辑地址也是由段寄存器和偏移量组成；偏移量和实模式一样，根据不同的存储器访问状态，由 IP、SP 或指令操作数来给定。但是在保护模式下，每个段所附加的段高速缓存器的使用方法与实模式不同。实模式下段基址被设定为段寄存器左移 4 位（16 倍）的值；而在保护模式下可设定为任意 24 位的值并且段寄存器与段基址无直接关系。段寄存器的值是进入某个存储器

常驻表的索引值，所要求段的 24 位基地址，要从存储器的表中取得，16 位的偏移量用来加到段基址上，以形成物理地址。这里提到的存储器常驻表也叫段描述符表，它由段描述符组成。80286 CPU 的段描述符只用 6 个字节，其中 3 个字节存放段基址。80286 CPU 有全局和局部两种段描述符表，每表最多可定义 8191 个段描述符，但在所定义的描述符表中，每个段描述符实际含有 8 个字节，其中高 2 字节置 0，这是为 80386 CPU 而设的备用区，以便与 32 位 80386 CPU 的描述符保持互换性。

在保护模式下，段基址是一个任意的 24 位的值。因此，80286 CPU 具有 16MB 的存储器寻址能力，另一方面 80286 CPU 用段寄存器的高 14 位（13 位表索引，加 1 位表指示器）来识别描述符，所以最多可定义 2^{14} 个描述符。对应备描述符可定义最大为 2^{16}B（64KB）的段，故 80286 CPU 的逻辑地址寻址能力最大为 $2^{14}\times2^{16}=2^{30}$B（1000MB）的存储空间。但由于它的地址总线只有 24 位，故硬件上可安装的最大实存储器容量为 2^{24}B（16MB），因此实存储器中不能装入由逻辑地址所能寻址的全部存储器空间。

如果将逻辑地址空间置于磁盘设备等高速大容量辅助存储器上，然后将当前需要的段装入存储器中，这时，80286 CPU 的实存储器容量虽然只有 16MB，但用户可以看做有 1000MB（1GB）的虚拟存储器可供编程，因此在保护模式中，逻辑地址也称为虚拟地址。

在保护模式下，执行一个对 80286 CPU 指令集完全向上兼容的高级集，并且还提供了存储器管理机构和保护机构的有关指令。总之保护模式是集存储器管理、对虚拟存储器的支持以及对地址空间的保护等内容为一体而建立起来的一种特殊工作方式，它能使 80286 CPU 支持多用户、多任务系统。

2.6.2 80386 微处理器

1985 年 10 月，Intel 公司推出了与 8086 CPU 和 80286 CPU 相兼容的高性能的 32 位 80386 CPU。80386 CPU 是为满足高性能的应用领域与多用户、多任务操作系统需要而设计的，可以构成真正的 32 位计算机系统，80386 CPU 的出现象征着微处理器技术发展的新里程碑。

80386 CPU 的寄存器和数据总线都是 32 位的，是 80286 CPU 的 2 倍，其地址总线也扩充到 32 位，使得 80386 CPU 可以寻址 4GB 的存储空间，并可对 64TB 的虚拟存储器进行存取。

80386 CPU 采用先进的高速 CHMOS-Ⅲ工艺，不仅具有 HMOS 的高性能特点，而且具有 CMOS 低功耗的特点。该芯片内部集成有 27.5 万个晶体管，整个芯片采用 132 引脚的陶瓷网格阵列（PGA）封装，具有高可靠性和紧密性。

1. 80386 CPU 的主要特性

80386 CPU 具有如下主要特性：

（1）CPU 提供 32 位的指令，支持 8 位、16 位、32 位的数据类型，具有 8 个通用的 32 位寄存器，ALU 和内部总线的数据通路均为 32 位，具有片内地址转换的 Cache。

（2）提供 32 位外部总线接口，最大数据传输速率为 32Mb/s。由于采用了流水线方式，可同高速 DRAM 芯片接口，支持动态总线宽度控制，能动态地切换 32 位/16 位数据总线。总线接口在每个总线周期内只使用两个时钟周期，以实现高速或低速存储系统的有效连接。

（3）具有片内集成的存储器管理部件 MMU，可支持虚拟存储和特权保护，保护机构采用 4 级特权层，可选择片内分页单元。片内具有多任务机构，能快速完成任务的切换。

（4）具有 3 种工作方式：实地址方式、保护方式和虚拟 8086 CPU 方式。实地址方式和虚拟 8086 CPU 方式与 8086 CPU 相同，故已有的 8086 CPU 软件不作修改即能在 80386 CPU 的这两种方式下运行。保护方式可支持虚拟存储、保护和多任务，完全包括了 80286 CPU 的保护方式功能。

（5）可直接寻址 4GB（2^{32}B）的物理存储空间，同时具有虚拟存储的能力，虚拟存储空间达 64TB。存储器采用分段结构，一个段最大可为 4GB。

（6）通过配用 80287 CPU 和 80387 CPU 数值协处理器可支持高速数值处理。

（7）在目标码一级与 8086 CPU 和 80286 CPU 芯片完全兼容。

（8）时钟频率为 12.5MHz、16MHz、20MHz、25MHz 和 33MHz，处理速度可达 3～4MIPS（兆指令/秒）以上。

2．80386 CPU 的内部结构

80386 CPU 的内部结构如图 2.11 所示，它由 BIU、指令预取部件、指令译码部件、EU（控制部件、数据部件和保护测试部件）、存储器管理部件（分段部件和分页部件）组成。

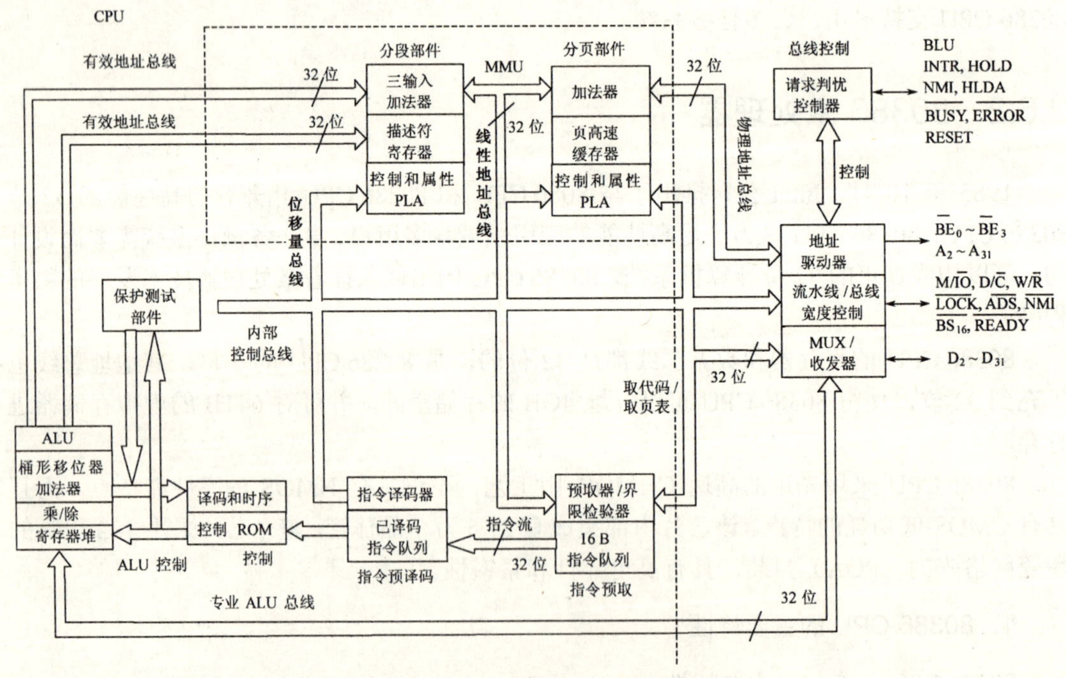

图 2.11　80386 CPU 的内部结构框图

每个部件都可以与其他部件并行操作，因此，在 CPU 内可同时执行几条指令，每一条指令均处于不同的执行阶段，这就构成了指令流水线。

（1）BIU。它提供 CPU 和系统之间的高速接口，负责 CPU 的外部总线与内部部件之间的信息交换。总线接口部件设计成为能接收并优化多个内部总线的请求，使其在服务于这些请求时能最大限度地利用系统所提供的总线宽度。此外，总线部件产生一些执行 CPU 总线周期所需要的信号，包括地址、数据、控制信号等，用来与存储器和 I/O 部件通信。

（2）指令预取部件。负责预先从存储器中取出指令，并存放在 16B 的指令队列中。当指令队列有一部分空字节时，预取部件向总线接口部件发出总线请求。如果总线空闲，则可以通过总线部件从主存储器取出指令，放在指令队列中，以便于指令译码部件能够有效地译码。指令预取部件还管理一个线性地址指针和一个段预取界限，这两项内容是从分段部件获得的，分别作为预取指令指针和检查是否违反分段界限。

（3）指令译码部件。其职责是对指令进行译码，可以完成从指令到微指令的转换，并为执行部件进行处理做好准备工作。译码后的指令放在译码器的指令队列中，供执行部件使用。大多数指令能在一个时钟周期内完成译码。

（4）EU。由控制部件、数据部件和保护测试部件组成，包括 8 个 32 位通用寄存器、一个 64 位桶形移位寄存器和一个乘/除法器，它的职责是直接执行指令。控制部件包括控制 ROM，其中存有微代码。译码器给控制部件提供微代码的入口点（起始地址），控制部件按此微代码执行相应的操作。数据部件包括寄存器组和算术/逻辑部件，负责进行算术运算和逻辑运算。

（5）存储器管理部件（MMU）。由分段部件和分页部件组成。分段部件将逻辑地址按执行部件的要求变换成线性地址，实现有效地址的计算。分段部件通过提供一个额外的寻址器件对逻辑地址空间进行管理，可以实现任务之间的隔离，也可以实现指令和数据区的再定位。当允许分页时，分页部件将分段部件或指令预取部件产生的线性地址变换成物理地址（不分页时，线性地址就是物理地址），这种转换是通过两级页面重定位机构来实现的。所以，分页部件撮供了对物理地址空间的管理，以页为单位进行存储器管理，每一页为 4KB。每一段可以是一页，也可以是若干页。分页部件将物理地址送给总线接口部件，执行存储器或 I/O 存取。

存储器是按照段来组织的，每一段的大小都可以达到 4GB。一个给定范围的线性地址空间或每个段可以有相应的属性，这些属性包括它的位置、大小、类型及其保护特性。80386 CPU 的每个任务都可以最多有 16381 个段，每段最大可达 4GB。因此，80386 CPU 为每个任务均可提供最大为 64TB 的虚拟存储空间。

3. 80386 CPU 的工作方式

80386 CPU 有 3 种工作方式：实地址方式、保护虚地址方式（简称保护方式）和虚拟 8086 CPU 方式。

1）实地址方式

系统启动后，80386 CPU 自动进入实地址方式。在此方式下，采用类似于 8086 CPU 的体系结构。80386 CPU 在实地址方式下的主要特点如下：

（1）寻址方式、存储器管理、中断处理与 8086 CPU 一样。

（2）操作数默认长度为 16 位，但允许访问 32 位寄存器（在指令前加前缀）。

（3）不用虚拟地址，最大地址范围仍限于 1MB，只采用分段方式，每段最大 64KB。

（4）存储器中保留两个固定的区域：一个是初始化程序区 FFFFFH～FFFF0H，另一个是中断向量表 003FFH～00000H。

（5）80386 CPU 有 4 个特权级，在实地址方式下，程序在最高级 0 级上执行，80386 CPU 指令集除少数指令外，绝大多数指令在实地址方式下都有效。

2）保护方式

保护是指在执行多任务操作时，对不同任务使用的虚拟存储器空间进行完全的隔离，保护每个任务顺利执行。

保护方式是 80386 CPU 最常用的方式，系统启动后先进入实地址方式，完成系统初始化后立即转到保护方式。这种方式提供了多任务环境下的各种复杂功能以及对复杂存储器组织的管理机制。只有在保护方式下，80386 CPU 才能发挥其强大的功能。

在保护方式下，80386 CPU 具有如下特点：

（1）存储器采用虚拟地址空间、线性地址空间和物理地址空间 3 种方式来描述。在保护方式下，80386 CPU 寻址机构不同于 8086 CPU，与 80286 CPU 类似，是通过描述符的数据结构来实现对内存访问的。

（2）强大的寻址空间。在保护方式下，80386 CPU 可以寻址的空间大约 64TB。这个空间就是虚拟地址空间。

（3）使用 80386 CPU 的 4 级保护功能可以实现程序与程序、用户与用户、用户与操作系统之间的隔离和保护，为多任务操作系统提供优化支持。

（4）80386 CPU 既可以进行 16 位运算，又可以进行 32 位运算。无论是 16 位还是 32 位的运算，只要在保护方式下，它就能启动其分页单元，以支持虚拟内存。

3）虚拟 8086 CPU 方式

80386 CPU 及其以后的 CPU 在 80286 CPU 已有的基础上新增了“虚拟 8086 CPU 方式”。虚拟 8086 CPU 方式是指一个多任务的环境，即模拟多个 8086 CPU 的工作方式。在这个方式下，80386 CPU 被模拟成多个 8086 CPU 并行工作。

虚拟 8086 CPU 方式允许 80386 CPU 将内存划分成若干部分，每个部分由操作系统分配给不同的应用程序，而应用程序、数据以及内存管理程序等部分则存放在所分配的内存中。因此，操作系统可以根据时间上的平均分配或优先权分给每个应用程序执行时间。

2.6.3 80486 微处理器

80486 CPU 是 Intel 公司于 1989 年 4 月推出的，它是对 80386 CPU 的改进和发展，是第二代 32 位 CPU 的代表。该芯片采用 1μm CHMOS 工艺，集成了 120 万个晶体管，采用 168 条引线网格阵列式封装，数据线 32 条，地址线 32 条，内部操作寄存器仍是 32 位。

80486 CPU 的主频为 25～66MHz。当主频达到 50MHz 时，80486 DX 可以在一个时钟周期内执行完一条指令。1992 年，80486 DX2 问世，它采用倍频技术，使 CPU 能以双倍于芯片外部的处理速度工作，这一技术使 80486 CPU 的运行速度提高了 70%。80486 CPU 在 80386 CPU 原有 6 个部件的基础上又新增了两个部件：高性能浮点运算部件（FPU）和 Cache。它把 FPU 和 Cache 集成在芯片内，使运算速度和数据存取速度得到大大提高。

1. 80486 CPU 的主要特性

80486 CPU 以提高速度和支持多处理器机构为目标，采用了容易实现多处理器的硬件部件，增加了在禁止其他处理器访问的同时访问并更改共享存储器的指令。

（1）在 CISC（复杂指令系统计算机）技术的基础上，首次采用了 RISC（精简指令系统计算机）技术，从而使 80486 CPU 可以在一个时钟周期内完成一条简单指令的执行。

（2）芯片上集成多个部件。80486 CPU 集成了 8KB 的指令和数据高速缓存、浮点运算部件、分页虚拟存储管理和 80387 CPU 数值协处理器等多个部件，并且集 Cache 与 FPU 为一体，提高了 CPU 的处理速度。

（3）高性能的设计。在以主频 33MHz 工作时，8KB 的指令和数据兼用的 Cache 与 106Mb/s 的突发总线传输速率相结合，确保高速的系统处理能力。80486 CPU 采用了突发式总线与内存进行高速数据交换，从而大大加快了 CPU 与内存交换数据的速度。

（4）完全的 32 位体系结构。地址和数据总线均为 32 位，寄存器也是 32 位。

（5）支持多处理器。80486 CPU 增加了多处理器指令，增强了多重处理系统，硬件能够确保超高速缓存一致性协议，并支持多级超高速缓存结构。80386 CPU 可以模拟多个 8086 CPU 来执行多任务的功能，而 80486 CPU 可以模拟多个 80286 CPU 来提供更多层次的多任务功能。

（6）具有机内自测试功能，可以广泛地测试片上逻辑电路、超高速缓存和片上分页转换高速缓存。支持硬件测试、Intel 软件和扩展的第三者软件。调试性能包括执行指令和存取数据时的断点设置功能。

80486 CPU 包括了 80386 CPU 的所有特点，并在 80386 CPU 指令系统的基础上，新增了 6 条指令，保持了目标码级与 80x86 CPU 的完全兼容。80486 CPU 为了提高性能，允许在 Cache 上存储常用的指令和数据，以减少对外部总线的访问。使用 RISC 技术来减少指令执行的周期。突发总线特点使超高速缓存能够进行快速填充，替换算法使用最近最少使用的 LRU 算法，这也是提高运行处理速度的有利措施。

2. 80486 CPU 的基本结构

80486 CPU 的内部结构如图 2.12 所示，包括 8 个功能部件：片内 Cache、FPU、BIU、指令预取部件、指令译码部件、控制/保护部件、整数部件、存储器管理部件（分段部件和分页部件）。80486 CPU 将这些部件集成在一块芯片上，除了减少主板空间外，还提高了 CPU 的执行速度。

同 80386 CPU 内部结构进行比较可以看出，80486 CPU 比 80386 CPU 增加了 Cache 和 FPU 两个部件，并增加了寄存器的数目。

80486 CPU 主要部件的功能如下：

（1）片内 Cache。80486 CPU 的片内 Cache 是数据和指令共用的高速缓存，共 8KB。它采用 4 路组相连的结构，每路有 128 个高速缓存行，每行可存放 16B（128 bit）的信息，即每路 2KB。80486 CPU 的高速缓存采用最近最少使用 LRU 算法进行自动更新，这一机制也是 80486 CPU 的高速缓存命中率较高的因素之一。

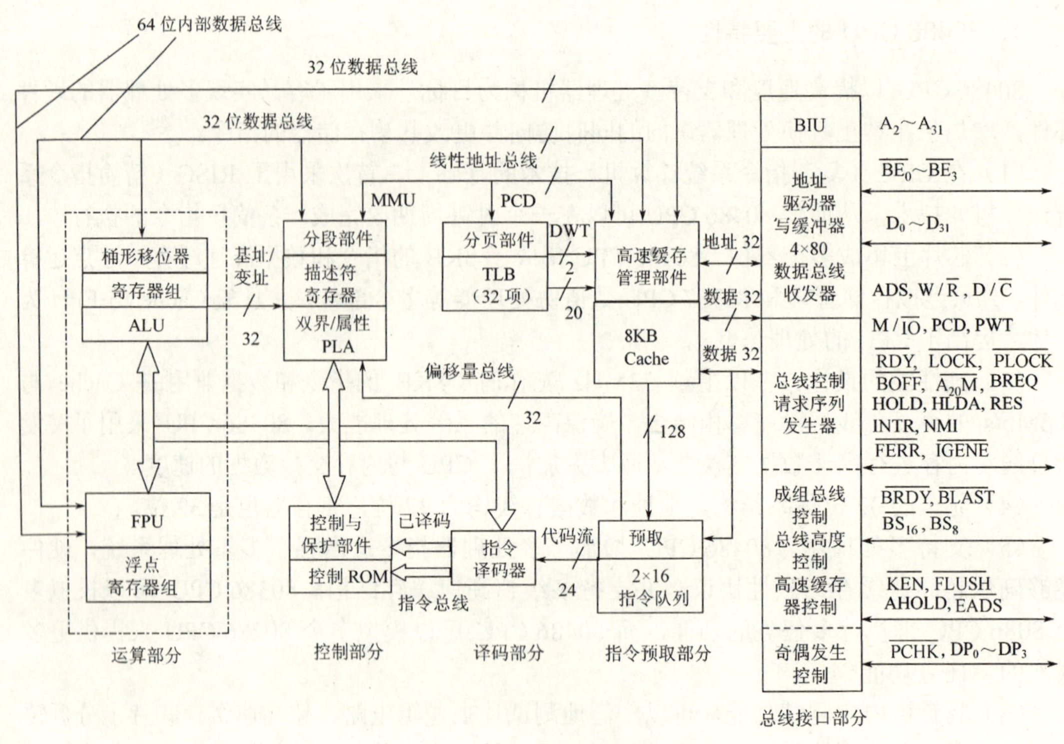

图 2.12　80486 CPU 内部结构框图

（2）FPU。80486 CPU 把 80386 CPU 的协处理器 80387 CPU 集成到芯片之内，使其直接具有浮点处理能力，从而缩短了 CPU 与 FPU 之间的通信时间，有效地提高了浮点运算能力。80486 CPU 的浮点运算部件由指令接口、数据接口、运算控制单元、浮点寄存器和浮点运算器组成，可以处理一些超越函数和复杂的实数运算，可以极高的速度进行单精度或双倍精度的浮点运算。它保持了同 80387 CPU 的二进制兼容性，且浮点处理命令也完全一致，而其浮点处理性能却是 80387 CPU 的 2.8 倍。

（3）BIU。根据优先级的高低协调数据传输、指令预取操作。在内部，它通过 3 个 32 位总线与指令预取部件和高速缓存进行通信；在外部，它产生微处理器总线周期所必需的各种信号。其外部总线接口也作了改进，可以支持突发周期，在此周期内一次可传输 4 个连续的 32 位的数据块（16B）。总线接口部件还配备有一个暂时存储器，用来暂时存放要写到主存储器中的 4 个 32 位数据，起缓冲器的作用。

（4）指令预取部件。首先到 Cache 中去取几条要处理的指令，如果在 Cache 中没有找到所需的指令，它就到主存储器中去取这几条指令。80486 CPU 有 32B 的指令队列，取出的指令放在指令队列中，这样其他单元几乎不必等待即可得到下一条指令。当一条指令从预取队列取出时，其操作码就被送到译码器，而其他地址信息送到分段部件进行线性地址的计算。

（5）指令译码部件。用于把从预取队列中取出的指令转换成低级的控制信号和微代码指令入口。译码的指令存放在指令队列中，一旦控制器发出请求，就将其发送给控制器（控制/保护部件）。

（6）控制/保护部件。用于把指令转换成微代码指令，这些微代码指令通过内部总线直接送入各执行部件去执行。它负责解释指令译码器收到的控制信号和微码入口，并根据译码后的指令来指挥整数部件和浮点部件、存储器管理部件等的一切活动。

（7）整数部件。包括 ALU、桶形移位器、寄存器组等部分，相当于 80386 CPU 的数据部件。它主要负责执行控制器指定的全部算术和逻辑运算，可以在一个时钟周期内执行加载、存储、加减、逻辑和移位等单条指令。

80486 CPU 片内 Cache 与整数部件、浮点运算部件之间的数据通路是 64 位的，而 80386 CPU 内部数据总线为 32 位。

（8）存储器管理部件。由段管理部件和页管理部件组成，存储器管理部件通过建立一个简化的、运行多个应用程序的寻址环境来帮助操作系统执行多任务。存储器管理部件通过其中的分段部件将每一个内部逻辑地址转换成线性地址，再由分页部件将线性地址转换成物理地址。分段部件和分页部件的功能与 80386 CPU 基本相同，存储器的地址也与 80386 CPU 相同。

3. 80486 CPU 的工作方式

80486 CPU 有 3 种工作方式，即实地址方式、保护方式和虚拟 8086 CPU 方式。开机或复位后，CPU 自动进入实地址方式下工作。通过对控制寄存器的设置，可进入保护方式，在保护方式下执行指令 IRETD 可进入虚拟 8086 CPU 方式。

（1）实地址方式。实地址方式是 80486 CPU 最基本的工作方式，与 8086 CPU 基本相同，操作数长度默认为 16 位，可以运行 8086 CPU 的全部指令。除了专用保护方式指令外，其余指令都可在实地址方式下运行。此外，通过指令前缀，可改变指令的一些功能和特征。例如，允许 32 位操作数和 32 位寻址方式，这样即可运行 32 位运算程序。

在实地址方式下物理地址的生成与 8086 CPU 相同，即段寄存器中的段基址左移 4 位，加偏移量，段的长度最大为 64KB。

（2）保护方式。与 80386 CPU 一样，在实地址方式下，80486 CPU 只相当于一个快速的 8086 CPU。在保护方式下，用户可在虚拟存储器空间编程，其最大寻址空间为 64TB(2^{46}B)。对于存储器段的管理是通过段描述符来进行，这样在用户程序中的逻辑地址需经段页变换才能生成物理地址。

为了支持多用户多任务操作系统，80486 CPU 在保护方式下提供了一个四级特权保护机制，为不同程序规定了一个权限，控制特权指令和 I/O 指令的使用，控制对段和段描述符的访问，以防止不同程序执行时非法访问、非法改写全局描述符表（GDT）和局部描述符表（LDT）。

（3）虚拟 8086 CPU 方式。这是一种既能利用保护方式的功能，又能执行 8086 CPU 代码的工作方式。它允许同时运行多个 8086 CPU 任务、80286 CPU 任务和 80486 CPU 任务，而彼此互不干扰。80486 CPU 的分页机构还可为每个 8086 CPU 任务分配一个受保护的 1 MB 的地址空间。而且，支持 4GB 的物理存储器空间，采用固定 64KB 段，支持 64TB 的虚拟存储空间，允许多任务运行，支持代码和数据段的保护机制，支持多任务之间以及特权级的数据/程序保护。

以上 3 种工作方式之间可以相互进行转换。80486 CPU 在开机或者复位后，自动进入实地址方式工作。若将控制寄存器 CR_0 的 PE 位置 1，则转换到保护方式下工作；若将 PE 位清 0，则转换到实地址方式。若在保护方式下进行任务转换，或者执行 IRETD 指令，则从保护方式进入虚拟 8086 CPU 方式。通过中断进行任务转换，可返回到保护方式。在保护方式或虚拟 8086 CPU 方式下，CPU 若收到复位信号，均返回实地址方式。3 种工作方式的转换如图 2.13 所示。

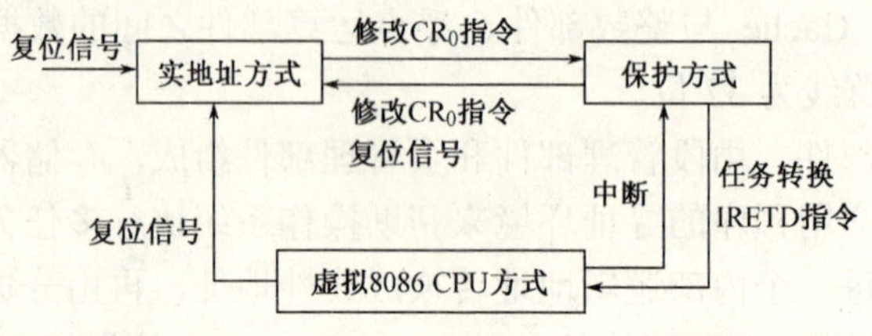

图 2.13 80486 CPU 3 种工作方式的转换

2.6.4 Pentium 微处理器

1993 年 3 月，Intel 公司推出了 Pentium CPU。Pentium CPU 采用亚微米级的 CMOS，实现了 0.8μm 技术，一方面使器件的尺寸进一步减小，另一方面使芯片上集成的晶体管数达到 310 万个，芯片引脚增加到 237 个，外部数据线 64 位，在一个总线周期内数据传输速率比 80486 CPU 提高 1 倍。在 Pentium CPU 的体系结构上，采用了许多过去在大型机中才采用的技术，迎合了高性能微型计算机系统的需要。

1. Pentium CPU 内部结构

Pentium CPU 内部结构框图如图 2.14 所示，包括 BIU、分页部件、片内 16KB 的 Cache、FPU、控制逻辑部件、执行部件以及分支目标缓冲器等。

（1）BIU。用于与外部系统连接，实现数据的高速传送。其中数据总线 64 位，地址总线 32 位。

（2）分页部件。分页部件是存储器管理的重要组成部件，与存储器管理部件配合，通过地址映像实现存储的分页管理。

（3）片内 Cache。片内 Cache 设置在芯片内部，分成 8 KB 数据 Cache 和 8 KB 指令 Cache。由于二者分离，可有效防止取指令与访问数据时的冲突。另外，还可在外部设置二级 Cache，即支持 L2 Cache 机制。

（4）控制部件。控制部件包括预取指令缓冲器（队列）、指令译码器、控制 ROM 以及控制逻辑电路，主要控制预取指令代码、译码和执行。

（5）执行部件。执行部件包括整数寄存器、ALU 流水线、地址通路流水线和二进制移位器，主要是在控制部件的控制下，执行指令序列。

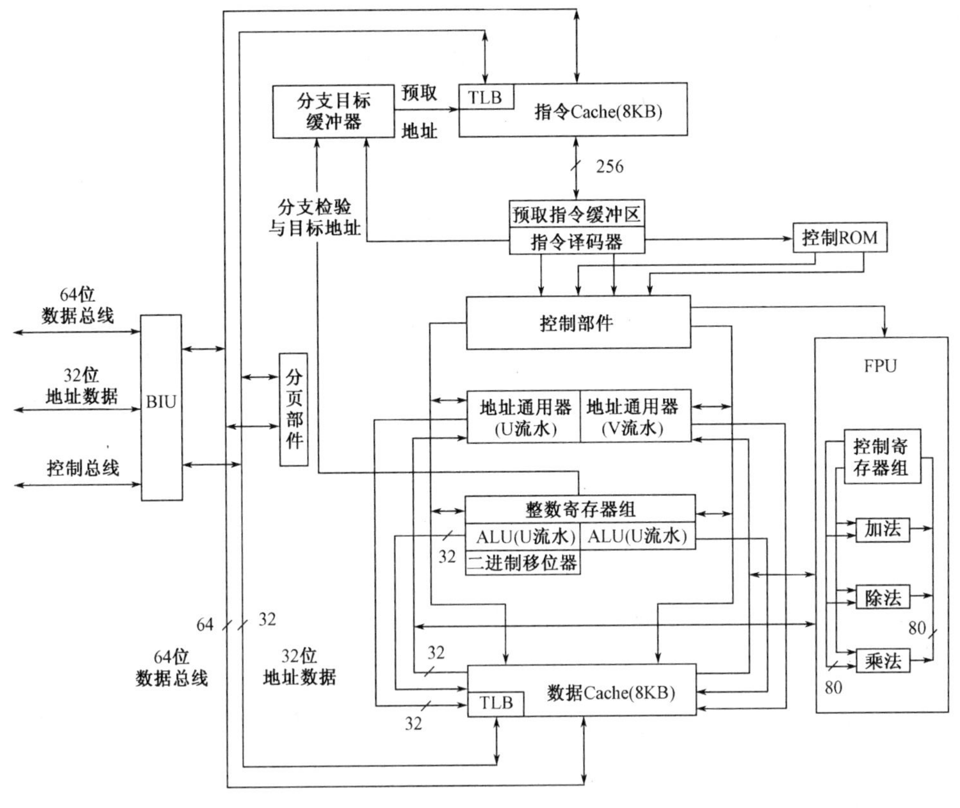

图 2.14 Pentium CPU 的内部结构框图

（6）FPU。FPU 包括控制逻辑电路、数据寄存器组、地址寄存器、乘法器和除法器等。由于是在 80486 CPU 的基础上进行了大的改进，因此，运算速度比 80486 CPU 有较大的提高。

（7）分支目标缓冲器（TLB）。TLB 又称分支预知部件，用来判断分支程序的走向，以确定下一条指令能否并行执行。当产生一次程序转移时，分支目标缓冲器就将该指令和转移目标地址存起来，分支目标缓冲器中记录着正在执行的程序内所发生的几次转移，它可以利用存放在其中的转移记录来预测下一次程序转移。

2. Pentium CPU 的主要特点

Pentium CPU 拥有全新的结构与功能，它采用全新的超标量指令流水线结构，其主要性能特点如下：

（1）与 80x86 CPU 完全兼容。

（2）采用 RISC 型超标量结构。超标量是指 CPU 内具有多条指令执行流水线，超标量流水线设计是 Pentium CPU 的核心。它由 U 和 V 两条指令流水线构成，每条流水线都拥有自己的 ALU、地址生成电路和数据 Cache 的接口。这种流水线结构允许 Pentium CPU 在单个时钟周期内执行两条整数指令，即实现指令并行，从而使 CPU 的运行速度成倍提高。

（3）高性能的浮点运算器。Pentium CPU 采用全新设计的增强型浮点运算器，其执行过程分为 8 级流水线，使每个时钟周期至少能完成一个浮点操作，它的浮点运算速度比

80486 DX 要快 3～5 倍。

（4）采用双 Cache 结构，每个 Cache 为 8KB，数据宽度为 32 位。两个 Cache 中，一个作为指令 Cache，另一个作为数据 Cache。数据 Cache 由两个接口分别通向两条流水线，以便能在同一时刻与两个独立工作的流水线进行数据交换，而且数据 Cache 采用回写方式，以适应共享主存储器多机系统的需要，抑制存取总线次数，使其能全速执行，减少等待及传送数据时间。L2 Cache 的使用大大节省了微处理器的执行时间。

（5）增强了错误检测与报告功能。内部增强了错误检测与报告功能，特别引进了在片功能冗余检测，并采用了一种能降低出错的六晶体管存储单元。

（6）64 位数据总线。Pentium CPU 为了大幅度提高数据传输速度而使用 64 位的数据总线。

（7）分支指令预测。CPU 内部设置了分支目标缓冲器（TLB），用于动态地预测程序分支。由于采用了分支预测技术，大大提高了流水线执行效率。

3. Pentium CPU 的工作方式

Pentium CPU 在执行部件中设置有两条地址通路流水线，即 U 流水线和 V 流水线。每个流水过程分成 5 个步骤，即预取指令、指令译码、地址变换、执行和写回。两条流水线独立并行工作，其中，U 流水线负责整数和浮点指令的执行，V 流水线负责简单整数和 FXCH（寄存器内容交换）类指令的执行。这样，Pentium CPU 可同时执行两条指令。在执行过程中，一方面对流水线中的指令进行译码和执行；另一方面由分支预知部件检测指令的走向，确定下一条指令能否并行执行。如果可以，两条指令同时进入流水线。

Pentium CPU 除了传统的实地址方式、保护方式和虚拟 8086 CPU 方式之外，还增加了一种系统管理方式（SMM），具体是由写入硬件 ROM 中的程序来进行的。通过系统管理方式，可使系统维护人员方便地实施高级管理，例如，对电源、操作系统和正在执行的程序进行管理，检查程序的安全性等。由于这种工作方式主要是为系统管理而设置的，因此，在硬件的控制下，可从任何一种工作方式转入系统管理方式。

2.6.5 PentiumⅡ微处理器

1997 年 5 月，Intel 公司正式推出了 PentiumⅡ CPU。它是 Pentium Pro 的先进性与 MMX（Multi-Media eXtended）多媒体扩展技术相结合的新型 CPU。它采用 0.35μm 的半导体技术，片内集成了 750 万个半导体元件，32KB 的 Ll Cache，512KB 的 L2 Cache。前期 PentiumⅡ CPU 的 4 挡产品的工作频率分别是 233 MHz、266 MHz、300MHz 和 333MHz。

PentiumⅡ CPU 的优良性能与先进结构主要体现在以下几个方面。

1. 采用多媒体扩展（MMX）技术

与 Pentium MMX 一样，PentiumⅡ CPU 也集成了 MMX 技术，增加了 57 条 MMX 指令，增强了音频、视频和图像等多媒体应用的处理能力，也加速了数据加密和数据压缩与解压过程。MMX 技术的基础是一种称为单指令流多数据流（SIMD）的技术，可以并行处理 8 个 8 位数据或 4 个 16 位数据或两个 32 位数据。这种并行操作技术和 PentiumⅡ CPU

的超标量体系结构结合，可以极大地提高 CPU 的性能。MMX 技术与已有的操作系统和软件完全兼容，不需要引进新的状态寄存器、控制寄存器和新的条件码。除了 SIMD 以外，MMX 技术的先进性还包括拥有积和运算功能及饱和运算功能。积和运算用于向量计算和矩阵计算，就是在傅里叶变换和离散余弦变换等频率变换和有限脉冲响应与无限脉冲响应滤波等时域变换中的运算方法。饱和运算是在运算发生溢出时使用的处理方法。如果运算结果超出最大值，则将此值按最大值处理，低于最小值时按照最小值处理。

2．采用双重独立总线结构

前端总线（FBS）主要负责主存储器的信息传送操作，后端总线连接到 L2 Cache 上。在 PentiumⅡ CPU 中使用了一种与 CPU 芯片相分离的 512KB 的 L2 Cache。PentiumⅡ CPU 的这种 L2 Cache 可以在 CPU 1/2 的时钟频率下运行，而片内 L1 Cache 由原来的 16KB 容量扩大到了 32KB 的规模，从而有效地减少了对 L2 Cache 的调用频率。

3．动态执行技术

PentiumⅡ CPU 与 Pentium Pro 一样，借鉴了 RISC 技术来实现传统的 80x86 指令系统。它把每一条 80x86 操作都转换成简单的微操作，然后用动态执行技术和寄存器重命名等 RISC 类 CPU 所采用的技术对这些微操作进行处理。

动态执行技术包括多路分支预测、数据流分析和推测执行 3 项技术。

（1）多路分支预测。利用先进的、预测正确率高达 90%的分支预测技术，允许程序的几个分支流向同时在处理器中执行。这样，CPU 在取指令时，还会在程序中寻找未来要执行的指令，加速了向 CPU 传递任务的过程，并为指令执行顺序的优化提供了可调度基础。

（2）数据流分析。CPU 读取软件指令并经过译码后，判断该指令能否与其他指令一道处理，然后 CPU 分析这些指令的数据相关性和资源可用性，以优化的执行顺序高效地处理这些指令。

（3）推测执行。将多个程序流向的指令序列，以调度好的优化顺序送往 CPU 的执行部件去执行，尽量保持多端口、多功能的执行部件始终为“忙”。以充分发挥此部件的效能。由于程序流向是建立在分支预测基础上的，因此，指令序列的执行结果也只能作为“预测结果”而保留。一旦证实分支预测正确，已提前建立的“预测结果”立即变成“最终结果”并及时修改机器的状态。显然，推测执行可保证 CPU 的超标量流水线始终处于忙碌，加快了程序执行的速度，从而全面提高了 CPU 的性能。

图 2.15 是 PentiumⅡ CPU 的内部结构框图。从图中可以看出，PentiumⅡ CPU 的核心功能单元包括：L1 Cache、L2 Cache、BIU、指令预取单元（IFU）、分支目标缓冲器（BTB）、80x86 指令译码器、微指令序列器（MIS）、寄存器别名表（RAT）、保留站（RS）、指令重排缓冲器（ROB），存储器排序缓冲器（MOB）以及若干个处理执行单元。保留站有 5 个端口，这 5 个端口与处理执行单元相连，并行地处理不同类型的微操作指令流。其中，端口 0 连接 5 个执行单元，端口 1 连接 4 个执行单元（包括一个转移执行单元 JEU），端口 2 连接加载地址单元，端口 3 连接存储地址单元，端口 4 连接存储数据单元。微指令序列器是 PentiumⅡ CPU 将 80x86 的 CISC 指令转换成微操作码的关键部件。

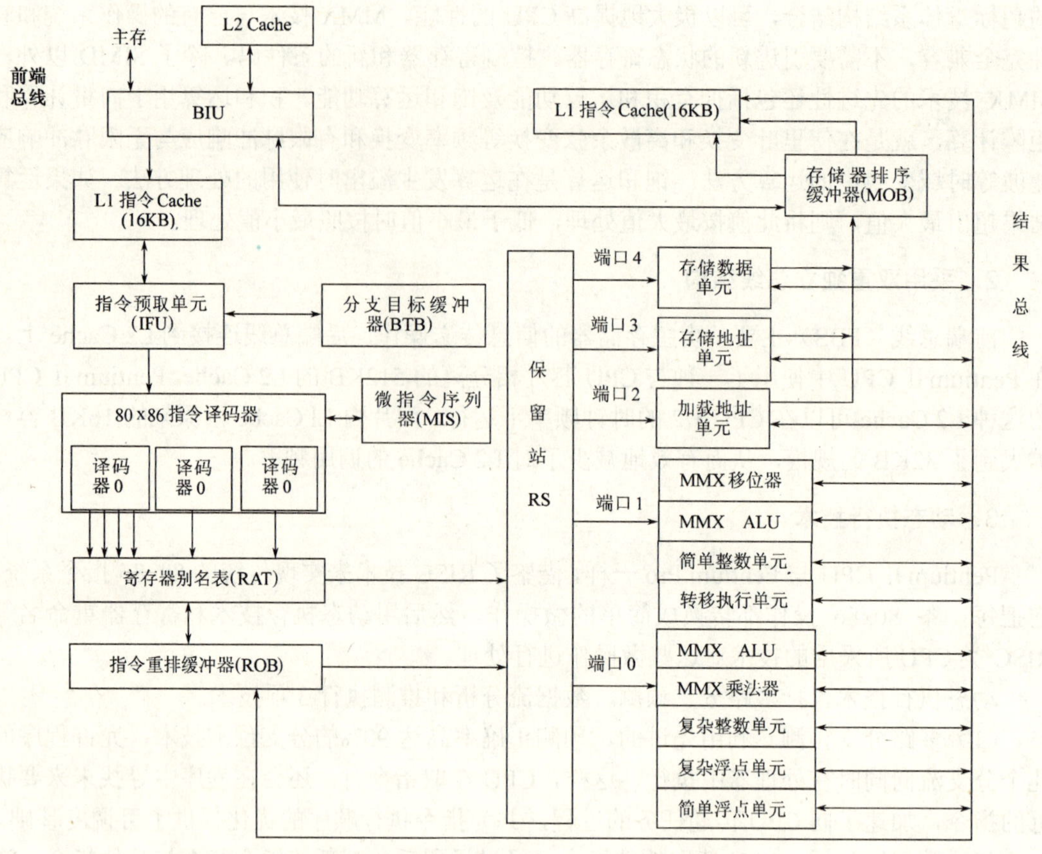

图 2.15　PentiumⅡ CPU 的内部结构框图

2.6.6　Pentium Ⅲ微处理器

1999 年 1 月，Intel 公司宣布 Pentium Ⅲ CPU 问世，并于同年 2 月底正式上市。Pentium Ⅲ CPU 采用 0.25μm 的 CMOS 半导体技术，处理器核心部分集成了 950 万个晶体管。具有单指令多数据（SIMD）FPU，SIMD 技术使 Pentium Ⅲ CPU 用一条指令就能完成以往需要 4 条指令才能完成的浮点数据运算。Pentium Ⅲ CPU 的工作频率为 450MHz～1.33GHz，可使用 133MHz 或 100MHz 系统总线。Pentium Ⅲ CPU 的结构与 PentiumⅡ CPU 相仿，但它与 PentiumⅡ CPU 最大的不同在于以下 3 点：

（1）Pemtium Ⅲ CPU 也是采用双重独立总线结构，但其前端总线（FBS）的时钟频率至少为 100MHz，特别是采用 0.18μm 新工艺的 Pemtium Ⅲ CPU 其前端总线达到 133MHz，并将 256KB 的 L2 Cache 集成到了芯片内。虽然 L2 Cache 的数量减小 1/2，但由于它的速度和 CPU 的核心速度一样，并且它与核心运算部件的数据通路由 64 位提高到了 256 位，因此，其性能反而得以提高。

（2）Pentium Ⅲ CPU 首次采用了 Intel 公司自行开发的流式单指令多数据扩展（Streaming SIMD Extension，SSE）技术，它包括 70 条 SSE 指令集和新增加的 8 个 128 位单精度浮点数寄存器。它保留了57条MMX指令，克服了不能同时处理MMX数据和浮点数据的缺陷，使得Pentium Ⅲ CPU在三维图像处理、语言识别、视频实时压缩等方面都有很大进步，而这个优点在互联网应用中得到了充分的体现。SSE指令包括8条内存连续数据流优先处理指令、50条单指令多数据流浮点运算指令和12条新的多媒体指令。高速缓存控制指令通过增加主存到Cache和CPU到主存的数据流，改善存储性能，由此改进了操作系统、网络流量、数据处理、图像、声音和视频等多媒体的处理功能。

（3）Pentium Ⅲ CPU首次设置了处理器序列号（Processor Serial Number，PSN）。PSN是一个96位的二进制数，在制造芯片时它被编入处理器硅晶片的核心代码中，可以用软件读取但不能修改。由于针对每一个Pentium Ⅲ CPU，PSN都是唯一的，因此，它是CPU和系统的标识，可用来加强资源跟踪、安全和内容管理。

2.6.7 Pentium 4 微处理器

2000年11月，Intel公司推出了又一个Pentium系列产品——Pentium 4 CPU，它内部集成了4200万个晶体管，工作主频目前已达到3.06GHz以上（最低为1.4GHz）。它采用了NetBurst的新式处理器结构，可以更好地处理互联网用户的需求，在数据加密、视频压缩和对等网络等方面的性能都有较大幅度的提高。

Pentium 4 CPU的主要特点如下：

（1）支持400MHz或533MHz系统总线。由于采用了先进的信号处理技术，从而支持400MHz或533MHz系统总线，使得CPU与MCH（Memory Control Hub）之间的数据传输速率最大可以达到3.2GB/s或4.2GB/s，分别是Pentium Ⅲ CPU在系统总线频率133MHz时数据传输速率的3倍和4倍。

（2）采用超级流水线技术。指令流水线的级数是Pentium Ⅲ CPU的2倍，达到20级，使CPU指令的运算速度成倍增长，在同一时间内可以执行更多的指令。显著提高了CPU的时钟频率以及其他性能。

（3）快速执行引擎。使CPU内部的ALU的处理速度达到CPU核心频率的2倍，可以用于频繁处理诸如加、减运算之类的重复任务，实现了更高的执行吞吐量，缩短了等待时间。

（4）改进的FPU和多媒体单元。Pentium 4 CPU的128位运算动态增加了运算单元，使得FPU和多媒体单元表现都得到了较大的改进。

（5）高级动态执行。高级动态执行是控制CPU执行顺序的动态单元。Pentium 4 CPU可以发出126条动态指令，使流水线完成48次载入和24次存储。与前一代的Pentium Ⅲ CPU相比，它能够增加33%的预处理速度，还可以在缓存中存储更多的历史信息从而快速取出。

（6）数据流单指令多数据扩展2（SSE2）。通过增加的144条新指令，SSE2具有更强多媒体增强指令和数据流单指令。这些特性包括一个128位单指令多数据整数运算和128位单指令多数据双精度浮点指令，这些指令减少了原有的指令执行数量，大大增加了执行速度。使得用户的视频、音频、图像处理、加密、财政、工程和科学应用都极大增强。

（7）执行跟踪缓存。用来存储和转移高速处理所需的数据。

为了增加 8KB 的数据缓存，Pentium 4 CPU 包含了一个执行跟踪缓存，可存储 12KB 的微指令以帮助程序执行。这些指令不在主程序循环中执行，不被存储，从而大大提高了系统性能。

习　题

1．8086 CPU 由哪几个部件构成？简述各部件的功能。

2．8086 CPU 的两种工作模式各有什么特点？

3．8086 CPU 的标志寄存器有哪些标志？它们的含义和作用是什么？

4．什么是逻辑地址？它由哪两部分组成？8086 CPU 的物理地址是如何形成的？

5．8086 CPU 系统中，读存储器与读 I/O 端口时，CPU 哪个引脚上的信号不一样？

6．8086 CPU 系统中，CPU 在什么情况下需要插入等待周期 T_w？

7．8086 CPU 系统中，CPU 的哪个引脚用于与慢速外设的同步？

8．设段地址为 2ABDH，偏移地址为 4321H，求物理地址是多少？

9．80286 CPU、80386 CPU、80486 CPU 和 Pentium CPU 在功能、内部结构上与上一种 CPU 比较各有哪些提高？

第 3 章　8086/8088 寻址方式与指令系统

3.1　指令系统概述

计算机是通过执行指令序列来完成各种任务的，指令的有序集合构成程序，即指令是程序的组成元素，通常一条指令对应着一种基本操作。每种计算机都有一组指令集，这组指令集称为指令系统（Instruction Set）。不同系列的计算机有不同的指令系统，不同系列计算机的指令系统是互不兼容的。但是，同一系列的计算机其指令系统是向上兼容的。

计算机中的指令一般由两部分组成：操作数字段和操作码（地址码）字段。操作码字段用来说明该指令所要完成的操作；操作数字段用来指出该指令执行操作的过程中所需要的操作数。一般是直接给出操作数，或者给出操作数存放的寄存器编号，或者给出操作数存放的存储单元地址或有关地址的信息。指令格式如图 3.1 所示。

操作数	操作码（地址码）

图 3.1　指令格式

操作数字段长度不等，根据操作数字段所给出地址的个数，可分为零地址、一地址、二地址、三地址和多地址等指令格式。例如，单操作数指令就是一地址指令，它只需要一个操作数。大多数运算型指令需要两个操作数，分别称为源操作数和目的操作数，指令运算结果存入目的操作数的地址中。也就是说，经过运算后，目的操作数的原有数据将被取代。Intel 8086/8088 的双操作数运算指令就采用这种二地址指令。

指令中用于寻找操作数所在地址的方法，称为寻址方式。8086/8088 采用多种灵活的寻址方式，按寻址对象不同，可分为两种不同的类型：一类是和程序地址（转移地址）有关的寻址方式；另一类是和操作数（数据）地址有关的寻址方式。了解什么样的寻址方式适合什么样的指令，对于理解指令的执行和使用是十分重要的。

我们知道，计算机只能识别由二进制代码构成的机器指令，但这种指令不好记忆，不易理解，难写难读。因此，人们就用一些助记符来代替这种二进制码机器指令，这就形成了汇编语言指令。汇编语言是一种符号语言，汇编语言指令中的助记符通常用英文单词的缩写来表示，如加法用 ADD、减法用 SUB 等。汇编语言指令与机器指令是一一对应的，本书中的指令都使用汇编语言指令形式书写，便于学习和理解。

3.2　8086/8088 的寻址方式

3.2.1　与数据有关的寻址方式

1. 立即寻址（Immediate Addressing）

如果操作码字段直接给出了操作数，也就是操作数直接放在指令当中，这种寻址方式称为立即寻址方式，该操作数称为立即数。

立即数可以是 8 位或 16 位整数，若是 16 位，要求低字节数放在低地址中，高字节数放在高地址中。

【例 3.1】

```
MOV    AL, 78H        ; (AL) ← 78H, 表示将 8 位立即数 78H 送 AL 寄存器
MOV    AX, 3456H      ; (AX) ←3456H, 表示将 16 位立即数 3456H 送 AX 寄存器
```

指令执行过程示意图如图 3.2 所示。

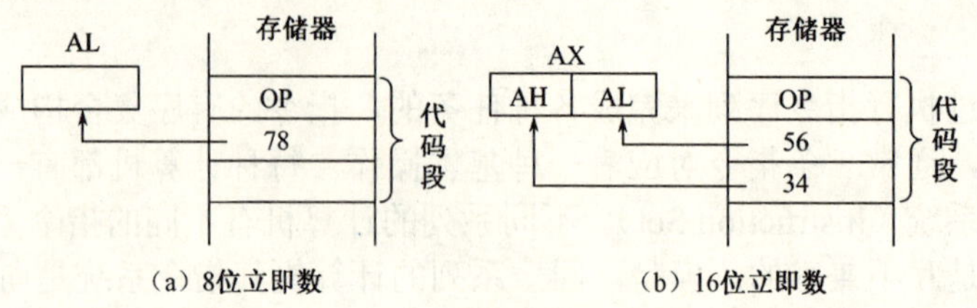

图 3.2　立即寻址示意图

注意：这种寻址方式只能用于源操作数，不能用于目的操作数。因此，一般用来给寄存器赋值，因操作数在指令中，故执行速度快。

2．寄存器寻址（Register Addressing）

如果操作数在 CPU 的某个寄存器中，寄存器号由指令指出，这种寻址方式称为寄存器寻址方式。

对于 8 位操作数，寄存器可以是 AL、AH、BL、BH、CL、CH、DL、DH 中的任意一个；对于 16 位操作数，寄存器可以是 AX、BX、CX、DX、SI、DI、SP 或 BP 之一，以及段寄存器 DS、SS 和 ES。

【例 3.2】

```
MOV    AX, BX      ; 将 BX 的内容送入 AX
INC    CX          ; 将 CX 的内容加 1
ADD    AL,  BL     ; 将 AL 的内容与 BL 的内容相加, 结果送入 AL
```

采用寄存器寻址方式的指令在执行时，操作就在 CPU 内部进行，不占用总线周期，因此，执行速度快。

注意：这种寻址方式操作数在 CPU 中，源寄存器与目标寄存器的位数必须一致。

3．直接寻址（Direct Addressing）

直接寻址方式是在指令操作码后面直接给出操作数的 16 位偏移地址。通常我们把操作数的偏移地址称为有效地址（Effective Address，EA）。直接寻址时，有效地址直接包含在指令中，它紧跟在操作码之后，存放在内存的代码段。采用直接寻址时，操作数总是存放在存储器的存储单元中，该存储单元的物理地址是由段寄存器和指令地址码中给出的有效地址之和形成的。

注意：直接寻址时，如果指令前面无前缀指明在哪一段，则默认操作数存放在由数据段寄存器（DS）指出的数据段中。因此，操作数的实际物理地址=(DS)×10H+EA。指令书写时，为了与立即数区分开，有效地址用方括号[ ]括起来。

【例 3.3】

```
MOV   AX, [1200H]
```

指令执行前，如(DS)=2000H, (21200H)=23H, (21201H)=45H。

操作数的物理地址=2000H×10H+1200H=21200H。

指令的操作是把 21200H 字存储单元的内容送 AX 寄存器。

指令执行情况如图 3.3 所示，指令执行后，(AX)=4523H。

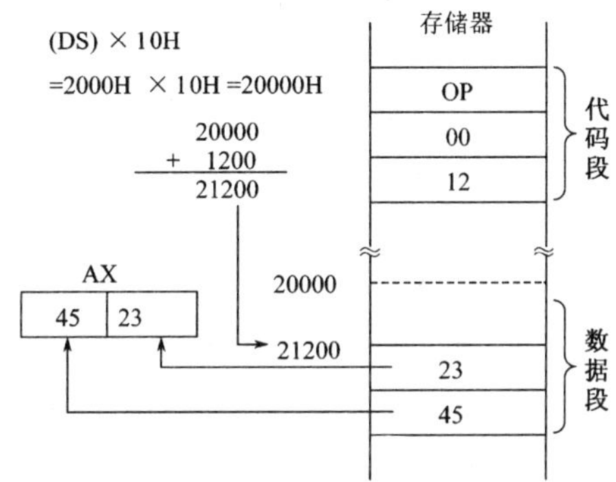

图 3.3 直接寻址示意图

如存放操作数的存储区是在 DS 段以外的段中，则应在指令中指定段跨越前缀。

【例 3.4】

```
MOV   BX, ES:[1000H]
```

指令执行前，如(ES)=3000H, (31000H)=00H, (31001H)=23H。

操作数的物理地址=3000H×10H+1000H=31000H。

指令的操作是把 31000H 字存储单元的内容 2300H 送 BX 寄存器。

在汇编语言中，经常用符号地址代替数值地址。

【例 3.5】

```
MOV   AX, TABLE   ；将符号地址 TABLE 中存放的字数据送 AX
```

上述指令也可写成

```
MOV   AX,  [TABLE]
```

两者是等效的。

4．寄存器间接寻址（Register Indirect Addressing）

如果操作数在存储器中，而操作数的有效地址在基址寄存器（BX, BP）或变址寄存器（SI, DI）中，这种寻址方式称为寄存器间接寻址。如果指令中指定的寄存器是 BX、SI 或 DI，则操作数在数据段，段基值在 DS 中。若指令中指定的寄存器是 BP，则操作数在堆栈段，段基值在 SS 中。

【例 3.6】

```
MOV   AX, [SI]
```

指令执行前，如(DS)=2000H, (SI)=0100H, (20100H)=11H, (20101H)=22H。

操作数的物理地址=2000H×10H+0100H=20100H。

指令的操作是把 20100H 字存储单元的内容 2211H 送 AX 寄存器。

指令执行情况如图 3.4 所示，指令执行后，(AX)=2211H。

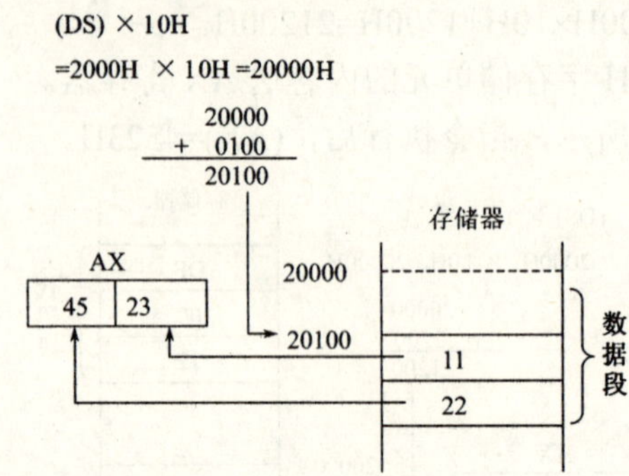

图 3.4　寄存器间接寻址示意图

这种寻址方式也可用段跨越前缀，对其他段寄存器所指的存储单元进行寻址。

【例 3.7】

```
MOV   DX, ES:[BX]
```

若(ES)=3000H, (BX)=0200H，则该指令执行后，将 30200H 和 30201H 单元的内容送 DX 寄存器。

5．寄存器相对寻址（Register Relative Addressing）

操作数的有效地址是一个基址寄存器（BX, BP）或变址寄存器（SI, DI）的内容与一个 8 位或 16 位的位移量之和。因为位移量可看成是一个相对值，故把这种带位移量的寄存器间接寻址方式称为寄存器相对寻址。与寄存器间接寻址一样，如果指令中指定的寄存器是 BX、SI 或 DI，则操作数在数据段，段基值在 DS 中。若指令中指定的寄存器是 BP，则操作数在堆栈段，段基值在 SS 中。因此，物理地址形成如下：

$$物理地址=(DS)\times 10H+\begin{cases}(BX)\\(SI)\\(DI)\end{cases}+\begin{cases}DISP8\\DISP16\end{cases}$$

或

$$物理地址=(SS)\times 10H+(BP)+\begin{cases}DISP8\\DISP16\end{cases}$$

【例 3.8】

```
MOV   DX, TABLE[BX]
```

也可表示为 MOV DX, [TABLE+BX]，其中，TABLE 为 16 位位移量的符号地址。
若(DS)=2000H,(BX)=1000H,TABLE=1300H, (22300H)=31H, (22301H)=55H。
则有效地址 EA=1000H+1300H=2300H，物理地址=2000H×10H+2300H=22300H。
该指令执行后，将 22300H 和 22301H 单元的内容送 DX 寄存器。
指令执行情况如图 3.5 所示，指令执行后，(DX)=5531H。

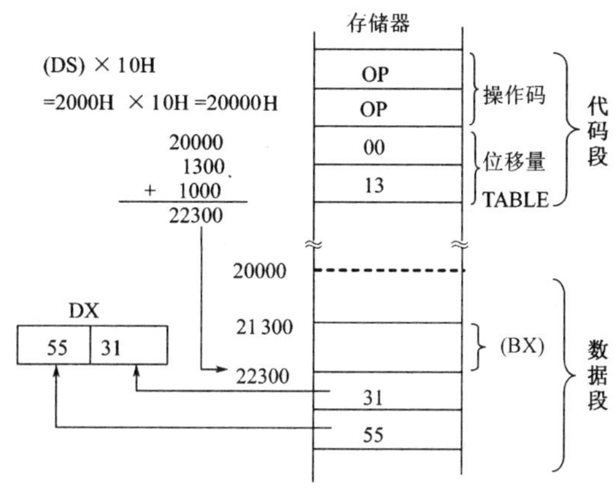

图 3.5 寄存器相对寻址示意图

该寻址方式也可用段跨越前缀，对其他段寄存器所指的存储单元进行寻址。例如：

```
MOV   DH, ES:COUNT[SI]
```

这种寻址方式适合于表格处理，用位移量（如例 3.8 中的 TABLE）作为表格首地址，通过修改基址寄存器或变址寄存器中的内容，来访问表格中任一元素的值。

6．基址变址寻址（Based Indexed Addressing）

基址变址寻址是一种基址加变址来定位操作数地址的方式，操作数的有效地址是一个基址寄存器（BP, BX）和一个变址寄存器（SI, DI）的内容之和。当基址寄存器为 BX 时，段寄存器使用 DS；当基址寄存器为 BP 时，段寄存器则使用 SS。因此，物理地址如下：

$$\text{物理地址}=(DS)\times 10H+(BX)+\begin{cases}(SI)\\(DI)\end{cases}$$

或

$$\text{物理地址}=(SS)\times 10H+(BP)+\begin{cases}(SI)\\(DI)\end{cases}$$

【例 3.9】

```
MOV   AX, [BX][SI]   或   MOV   AX, [BX+SI]
```

若(DS)=3000H,(BX)=1200H,(SI)=0100H, (31300H)=78H, (31301H)=65H。
则有效地址 EA=1200H+0100H=1300H，物理地址=3000H×10H+1300H=31300H。
该指令执行后，将 31300H 和 31301H 单元的内容送 AX 寄存器。
指令执行情况如图 3.6 所示，指令执行后，(AX)=6578H。

该寻址方式使用段跨越前缀的格式如下：

```
MOV   AL, ES:[BX+SI]
```

这种寻址方式适合于数组和表格的处理，通常用基址寄存器保存数组起始地址，而用变址寄存器指示数组中各元素的相对位置。

注意：一条指令中不能同时使用基址寄存器或变址寄存器。如 MOV DX, [SI+DI]是错误的。

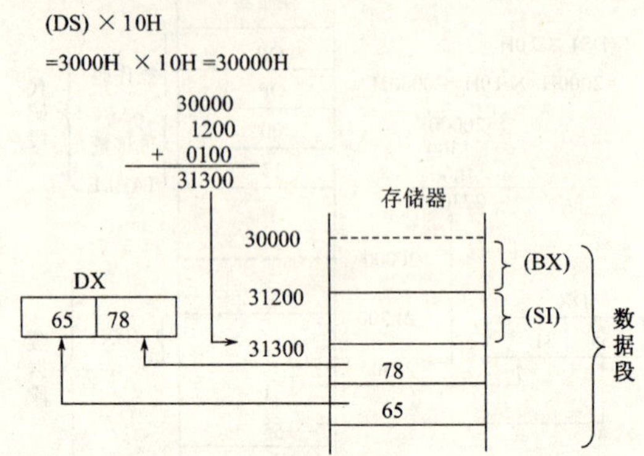

图 3.6 基址变址寻址示意图

7. 相对基址变址寻址（Relative Based Indexed Addressing）

与寄存器相对寻址类似，基址变址寻址也允许加上一个 8 位或 16 位的位移量。因此，如果操作数的有效地址是一个基址寄存器和一个变址寄存器的内容，再加上一个 8 位或 16 位的偏移量得到的，这种寻址方式就称为相对基址变址寻址方式。段寄存器的使用方法同上。

因此操作数的物理地址如下：

$$\text{物理地址}=(\text{DS})\times 10\text{H}+(\text{BX})+\begin{cases}(\text{SI})\\(\text{DI})\end{cases}+\begin{cases}\text{DISP8}\\\text{DISP16}\end{cases}$$

或

$$\text{物理地址}=(\text{SS})\times 10\text{H}+(\text{BP})+\begin{cases}(\text{SI})\\(\text{DI})\end{cases}+\begin{cases}\text{DISP8}\\\text{DISP16}\end{cases}$$

【例 3.10】

```
MOV   AX, LIST[BX][SI]
```

也可表示为 MOV AX, LIST[BX+SI]。其中，LIST 为 16 位位移量的符号地址。

若(DS)=3000H,(BX)=2000H,(SI)=0500H,LIST=1200H, (33700H)=23H, (33701H)=43H。

则有效地址 EA=2000H+0500H+1200H=3700H，物理地址=3000H×10H+3700H=33700H。

该指令执行后，将 33700H 和 33701H 单元的内容送 AX 寄存器。

指令执行情况如图 3.7 所示，指令执行后，(AX)=4323H。

这种寻址方式一般用于寻址复杂的数组中的元素，尤其对堆栈数据的访问提供了较大的方便。访问堆栈数组时，将 BP 指向栈顶，位移量用来表示栈顶到数组首地址的距离，变址寄存器 DI 或 SI 用来指向数组中的某个元素。

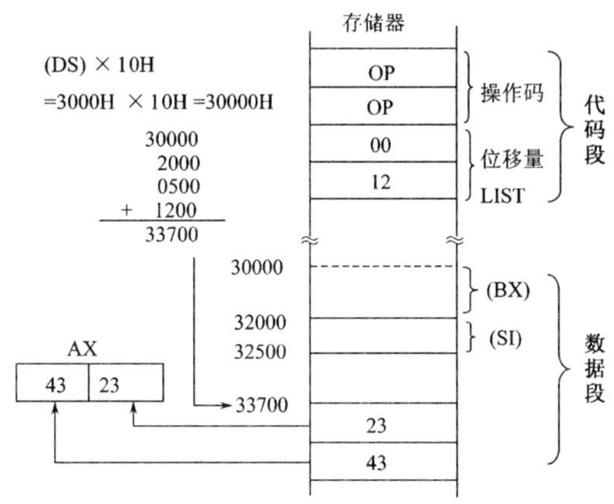

图 3.7　寄存器相对寻址示意图

3.2.2　与转移地址有关的寻址方式

这类寻址方式是用来确定转移指令、调用指令等转移地址的一种寻址方式，而不是寻找操作数。

在 8086 中，程序的执行顺序是由代码段寄存器（CS）和指令指针 IP 的内容决定的。正常情况下，程序的执行是按顺序逐条执行指令的，每取出一个字节的指令代码，指令指针 IP 会自动加 1，这样每执行一条指令后，IP 的内容就指向下一条指令的地址。当根据程序设计的要求，需要改变程序的执行顺序时，就需要改变 IP 和 CS 的内容。为了满足程序转移的不同要求，8086 提供了转移、过程调用、中断等几类指令。程序在转移过程中，通过修改 IP 的内容或同时修改 IP 和 CS 的内容，将程序转移到要求的转移地址。转移地址可以在本段内，此时代码段 CS 的内容不变，只改变 IP 的内容。也可以转移到其他段，实现不同段间的转移时，不仅要改变 IP 的内容，而且还要改变 CS 的内容。

1．段内直接寻址（Intra-segment Direct Addressing）

转移的有效地址是当前 IP 的内容和指令规定的 8 位或 16 位位移量之和，这种寻址方式适用于条件转移或无条件转移类指令。当给定的位移量为 8 位时，称为短转移，转移范围为−128～＋127B。汇编指令中，在符号地址前加操作符 SHORT。若给定的位移量为 16 位，称为近转移，转移范围为段内任意位置。汇编指令中，在符号地址前加操作符 NEAR PTR。

【例 3.11】

```
JMP   SHORT     NEXT   ; 段内短转移, 转向符号地址 NEXT 处
JMP   NEAR PTR   LP1   ; 段内近转移, 转向符号地址 LP1 处
```

2．段内间接寻址（Intra-segment Indirect Addressing）

转移的有效地址存放在寄存器或存储单元中。指令执行时用寄存器或存储单元的内容来替换 IP 的内容，由于段内间接寻址是在段内实现转移，所以，CS 内容不变，只改变 IP

的内容。当有效地址在存储单元中存放时，3.2.1 节中介绍的寻找存储器操作数的任何一种寻址方式，都可以用来取得存储器单元的有效地址。

【例 3.12】

```
JMP    BX
```

若指令执行前，(BX)=2100H, (IP)=2000H。

则指令执行后，(IP)=2100H，程序转移到偏移量 2100H 处继续执行。

【例 3.13】

```
JMP   COUNT[SI]
```

若(DS)=2000H, (SI)=2400H, COUNT=0200H, (22600H)=10H, (22601H)=23H。

则物理地址=2000H×10H+2400H+0200H=22600H。

因此，指令执行后，(IP)=2310H，程序将转移到偏移量 2310H 处去执行。

3．段间直接寻址（Intersegment Direct Addressing）

指令中直接提供了转移地址的段地址和偏移地址，所以，只要用指令中给出的偏移地址取代指令指针寄存器 IP 的内容，用段地址取代当前段寄存器 CS 的内容，就可使程序在执行完当前的指令后转移到另一代码段去执行。

【例 3.14】

```
JMP   FAR PTR TAB32
```

其中，TAB32 是另一代码段中的符号地址。

若符号地址 TAB32 所在代码段的(CS)=3000H, TAB32=0400H

则转移地址=3000H×10H+0400H=30400H。

因此，指令执行后，程序将转移到 30400H 处去执行。

4．段间间接寻址（Intersegment Indirect Addressing）

段间间接寻址是将目标程序的段地址和偏移量事先存放在存储器中 4 个连续单元中。其中，前 2 个字节为偏移量，后 2 个字节为段地址。存储器中存储单元内容的取得可以采用除立即数寻址和寄存器寻址方式以外的任何一种数据寻址方式取得。

【例 3.15】

```
JMP   DWORD PTR [BX]
```

其中，DWORD PTR 为双字操作符，说明转移地址需要取双字为段间转移。[BX]表示双字转移地址是在寄存器间接寻址方式寻找的存储器的 4 个相继存储单元中。

指令执行前，若(DS)=2000H, (BX)=0300H, (20300H)=40H, (20301H)=20H, (20302H)=00H, (20303H)=70H。

指令执行后，则(CS)=7000H, (IP)=2040H，程序将转移到 72040H 处去执行。

3.3　8086/8088 指令系统

8086/8088 CPU 的指令系统是一个功能较为强大的指令系统。按功能可以分为以下 6 类：数据传送指令、算术运算指令、逻辑运算和移位指令、串操作指令、控制转移指令及处理器控制指令。下面分别介绍各类指令的格式及功能。

3.3.1　数据传送指令

数据传送指令用来实现 CPU 内部寄存器之间、寄存器与存储器之间及 CPU 和 I/O 端口之间的数据传送。这是微型计算机中最基本、最重要的操作，也是实际程序中使用最多的一类指令。这类指令又可分为 4 种：通用数据传送指令、累加器专用传送指令、地址传送指令和标志传送指令，分别说明如下。

1．通用数据传送指令

1）传送指令 MOV

格式：MOV　DST,　SRC

操作：(DST) ← (SRC)

其中，DST 表示目的操作数，SRC 表示源操作数，MOV 指令完成把源操作数送往目的操作数的功能。MOV 指令可以实现 CPU 内部寄存器之间、寄存器与存储器之间的数据传送，还可以把一个立即数送给寄存器或存储单元。

【例 3.16】

```
MOV    AX, BX               ; BX 中的内容送 AX
MOV    DS, AX               ; AX 中的内容送 DS
MOV    AX, [SI]             ; SI 和 SI+1 所指的两个存储单元的内容送 AX
MOV    [DI],DX              ; DX 的内容送 DI 和 DI+1 所指的两个存储单元
MOV    CX, [2000H]          ; 将 2000H 和 2001H 两个单元的内容送 CX
MOV    BH, 30H              ; 立即数 30H 送 BH
MOV    WORD PTR[DI], 0670H  ; 立即数 0670H 送 DI 和 DI+1 所指的两个存储单元
```

说明：

（1）MOV 指令不能直接实现两个存储单元之间的传送，即 DST 和 SRC 不能同时为存储单元。

（2）MOV 指令不能直接在两个段寄存器之间传送数据。

（3）立即数不能直接送段寄存器。

（4）CS 不能做目的操作数，即 CS 的内容不能修改。

（5）MOV 指令不影响标志位。

2）堆栈操作指令 PUSH 和 POP

（1）进栈指令 PUSH

格式：PUSH SRC

操作：(SP) ← (SP)−2, ((SP)+1,(SP)) ← (SRC)

（2）出栈指令 POP

格式：POP DST

操作：(DST) ← ((SP)+1,(SP)), (SP) ← (SP)+2

说明：堆栈是按“先进后出”方式工作的一个存储区，对堆栈的存取必须以字为单位。它只有一个出入口，用一个堆栈指针寄存器 SP 来指示进出栈操作。SP 的内容在任何时候都指向栈顶，所以 PUSH 和 POP 指令都必须根据当前 SP 的内容来确定进栈和出栈的存储单元，而且必须及时修改指针，以保证 SP 始终指向栈顶。源操作数 SRC 可以使用除立即数以外的其他寻址方式。PUSH 和 POP 指令不影响标志位。

【例 3.17】 设(SS)=3000H, (SP)=100H, (BX)=1213H, (CX)=10B8H，连续执行下列各条指令：

```
PUSH  BX
PUSH  CX
POP   AX
```

堆栈及 SP 的变化过程如图 3.8 所示。

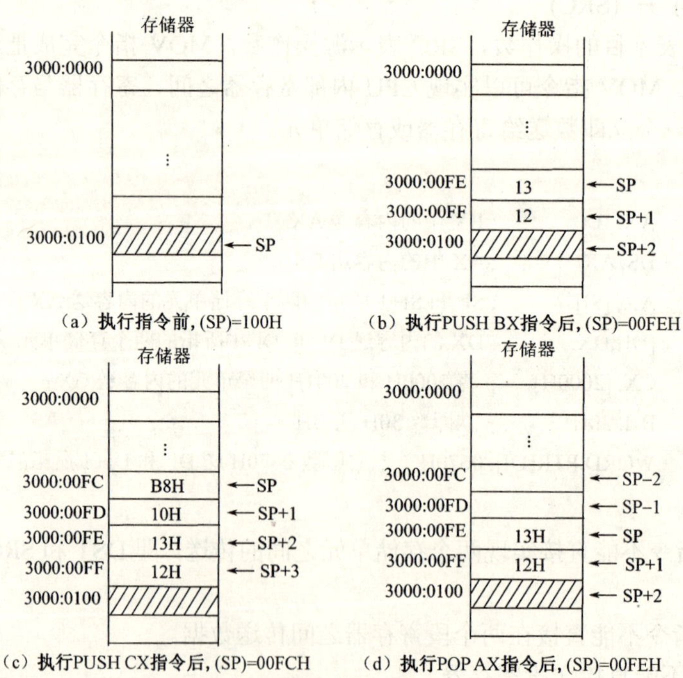

图 3.8 堆栈及 SP 的变化过程

3）交换指令 XCHG

格式：XCHG DST, SRC

操作：(DST)⟷(SRC)

【例 3.18】

```
XCHG  AL, BL
```

设指令执行前，(AL)=54H, (BL)=34H。

指令执行后，(AL)=34H, (BL)=54H。

【例 3.19】 设(AX)=0A89H, (BX)=1000H, (SI)=0150H, (DS)=2000H,(21150H)=25H, (21151H)=00H，执行下列指令：

```
XCHG  AX, [BX+SI]
```

源操作数的物理地址=(DS) ×10H+(BX)+(SI)=20000H+1000H+0150H=21150H。

指令执行后，(AX)=0025H, (21150H)=89H, (21151H)=0AH。

说明：交换指令的源操作数和目标操作数可以是寄存器或存储器，但两者不能同时为存储器，也不允许使用段寄存器。交换内容可以是字（16 位），也可以是字节（8 位）。本指令不影响标志位。

2. 累加器专用传送指令

在 8086/8088 指令系统中有 3 条指令只限于使用累加器，即在指令中源操作数或目的操作数必须有一个是累加器 AX（字）或 AL（字节）。

1）输入指令 IN

8086/8088 CPU 对 I/O 端口采用独立的编址方法，并且对 I/O 端口寻址时有直接寻址和间接寻址两种方式。

（1）直接寻址方式

格式：IN AL, PORT

IN AX, PORT

操作：(AL)← (PORT)

(AX) ← (PORT+1,PORT)

（2）间接寻址方式

格式：IN AL, DX

IN AX, DX

操作：(AL)←((DX))

(AX) ← ((DX)+1,(DX))

【例 3.20】

```
IN  AL, 80H          ; 将 80H 端口的字节信息送累加器 AL
MOV  DX, 3000H       ; 将端口地址 3000H 送 DX
IN  AX,  DX          ; 将端口地址 3000H 的内容送 AX
```

2）输出指令 OUT

（1）直接寻址方式

格式：OUT　PORT, AL

　　　OUT　PORT, AX

操作：(PORT)←(AL)

　　　(PORT+1,PORT) ←(AX)

（2）间接寻址方式

格式：OUT　DX , AL

　　　OUT　DX , AX

操作：((DX))←(AL)

　　　((DX)+1, (DX))←(AX)

【例 3.21】

```
OUT   81H,  AL        ; 将 AL 中的字节数据输出到 81H 端口
MOV   DX, 2F00H       ; 将端口地址 2F00H 送 DX
OUT   DX,  AX         ; 将 AX 中的字信息送端口地址 2F00H
```

说明：在直接寻址方式中，I/O 端口地址由指令直接提供，端口地址用 8 位地址码来表示，寻址范围为 00H～FFH，即 256 个端口地址。在间接寻址方式中，被寻址的端口号由 DX 寄存器提供，此时端口地址用 16 位地址码来表示，寻址范围为 0000H～FFFFH，即 2^{16}=64K 个端口地址。IN 指令和 OUT 指令提供了字和字节两种使用方式，选用哪一种，则取决于外设端口宽度，如果端口宽度只有 8 位，则只能用字节指令传送信息。

3）换码指令 XLAT

格式：XLAT　或 XLAT　OPR

功能：(AL)←((BX)+(AL))

程序设计时，经常把一种代码转换为另一种代码，例如，把数字 0～9 转换成 8 段数码管所需要的相应代码。在使用该指令之前，要先建立一个表格，表格的首地址放入 BX 寄存器，需要转换的代码，也就是相对于表格的位移量，放在 AL 中。执行该指令时，根据 AL 寄存器提供的位移量，将 BX 指示的表格中的代码取出，并替换 AL 寄存器中的内容，从而得到转换的代码。

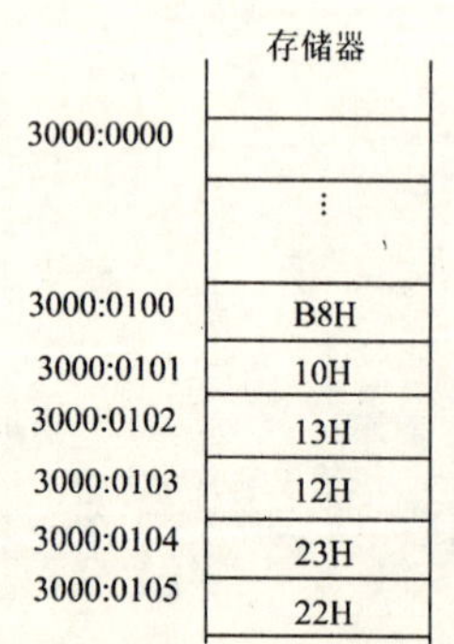

图 3.9　代码转换表 TABLE

说明：该指令可用 XLAT 和 XLAT OPR 两种格式，使用 XLAT OPR 时，OPR 为表格的首地址（一般为符号地址），OPR 只是为了提高程序的可读性，表格的首地址必须事先放在 BX 中。所建字节表格长度不能超过 256B，该指令不影响标志位。

【例 3.22】 将图 3.9 表格 TABLE 中位移量为 3 的代码取到 AL 中。

```
MOV   DS, 3000H       ; 将数据段地址送 DS
MOV   BX, 0100H       ; TABLE 的首地址送 BX
MOV   AL, 3           ; 要转换的代码送 AL
XLAT                  ; 转换后的代码放 AL, (AL)=12H
```

3. 地址传送指令

1）有效地址送寄存器指令 LEA

格式：LEA REG, SRC

操作：(REG) ← SRC；把源操作数的有效地址装入指定的目标寄存器。

说明：源操作数可以是变量名、标号或地址表达式，目的寄存器必须是 16 位的通用寄存器。LEA 指令取的是存储单元的有效地址，而不是存储单元的内容。

【例 3.23】 设(DS)=2000H，VALUE 的偏移地址为 1000H，(21000H)=34H，(21001H)=12H

执行指令：LEA BX, VALUE

MOV AX, VALUE

指令执行后，(BX)=1000H, (AX)=1234H。

2）数据段指针送寄存器和 DS 指令 LDS

格式：LDS REG，SRC

操作：(REG) ← (SRC）

(DS) ← (SRC+2)

把源操作数指定的 4 个相继字节送由指令指定的目的寄存器及 DS 寄存器中。该指令常指定 SI 寄存器。

【例 3.24】 设(DS)=2000H, (21000H)=00H, (21001H)=01H, (21002H)=00H, (21003H)=02H

执行指令：LDS SI, [1000H]

指令执行后，(SI)=0100H, (DS)=0200H。

3）附加段指针送寄存器和 ES 指令 LES

格式：LES REG, SRC

操作：(REG) ← (SRC）

(ES) ← (SRC+2)

把源操作数指定的 4 个相继字节送由指令指定的目的寄存器及 ES 寄存器中。该指令常指定 DI 寄存器。

【例3.25】 设(DS)=4000H,(BX)=080AH,(4080AH)=0EH,(4080BH)=01H,(4080CH)=00H,(4080DH)=30H。

执行指令：LES DI, [BX]

指令执行后，(DI)=010EH, (ES)=3000H。

4. 标志寄存器传送指令

1）标志寄存器送 AH 指令 LAHF

格式：LAHF

操作：将标志寄存器的低 8 位送 AH。

2）AH 送标志寄存器指令 SAHF

格式：SAHF

操作：将 AH 寄存器的内容送标志寄存器的低 8 位。

3）标志寄存器内容进栈指令 PUSHF

格式：PUSHF

操作：将标志寄存器内容压入堆栈。

4）标志出栈指令 POPF

格式：POPF

操作：从堆栈中弹出一个字送标志寄存器。

以上 4 条指令中，LAHF 和 PUSHF 不影响标志位，SAHF 和 POPF 则由装入值来确定标志位的值。

3.3.2 算术运算指令

8086/8088 CPU 的算术运算指令可以对无符号或有符号二进制数以及十进制数进行算术运算。其中包括 4 种标准算术运算指令加、减、乘、除，以及十进制调整指令和操作数符号扩展指令。

1．加法指令

1）普通加法指令 ADD

格式：ADD　DST, SRC

操作：(DST) ← (SRC)+(DST)；将源操作数与目的操作数相加，和放入目的操作数。

说明：该指令的操作数可以是字节或字，源操作数可以存放在通用寄存器或存储单元中，也可以是立即数；目的操作数只能在寄存器或存储单元中，不能是立即数。该指令运算的结果对标志位有影响。

2）带进位加法指令 ADC

格式：ADC　DST, SRC

操作：(DST) ← (SRC)+(DST)+CF；源操作数与目的操作数以及标志寄存器中的进位标志位 CF 相加，并将和放入目的操作数中。

3）加 1 指令 INC

格式：INC　OPR

操作：(OPR) ← (OPR)+1

ADD 和 ADC 指令是双操作数指令，它们的两个操作数不能同时为存储器寻址方式，源操作数和目的操作数必须有一个是寄存器寻址方式。INC 可以是除立即数以外的任何寻址方式。ADD、ADC 影响条件标志位，INC 影响除了 CF 之外的其他条件码。

【例 3.26】

执行指令：MOV　BX, 9B8AH

　　　　　ADD　BX, 6476H

则

```
    9B8AH=1001 1011 1000 1010
  + 6476H= 0110 0100 0111 0110
  ----------------------------
         1 0000 0000 0000 0000
```

指令执行后，(BX)=0000H, SF=0, ZF=1, CF=1, OF=0。

【例 3.27】 编写执行双精度数(DX,CX) 和(BX,AX)相加的指令序列，DX 是目的操作数的高位字，BX 是源操作数的高位字。

设指令执行前：DX=2248H, CX= 8AC0H

BX=088AH, AX=9256H

指令序列如下：

```
ADD CX,AX
ADC DX,BX
```

执行 ADD 指令：

```
    8AC0H=1000 1010 1100 0000
 +  9256H=1001 0010 0101 0110
 -----------------------------
        1 0001 1101 0001 0110
```

则

(CX)=1D16H, SF=0, ZF=0, CF=1, OF=1

执行 ADC 指令：

```
   2248H=0010 0010 0100 1000
   088AH=0000 1000 1000 1010
 +   CF=                   1
 ---------------------------
         0010 1010 1101 0011
```

则

(DX)=2AD3H, SF=0, ZF=0, CF=0, OF=0

所以，指令序列执行后，（DX,CX）=2AD31D16H。

2. 减法指令

1）普通减法指令 SUB

格式：SUB　DST，SRC

操作：(DST) ← (DST) − (SRC)

2）带借位减法指令 SBB

格式：SBB　DST，SRC

操作：(DST) ← (DST) − (SRC) − CF；其中 CF 为进位标志位的值。

3）减 1 指令 DEC

格式：DEC　OPR

操作：(OPR)← (OPR) − 1；即目的操作数减 1，结果送回目的地址中。本指令影响标志位。

4）比较指令 CMP

格式：CMP　　OPR1, OPR2

操作：(OPR1) － (OPR2)

说明：该指令与 SUB 指令一样都是执行减法操作，但它并不保存运算的结果，而只是根据结果设置条件标志位，即 CMP 指令执行后 OPR1 的内容不变，在 CMP 指令后面常跟一条条件转移指令，以便根据比较结果产生不同的程序分支。

5）求补指令 NEG

格式：NEG　　OPR

操作：(OPR) ←－(OPR)

说明：该指令把操作数按位求反后末位+1，执行的操作也可表示为：(OPR) ←0FFFFH－(OPR)+1。NEG 指令的条件码按求补后的结果设置，只有当操作数为 0 时，求补运算的结果使 CF=0，其他情况 CF 均为 1；只有当字节运算对−128 求补以及字运算对−32768 求补时 OF=1，其他情况 OF 均为 0。

【例 3.28】　设(DS)=2000H, (SI)=0040H, (20054H)=4336H。

执行指令：SUB　[SI+14H], 0136H

则

```
    4336H= 0100 0011 0011 0110
   −0136H= 0000 0001 0011 0110
  ----------------------------
                 ↓ ↓
           0100 0011 0011 0110
  +        1111 1110 1100 1010
  ----------------------------
           0100 0010 0000 0000
```

指令执行后，(20054H)=4200H, SF=0, ZF=0, CF=0, OF=0。

【例 3.29】　求两个双字长数之差。

```
A1        DW   0625H, 62FAH
A2        DW   0412H, 963BH
RESULT    DW   ?
…         …
          MOV  AX,    A1
          SUB  AX,  A2
          MOV  RESULT, AX
          MOV  AX, A1+2
          SBB  AX, A2+2
          MOV  RESULT+2, AX
```

3．乘法指令

1）无符号数乘法指令 MUL

格式：MUL　SRC

操作：字节操作数 (AX) ← (AL)*(SRC)

字操作数 (DX, AX) ← (AX)*(SRC)

2）带符号数乘法指令 IMUL

格式：IMUL SRC

操作：与 MUL 相同，但必须是带符号数。

乘法指令格式中的操作数为源操作数，可以使用除立即数之外的任何一种寻址方式。乘法指令的目的操作数为隐含操作数，必须使用累加器，字运算为 AX，字节运算为 AL。乘法运算的结果，如果源操作数是字节类型，则 16 位的乘积存放在 AX 中；如果源操作数是字类型，则 32 位的乘积存放在 DX 和 AX 中，其中 DX 存放高位字，AX 存放低位字。

乘法指令除条件码标志位 CF 和 OF 外，指令执行后其他的条件码标志位不定。对于 MUL 指令，如果乘积高 1/2 为 0，即字节操作的(AH)或字操作的(DX)为 0，则 CF 和 OF 均为 0；否则 CF 和 OF 均为 1。对于 IMUL 指令，如果乘积的高 1/2 为低 1/2 的符号扩展，则 CF 和 OF 均为 0；否则 CF 和 OF 均为 1。在具体运算中，是使用 MUL 指令还是 IMUL 指令，由具体操作数的类型确定。如果是无符号数乘法，则使用 MUL 指令，如果是带符号数乘法，则使用 IMUL 指令。

【例 3.30】 设(AL)=9CH, (BL)=14H，分别作为无符号数和有符号数进行乘法运算。

当作为无符号数时，(AL)=9CH 为十进制数的 156D，(BL)=14H 为十进制数的 20D，执行 MUL BL 指令后，结果为

(AX)=0C30H=3120D, CF=1,OF=1

当做为带符号数时，(AL)=9CH 为十进制数的-100D, (BL)=14H 为十进制数的 20D，执行 IMUL BL 指令后，结果为

(AX)=7D0H=-2000D, CF=1,OF=1

4．除法指令

1）无符号数除法指令 DIV

格式： DIV SRC

操作：字节操作数：(AL) ← (AX)/(SRC)的商

(AH) ← (AX)/(SRC)的余数

字操作数： (AX) ← (DX,AX)/(SRC)的商

(DX) ← (DX,AX)/(SRC)的余数

说明：字节操作的 16 位被除数存放在 AX 中，8 位商存放在 AL 中，8 位余数在 AH 中。字操作的 32 位被除数存放在 DX 和 AX 中（DX 存放高位字），16 位商存放在 AX 中，16 位余数存放在 DX 中。

2）带符号数除法指令 IDIV

格式：IDIV SRC

操作：与 DIV 相同，但操作数必须是带符号数。商和余数也均为带符号数，且余数的符号与被除数的符号相同。

除法指令中所有条件码标志均无定义。

【例 3.31】 设(AX)=0400H,(BL)=A0H，分别作为无符号数和有符号数进行除法运算。

当作为无符号数时，(AX)=0400H 为十进制数的 1024D, (BL)=0A0H 为十进制数的 160D，执行 DIV BL 指令后，结果为

(AL)=06H=06D （商）

(AH)=40H=64D （余数）

当作为带符号数时，(AX)=0400H 为十进制数的+1024D，(BL)=0A0H 为十进制数的−96D，执行 IDIV BL 指令后，结果为

(AL)=0F6H=−10D （商）

(AH)=40H=+64D （余数）

5. 符号扩展指令

由于除法指令的字节操作要求被除数为 16 位，字操作要求被除数为 32 位，因此，往往需要用符号扩展的方法取得除法指令所需要的被除数格式，为此系统提供了两条符号扩展指令。

1）字节转换为字指令 CBW

格式：CBW

操作：AL 中的符号位扩展到 AH，即当（AL）的最高有效位为 0 时，则 (AH)=00H；当（AL）的最高有效位为 1 时，(AH)=FFH。

2）字节转换为双字指令 CWD

格式：CWD

操作：AX 中的符号位扩展到 DX。即当（AX）的最高有效位为 0 时，则 (DX)=0000H；当（AX）的最高有效位为 1 时，(DX)=FFFFH。

说明：被扩展的操作数必须放在 AL 或 AX 寄存器中，这两条指令不影响条件码的标志位。

【例 3.32】 算术运算综合举例。计算(a*b+c)/a 的结果。其中 a、b、c 为 16 位带符号数，存放在 A、B、C3 个单元中，要求结果的商存入 AX 寄存器，余数存入 DX 寄存器。

```
MOV   AX,  A            ; 取操作数 a
IMUL  B                 ; a*b,乘积为 32 位
MOV   BX,  AX           ; 乘积暂存 CX,BX
MOV   CX,  DX
MOV   AX,  C            ; 取操作数 c
CWD                     ; 符号扩展为 32 位
ADD   AX,  BX           ; 32 位加法
ADC   DX,  CX
IDIV  A                 ; 除以 a, 商在 AX 中, 余数在 DX 中
```

6. 十进制调整指令

前面的所有算术运算指令都是二进制数的运算指令，但是人们最常用的是十进制数。这样当用计算机进行计算时，必须先把十进制数转换成二进制数，然后再进行二进制数的计算，输出结果时，计算结果又要转换成十进制数。为了便于十进制数的运算，8086/8088 提供了一组

十进制数调整指令，在说明这组指令之前先介绍一下计算机中常用的表示十进制数的BCD码。

BCD（Binary Coded Decimal）是一种用二进制编码的十进制数，又称二－十进制数。即用4位二进制数表示一位十进制数，每4位二进制数之间的进位又是十进制数的形式。因此，BCD码既具有二进制的特点又具有十进制的特点。

在8086/8088中，根据在存储器中不同的存放方式，BCD码又分为压缩的BCD码和非压缩的BCD码。压缩的BCD码是在一个字节中存放两个十进制数字位，非压缩的BCD码每个字节只存放一个十进制数字位，其中8位中的低4位表示8421BCD码，而高4位则没有意义（一般为0）。例如，2068用压缩的BCD码表示为

```
0010 0000 0110 1000
```

用非压缩的BCD码表示为

```
00000010 00000000 00000110 00001000
```

数字的ACSII码是一种非压缩BCD码，因为数字的ASCII码的高4位的值为0100而低4位是以8421BCD码表示的十进制数位，符合非压缩BCD码高4位无意义的规定。表3.1给出了十进制数码所对应的ASCII码和BCD码。

表3.1 十进制数码所对应的ASCII码和BCD码

十进制数字	ASCII码	压缩BCD码	非压缩BCD码
0	0011 0000	0000	0000 0000
1	0011 0001	0001	0000 0001
2	0011 0010	0010	0000 0010
3	0011 0011	0011	0000 0011
4	0011 0100	0100	0000 0100
5	0011 0101	0101	0000 0101
6	0011 0110	0110	0000 0110
7	0011 0111	0111	0000 0111
8	0011 1000	1000	0000 1000
9	0011 1001	1001	00001001

1）压缩的BCD码调整指令

计算机所提供的ADD、ADC以及SUB、SBB指令只适用于二进制的加、减法，在使用加、减法指令对BCD码运算后必须经调整后才能得到正确的结果。加法的调整规则是：任意两个用BCD码表示的十进制数位相加的结果，如果数值在1010和1111之间或者产生了向高位的进位，则在其上加6可得到正确的结果。

例如：

```
     8            1000
  + 5           + 0101
 ------         ------
    13            1101
                +  110
                ------
                1 0011
```

第一次相加得到的 1101 不是 BCD 码，由于大于 1010，需加 6 修正，得到个位为 3 并向高位进位的正确结果。

又如：

```
  9          1001
+ 8        + 1000
----       ------
 17        1 0001
          +   110
          -------
           1 0111
```

第一次相加得到的结果有向高位的进位，根据调整规则在结果上加 6 修正，得到个位为 7 并保留进位值，得到正确结果。

（1）加法的十进制调整指令 DAA

格式：DAA

操作：(AL)←把 AL 中的和调整为压缩的 BCD 格式。这条指令执行之前必须执行 ADD 或 ADC 指令，加法指令必须把两个压缩的 BCD 码相加，并把结果存放在 AL 寄存器中，本指令的调整方法如下：

① 如果结果的低 4 位（AL 的低 4 位）大于 9 或 AF=1，则(AL) ← (AL)+06H，并将 AF 置 1。

② 如果结果的高 4 位（AL 的高 4 位）大于 9 或 CF=1，则(AL) ← (AL)+60H，并将 CF 置 1。

DAA 指令对 OF 标志无定义，但影响所有其他条件标志。

【例 3.33】

```
ADD   AL, CL
DAA
```

如果执行指令前，(AL)=38H, (CL)=46H。

执行 ADD 指令后，(AL)=7EH, CF=0, AF=0。

执行 DAA 指令时，因结果的低 4 位大于 9，则(AL) ← (AL)+06H，得(AL)=84H, CF=0, AF=1。

（2）减法的十进制调整指令 DAS

格式：DAS

操作：(AL)←把 AL 中的差调整为压缩的 BCD 格式。这条指令执行之前必须执行 SUB 或 SBB 指令，减法指令必须把两个压缩的 BCD 码相减，并把结果存放在 AL 寄存器中，本指令的调整方法如下：

① 如果结果的低 4 位（AL 的低 4 位）大于 9 或 AF=1，则(AL) ← (AL) −06H，并将 AF 置 1。

② 如果结果的高 4 位（AL 的高 4 位）大于 9 或 CF=1，则(AL) ← (AL) −60H，并将 CF 置 1。

DAS 指令对 OF 标志无定义，但影响所有其他条件标志。

【例 3.34】

```
SUB   AL, BL
DAS
```

如果执行指令前，(AL)=86H, (BL)=07H。

执行 SUB 指令后(AL)=7FH, CF=0, AF=1。

执行 DAS 指令时，因 AF=1，则(AL) ← (AL) −06H，得(AL)=79H, CF=0, AF=1（结果正确）。

2）非压缩的 BCD 码调整指令

这一组指令适用于数字 ASCII 码的调整，也适用于一般的非压缩 BCD 码的十进制调整。

（1）加法的 ASCII 码调整指令 AAA

格式：AAA

操作：(AL)←把 AL 中的和调整为非压缩的 BCD 格式，(AH) ← (AH)+调整产生的进位值。

这条指令执行之前，必须执行 ADD 或 ADC 指令，加法指令必须把两个非压缩的 BCD 码相加，并把结果存放在 AL 寄存器中，本指令的调整步骤如下：

① 如果 AL 的低 4 位为 0～9，且 AF=0，则跳过第②步，执行第③步。

② 如果 AL 的低 4 位为 A～F 或 AF=1，则 AL 的内容加 6，AH 的内容加 1，并将 AF 位置 1。

③ 清除 AL 的高 4 位。

④ AF 位的值送 CF 位。

AAA 指令除影响 AF 和 CF 标志外，其余标志位均无定义。

【例 3.35】

```
ADD   AL, BL
AAA
```

如果执行指令前，(AX)=0536H, (BL)=37H，即 AL 和 BL 寄存器的内容分别为 6 和 7 的 ASCII 码。执行 ADD 指令后(AL)=6DH, AF=0；执行 AAA 指令时，因 AL 的低 4 位为 A～F，则 AL 的内容加 6，AH 的内容加 1，并将 AF 位置 1。结果为(AX)=0603H, CF=1, AF=1。

（2）减法的 ASCII 码调整指令 AAS

格式：AAS

操作：(AL)←把 AL 中的差调整为非压缩的 BCD 格式，(AH) ← (AH) − 调整产生的进位值。

这条指令执行之前，必须执行 SUB 或 SBB 指令，减法指令必须把两个非压缩的 BCD 码相减，并把结果存放在 AL 寄存器中，本指令的调整步骤如下：

① 如果 AL 的低 4 位为 0～9，且 AF=0，则跳过第②步，执行第③步。

② 如果 AL 的低 4 位为 A～F 或 AF=1，则 AL 的内容减 6，AH 的内容减 1，并将 AF 位置 1。

③ 清除 AL 的高 4 位。

④ AF 位的值送 CF 位。

AAS 指令除影响 AF 和 CF 标志外，其余标志位均无定义。

【例 3.36】 编写 15 和 7 的非压缩 BCD 码的减法程序，要求结果也为非压缩的 BCD 码。

```
MOV AX, 0105H
MOV CL, 07H
SUB AL, CL
AAS
```

（3）乘法的 ASCII 码调整指令 AAM

格式：AAM

操作：(AX)←把 AX 中的积调整为非压缩的 BCD 格式。

调整方法：(AH) ← (AL)/0AH 的商；

(AL) ←(AL)/0AH 的余数。

说明：这条指令执行之前，必须执行 MUL 指令把两个非压缩的 BCD 码相乘，结果存放在 AL 寄存器中。本指令根据 AL 寄存器的内容设置条件码 SF、ZF 和 PF，但 OF、CF 和 AF 无定义。

【例 3.37】 两个 ASCII 码数 8 和 9 相乘，结果也为 ASCII 码。

```
MOV   AL, '8'
AND   AL, 0FH
MOV   BL, '9'
AND   BL, 0FH
MUL   BL
AAM
OR    AX, 3030H
```

（4）除法的 ASCII 调整指令 AAD

格式：AAD

操作：(AX)←AX 中的被除数（非压缩的 BCD 格式）转化为二进制数。

前面所述的加法、减法和乘法的 ASCII 调整指令都是用加法、减法和乘法指令对两个非压缩的 BCD 码运算以后，再使用 AAA、AAS 和 AAM 指令对运算结果进行十进制调整。但除法的情况却不同，它是针对以下情况设置的。

如果被除数是存放在 AX 寄存器中的两位非压缩 BCD 数，AH 中存放十位数，AL 中存放个位数，而且要求 AH 和 AL 中的高 4 位均为 0。除数是一位非压缩的 BCD 数，同样要求高 4 位为 0。在把这两个数用 DIV 指令相除以前，必须先用 AAD 指令把 AX 中的被除数调整成二进制数，并存放在 AL 寄存器中。

该指令的调整方法：(AL) ← (AH)*10+(AL), (AH) ←0。

本指令根据 AL 寄存器的内容设置条件码 SF、ZF 和 PF，但 OF、CF 和 AF 无定义。

【例 3.38】　编写 ASCII 码的除法程序。

```
MOV   AX, 3539H
AND   AX, 0F0FH
AAD                          ; (AX)=003BH
MOV   BH, 08H
DIV   BH                     ; (AH)=03H (余数), (AL)=07H(商)
OR    AX, 3030H
```

3.3.3　逻辑运算和移位指令

1. 逻辑运算指令

逻辑运算指令可以对字或字节执行逻辑运算，由于逻辑运算是按位操作的，因此，其操作数应该是位串而不是数。

1）逻辑与指令 AND

格式：AND　DST, SRC

操作：（DST）← (DST)∧(SRC)

【例 3.39】　把 AL 寄存器中的 ASCII 码转换为 BCD 码。

```
MOV   AL, 35H
AND   AL, 0FH
```

指令执行后，(AL)=05H。

2）逻辑或指令 OR

格式：OR　DST, SRC

操作：(DST) ← (DST)∨(SRC)

【例 3.40】　把 BL 寄存器中的 BCD 码转换为 ASCII 码。

```
MOV   BL, 05H
OR    BL, 30H
```

指令执行后，(BL)=35H。

3）逻辑非指令 NOT

格式：NOT　OPR

操作：(OPR) ← ($\overline{OPR}$)

本指令不影响标志位。

4）逻辑异或指令 XOR

格式：XOR　DST, SRC

操作：(DST) ← (DST) ∀(SRC)

【例 3.41】

```
XOR   AX, 0FFFFH
```

执行前：AX=0AAAAH。

```
    1010101010101010
∀  1111111111111111
    ----------------
    0101010101010101
```

故执行后，AX=5555H。

5）测试指令 TEST

格式：TEST　OPR1, OPR2

操作：(OPR1)∧(OPR2)

说明：本指令根据 OPR1 和 OPR2 逻辑与运算的结果，设置标志位 SF、ZF 和 PF，操作结束后，源操作数和目的操作数的内容不变。

【例 3.42】 测试某些位为 0 或为 1 可使用 TEST 指令，如测试某数的奇偶性：

```
MOV   DL, 0AEH
TEST  DL, 01H
JZ    EVEN          ; ZF=1, 测试的数为偶数
```

测试某数为正数或负数：

```
MOV   BL, 9AH
TEST  BL, 80H
JZ    PLUS          ; ZF=1, 测试的数是正数
```

2. 移位指令

1）逻辑左移指令 SHL

格式：SHL　OPR, CNT

操作：将 OPR 向左移动指定的位数，而最低位补入相应个数的 0，CF 的内容为最后移入位的值。

其中 OPR 可以是除立即数以外的任何寻址方式，移位次数由 CNT 决定，CNT 可以是 1 或 CL 寄存器（当移位次数大于 1 时，需先将移位次数放入 CL 寄存器）。有关 OPR 和 CNT 规定适用于以下移位指令。该指令执行过程如图 3.10 所示。

2）算术左移指令 SAL

格式：SHL　OPR, CNT

操作：与逻辑左移指令相同。

3）逻辑右移指令 SHR

格式：SHR　OPR, CNT

操作：逻辑右移，最高位补 0，最低位移到 CF 中。

指令执行过程如图 3.11 所示。

4）算术右移指令 SAR

格式：SAR　OPR，CNT

操作：将 OPR 向右移动指定的位数，最高位用符号位的值补充，最低位移到 CF 中。

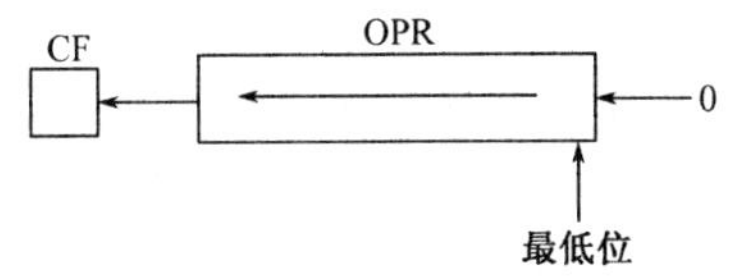

图 3.10　逻辑左移指令

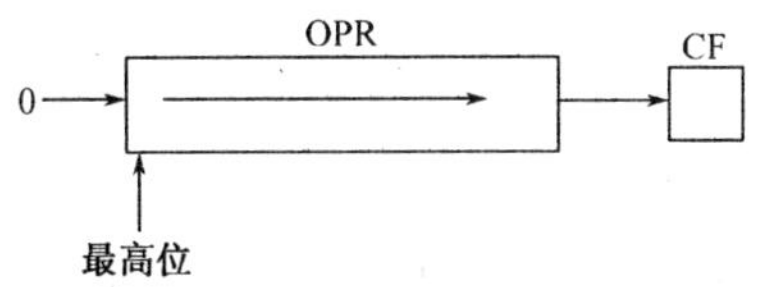

图 3.11　逻辑右移指令

指令执行过程如图 3.12 所示。

5）循环左移指令 ROL

格式：ROL　OPR，CNT

操作：将目的操作数的最高位和最低位连接起来，组成一个环，将环中所有位一起向左移动由 CNT 指定的位数。CF 的内容为最后移入位的值。

指令执行过程如图 3.13 所示。

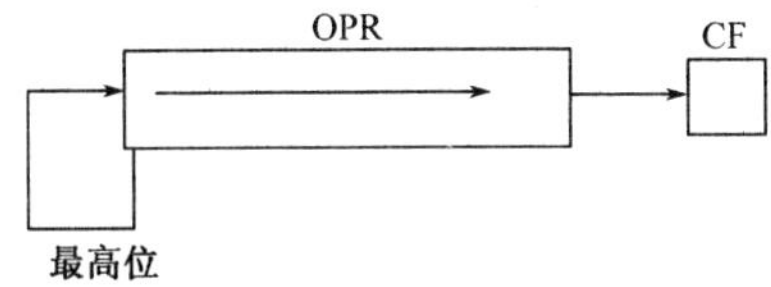

图 3.12　算术右移指令

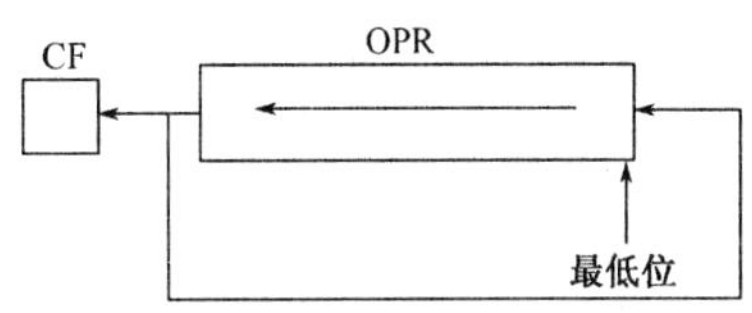

图 3.13　循环左移指令

6）循环右移指令 ROR

格式：ROR　OPR，CNT

操作：将目的操作数的最高位和最低位连接起来，组成一个环，将环中所有位一起向右移动由 CNT 指定的位数。CF 的内容为最后移入位的值。

指令执行过程如图 3.14 所示。

7）带进位循环左移指令 RCL

格式：RCL　OPR，CNT

操作：将目的操作数连同 CF 标志位一起向左循环由 CNT 指定的次数。

指令执行过程如图 3.15 所示。

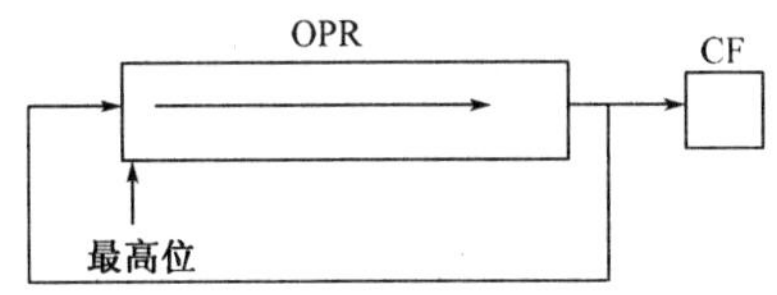

图 3.14　循环右移指令

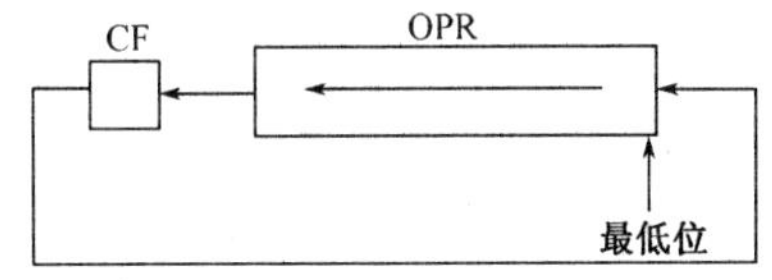

图 3.15　带进位循环左移指令

8）带进位的循环右移

格式：RCR　OPR，CNT

操作：将目的操作数连同 CF 标志位一起向右循环由 CNT 指定的次数。

指令执行过程如图 3.16 所示。

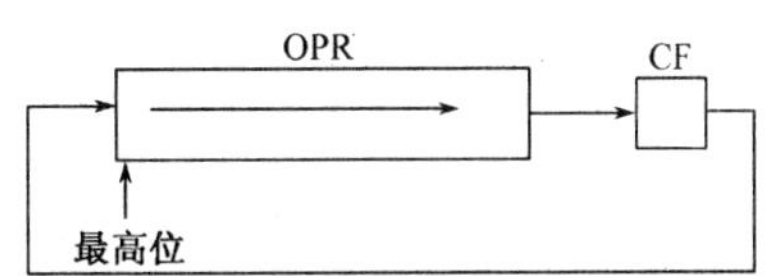

图 3.16　带进位循环右移指令

以上 8 种指令可以分为两组，前 4 种为移位指令，后 4 种为循环移位指令。所有指令都可以做字或字节操作。所有指令都影响 CF 和 OF 标志位。其中，CF 位根据各条指令的规定设置；OF 位只有当 CNT=1 时才有效，当移位后最高有效位的值发生变化时，OF 位置 1，否则置 0。循环移位指令不影响除 CF 和 OF 以外的其他条件标志。而算术和逻辑移位指令则根据移位后的结果设置 SF、ZF 和 PF 位，AF 位则无定义。

移位指令常常用来做乘以 2 或除以 2 的操作。其中算术移位指令适用于带符号数运算，SAL 用来乘以 2，SAR 用来除以 2；而逻辑移位指令则用于无符号数运算，SHL 用来乘以 2，SHR 用来除以 2。循环移位指令可以改变操作数中所有位的位置，在程序中还是很有用的。

【例 3.43】 将 AX 寄存器中的带符号数除以 8。

```
MOV   CL, 3
SAR   AX, CL
```

【例 3.44】 如果(AX)=0012H，(BX)=0034H，要求把它们装配在一起形成(AX)=1234H，则指令序列如下：

```
MOV   CL, 8
ROL   AX, CL
ADD   AX, BX
```

3.3.4 串操作指令

为了方便字符串的处理，8086/8088 系统设置了一组字符串指令，它们用来处理存放在存储器中的字符或数据，既可以处理字节串，也可以处理字串。

字符串操作指令中，使用 SI 寄存器寻址源操作数，段基址使用 DS 寄存器。用 DI 寄存器寻址目的操作数，段基址使用 ES 寄存器。在每次串操作后，自动修改 SI、DI 地址指针。

在任一个串操作指令前面加一个重复操作前缀 REP，该指令就重复执行，直至 CX 寄存器中指定的操作次数达到要求为止。在每次重复后，地址指针 SI 和 DI 以及计数指针 CX 中的内容都会修改。不过指令指针 IP 将保持指向重复前缀（重复前缀本身也是一条指令）的偏移地址。因此，在重复操作指令执行过程中，若被外部中断源中断，在完成中断处理后，将返回继续执行重复操作指令。

1. 串重复前缀指令 REP

（1）格式：REP 字符串指令；其中，字符串指令可为 MOVS、LODS 或 STOS。

操作：① 如(CX)=0，则退出 REP 指令，否则往下执行。

② (CX)← (CX) −1

③ 执行其后的串指令（MOVS、LODS 或 STOS）。

④ 重复①～③。

（2）格式：REPE/REPZ　字符串指令；其中，字符串指令可为 CMPS 或 SCAS。

操作：① 当 ZF=1（某次比较的结果两个操作数相等）时，继续往下执行；当 ZF=0 或(CX)=0 时，结束执行串指令。

② (CX)← (CX) -1

③ 执行其后的串指令（CMPS 或 SCAS）。

④ 重复执行①～③。

（3）格式：REPNE/REPNZ 字符串指令；其中，字符串指令可为 CMPS 或 SCAS。

操作：① 当 ZF=0（即某次比较的结果两个操作数不相等）时，继续往下执行；当 ZF=1 或(CX)=0 时，结束执行串指令。

② (CX)← (CX) -1

③ 执行其后的串指令（CMPS 或 SCAS）。

④ 重复执行①～③。

2. 串传送指令 MOVS

格式：MOVS DST，SRC （一般格式）

MOVSB （字节格式）

MOVSW （字格式）

操作：（1）([DI]）← ([SI])

（2）字节操作：(SI) ← (SI)±1，(DI) ← (DI)±1

（3）字操作：(SI) ← (SI)±2，(DI) ← (DI)±2

说明：① 该指令实现由 SI 寻址的源字符串向由 DI 寻址的目的字符串中传送，并自动修改地址指针 SI、DI。当方向标志 DF=0 时用“+”，当方向标志 DF=1 时用“–”，该指令不影响条件码。

② 该指令的第二种、第三种格式明确地注明是传送字节或字，是无操作数指令。第一种格式则应在操作数中表明是字还是字节操作。

③ 通常，使用前要建立方向标志 DF，用 CLD 指令使 DF=0，用 STD 指令使 DF=1。

【例 3.45】 要求将 2000∶1000 地址开始的 100H 个数传送到 3000∶0000 开始的单元中去。

程序段如下：

```
        MOV   AX, 2000H         ; 设置源操作数段地址
        MOV   DS, AX
        MOV   AX, 3000H         ; 设置目的操作数段地址
        MOV   ES, AX
        MOV   SI, 1000H         ; 源操作数偏移地址送 SI
        MOV   DI, 0             ; 目的操作数偏移地址送 DI
        MOV   CX, 100H          ; 传送的字节数送 CX
        CLD                     ; 使 DF=0, 指针按增量修改
NEXT:   MOVSB                   ; 传送一个字节
        DEC   CX                ; 计数减 1
        JNZ   NEXT              ; 计数器不为 0, 则继续传送
          ⋮
```

若采用重复前缀，上述程序最后 3 条指令：

```
NEXT: MOVSB
      DEC   CX
      JNZ   NEXT
```

可用如下一条指令代替：

```
      REP   MOVSB
```

3. 存入串指令 STOS

格式：STOS　DST　（一般格式）
　　　STOSB　（字节格式）
　　　STOSW　（字格式）

操作：（1）字节操作：([DI])← (AL)，(DI) ← (DI)±1
　　　（2）字操作：([DI])← (AX)，(DI) ← (DI)±2

说明：该指令把 AL 或 AX 的内容存入由 DI 指定的附加段的某单元中，并根据 DF 的值及数据类型修改 DI 的内容。当与 REP 联用时，可把 AL 或 AX 的内容存入一个长度为(CX)的缓冲区中。该指令不影响条件码。

【例 3.46】 用空格初始化 BUFFER 缓冲区。

```
      MOV   AX,   SEG BUFFER      ; 取 BUFFER 段地址
      MOV   ES,   AX
      LEA   DI,   BUFFER          ; 取 BUFFER 偏移地址
      MOV   CX,   10              ; 设置长度
      MOV   AL,   20H             ; 空格的 ASCII 码送 AL
      CLD                         ; 设 DF=0
      REP   STOSB                 ; 存入空格
```

4. 取串指令 LODS

格式：LODS　DST　（一般格式）
　　　LODSB　（字节格式）
　　　LODSW　（字格式）

操作：（1）字节操作：(AL)← ([SI])，(SI) ← (SI)±1
　　　（2）字操作：(AX)← ([SI])，(SI) ← (SI)±2

说明：该指令把由 SI 指定的数据段的某单元中的内容送到 AL 或 AX 中，并根据 DF 的值及数据类型修改 SI 的内容。该指令一般不与 REP 联用，因为每重复一次 AL 或 AX 中的内容将被后一次取字符所代替。该指令也不影响条件码。

5. 串比较指令 CMPS

格式：CMPS　DST，SRC　（一般格式）
　　　CMPSB　（字节格式）
　　　CMPSW　（字格式）

操作：（1）([SI])−([DI])

（2）字节操作：(SI) ← (SI)± 1，(DI) ←(DI)± 1

（3）字操作：(SI) ← (SI)± 2，(DI) ←(DI)± 2

说明：该指令把由 SI 指定的数据段的某单元中的内容与由 DI 指向的附加段中的某单元的内容相减，但不保存结果，只根据结果设置条件码，指令的其他特性和 MOVS 指令的规定相同。

【例 3.47】　设 STR1 是 DS 段中的一个 10B 字符串，STR2 是 ES 段中的一个 10B 字符串，试比较这两个字符串是否相等。若相等置 FLAG 单元为 0，若不等置 FLAG 单元为 1。

程序段如下：

```
          MOV   SI,  OFFSET   STR1
          MOV   DI,  OFFSET   STR2
          MOV   CX,   10
          CLD
          REPZ   CMPSB        ；若相等则继续比较下一个字节
          JZ      DONE        ；串相等, FLAG 置 0
          MOV    AL, 1        ；串不等, FLAG 置 1
          JMP    DONE1
DONE:     MOV   AL, 0         ；串相等, FLAG 置 0
DONE1:    MOV   FLAG, AL
          …
```

6．串扫描指令 SCAS

格式：SCAS　DST　（一般格式）

SCASB　（字节格式）

SCASW　（字格式）

操作：（1）字节操作：(AL)− ([DI]), (DI) ←(DI)± 1

（2）字操作：(AX)−([DI]), (DI) ←(DI)± 2

说明：该指令把 AL 或 AX 的内容与由（DI）指定的附加段中的某单元的内容进行比较，但不保存结果，只根据结果设置条件码，指令的其他特性和 MOVS 指令的规定相同。

【例 3.48】　寻找字符串中是否包含字符“A”，找到将 RSLT 单元置 1，未找到将 RSLT 单元置 0。

```
          MOV   DI, OFFSET   STRN
          MOV   CX,  N                ；设置计数器
          MOV   AL,  'A'              ；查找的字符“A”
          CLD
AGN:      REPNE   SCASB
          JZ   FIND                   ；找到转 FIND
          MOV   AL, 0
          JMP   OVR                   ；未找到, AL 置 0
```

```
FIND:   MOV  AL, 1                     ; 找到, AL 置 1
OVR:    MOV  RSLT, AL
              ⋮
```

3.3.5 控制转移指令

一般情况下指令是顺序地逐条执行的，但实际上程序不可能全部顺序执行，而经常需要改变程序的执行流程，8086/8088 提供了 4 种转移指令：无条件转移指令、条件转移指令、循环指令、子程序调用与返回指令。下面分别介绍这 4 种指令及中断指令。

1. 无条件转移指令 JMP

无条件转移指令可以转移到内存的任何地方，由于 8086/8088 内存是分段的，故无条件转移指令分成以下 5 种。

1）段内直接短转移

格式：JMP SHORT OPR

操作：(IP) ← (IP)+8 位位移量

2）段内直接近转移

格式：JMP NEAR PTR OPR

操作：(IP) ← (IP)+16 位位移量

说明：上述两条指令汇编时，目的地址的值是当前 IP 的值与 OPR 之和，其中 OPR 常用标号表示。这两条指令也可以直接写成 JMP OPR，在这种格式中，用户不需要考虑是短转移还是近转移，汇编程序在汇编时，计算出 JMP 下一条指令与目标地址间的相对偏移量，若该偏移量在±127B 之内时，则产生一个短转移。否则，产生一个在±32KB 范围内的近转移。

3）段内间接转移

格式：JMP WORD PTR OPR

操作：(IP) ← (EA)

说明：该指令的转移的偏移地址放在一个寄存器或一个存储单元中，可以用除立即数以外的任何一种寻址方式取得，取得的偏移地址装入指令指针寄存器 IP，实现程序转移。

【例 3.49】

```
JMP  [BX+DI]
```

设指令执行前，(DS)=3000H,(BX)=1300H,(DI)=1200H,(32500H)=2350H。

指令执行后，(IP)=2350H。

4）段间直接（远）转移

格式：JMP FAR PTR OPR

操作：(IP) ← OPR 的段内偏移地址

(CS) ← OPR 所在段的段地址

说明：在这里使用的是直接寻址方式，指令转移的段地址和偏移地址直接存放在指令的操作数字段中。所以只要用其中的段地址和偏移地址分别取代 CS 和 IP 寄存器中的内容，就可以实现从一个段到另一个段的转移操作。

5）段间间接转移

格式：JMP　DWORD PTR OPR

操作：(IP) ← (EA)

(CS) ← (EA+2)

说明：该指令转移的段地址和偏移地址存放在内存的 4 个相邻的字节单元中，指令只能用存储器寻址方式取得段地址和偏移地址的值，分别取代 CS 和 IP 寄存器中的内容。

【例 3.50】

```
JMP   DWORD PTR BUF[BX]
```

指令执行前，(DS)=3000H, (BX)=0020H, BUF=0100H, (30120H)=0200H, (30122H)= 2500H。

内存单元的物理地址 PA=30000H+0100H+0020H=30120H。

故指令执行后，（CS）=2500H, (IP)=0200H。

2. 条件转移指令

条件转移指令根据上一条指令所设置的条件码来判别测试条件，每一种条件转移指令有它的测试条件，满足测试条件则转移到由指令指出的转向地址去执行那里的程序。如不满足条件，则继续执行下一条指令。

条件转移指令分为 4 类，如表 3.2 所示。

表 3.2　条件转移指令一览表

分　类	指　令	转移条件	说　明
（1）根据单个标志位的条件转移	JZ/JE	ZF=1	结果为 0/相等，则转移
	JNZ/JNE	ZF=0	结果不为 0/不相等，则转移
	JS	SF=1	结果为负，则转移
	JNS	SF=0	结果为正，则转移
	JO	OF=1	结果溢出，则转移
	JNO	OF=0	结果不溢出，则转移
	JP/JPE	PF=1	奇偶位为 1，则转移
	JNP/JO	PF=0	奇偶位为 0，则转移
（2）比较两个无符号数，根据比较结果转移	JB/JNAE/JC	CF=1	低于/不高于等于，则转移
	JNB/JAE/JNC	CF=0	不低于/高于等于，则转移
	JBE/JNA	（CF∨ZF）=1	低于等于/不高于，则转移
	JNBE/JA	（CF∨ZF）=0	不低于等于/高于，则转移
（3）比较两个带符号数，根据比较的结果转移	JL/JNGE	SF、OF 异号	小于/不大于等于，则转移
	JNL/JGE	SF、OF 同号	不小于/高于等于，则转移
	JLE/JNG	SF、OF 异号或 ZF=1	小于等于/不大于，则转移
	JNLE/JG	SF、OF 同号且 ZF=0	不小于等于/大于，则转移
（4）CX 寄存器的值为 0 转移	JCXZ	（CX）=0	CX 的内容为 0，则转移

3．循环指令

1）循环指令 LOOP

格式：LOOP OPR

测试条件：(CX)≠0

说明：循环次数初值置 CX 寄存器中，每执行 LOOP 指令一次，使 CX 减 1，并判断 CX，若 CX 的内容不为 0，则返回由 OPR 指定的转向地址，直到（CX）=0，结束循环，执行后续指令。

2）当为 0 或相等时循环指令 LOOPZ/LOOPE

格式：LOOPZ/LOOPE OPR

测试条件：(CX)≠0 且 ZF=1

说明：循环次数初值置 CX 寄存器中，每执行该指令一次，使 CX 减 1，并判断 CX 和 ZF，若 CX 的内容不为 0 并且 ZF=1 时，则转到由 OPR 指定的转移地址，否则结束循环，执行后续指令。

3）当不为 0 或不相等时循环指令 LOOPNZ/LOOPNE

格式：LOOPNZ/LOOPNE OPR

测试条件：(CX)≠0 且 ZF=0

说明：循环次数初值置 CX 寄存器中，每执行该指令一次，使 CX 减 1，并判断 CX 和 ZF，若 CX 的内容不为 0 并且 ZF=0 时，则转到由 OPR 指定的转移地址，否则结束循环，执行后续指令。

以上 3 条指令均使用 CX 寄存器为计数器作为控制条件，它要求目标地址在本指令的 −128～+127B 范围内。该指令不影响标志位。

【例 3.51】 从 3000H 单元开始有 20H 个带符号的字节数，要求统计其中负数的个数，并送 MINUS 单元。

程序段如下：

```
         XOR   DI
         MOV   BX, 3000H
         MOV   CX, 20H
AGAIN:   MOV   AL, [BX]
         INC   BX
         TEST  AL, 80H
         JZ    GOON
         INC   DI
GOON:    LOOP  AGAIN
         MOV   MINUS, DI
          ⋮
```

4．子程序调用与返回指令

在编程过程中，为了节省内存单元，往往将程序中常用到的具有相同功能的部分独立出来，编写成一个模块，称为子程序。程序执行中由主程序调用这些子程序，在子程序执行完以后，又返回到主程序继续执行。8086/8088 指令系统为实现这一功能提供了子程序调用指令 CALL 和返回指令 RET。

当执行调用指令时，先将下一条指令的地址（返回地址）压入堆栈保护起来，然后将子程序入口地址送入 IP，从而去执行子程序。

返回指令一般安排在子程序末尾，执行返回指令时，将堆栈栈顶保留的返回地址弹出，送入 IP，回到原来调用指令的下一条指令，继续执行原主程序。

1）子程序调用指令 CALL

由于子程序与主程序可能在同一个段内，也可能不在同一个段内，故和无条件转移指令一样，也有 4 种形式，即段内直接调用、段内间接调用、段间直接调用和段间间接调用，所不同的是无条件转移指令不要求返回，而调用指令要求返回。

（1）段内直接调用指令

格式：CALL　NEAR PTR OPR

操作：(SP) ← (SP−2)

((SP)+1),(SP)) ← (IP)

(IP) ← (IP)+D_{16}

其中 D_{16} 是机器指令中的位移量，它是转向地址和返回地址之间的差值。

（2）段内间接调用指令

格式：CALL　WORD PTR OPR

操作：(SP) ← (SP−2)

((SP)+1),(SP)) ← (IP)

(IP) ← (EA)

其中，EA 是由 OPR 的寻址方式所确定的有效地址。

（3）段间直接调用指令

格式：CALL　FAR PTR OPR

操作：(SP) ← (SP−2)

((SP)+1),(SP)) ← (CS)

(SP) ← (SP−2)

((SP)+1),(SP)) ← (IP)

(IP) ← 偏移地址（指令的第 2、3 字节）

(CS) ←段地址（指令的第 4、5 字节）

由于调用程序和子程序不在同一个段内，因此，返回地址的保存以及转向地址的设置都必须把段地址考虑在内。

（4）段间间接调用指令

格式：CALL　DWORD PTR OPR

操作：(SP) ← (SP−2)

((SP)+1),(SP)) ← (CS)

(SP) ← (SP−2)

((SP)+1),(SP)) ← (IP)

(IP) ← (EA)

(CS) ←(EA+2)

其中，EA 是由 OPR 的寻址方式所确定的有效地址。

2）返回指令 RET

（1）段内返回指令

格式：RET

操作：(IP) ← ((SP)+1, (SP))

(SP) ← (SP)+2

（2）段内带立即数返回指令

格式：RET n

操作：(IP) ← ((SP)+1, (SP))

(SP) ← (SP)+2

(SP) ← (SP)+n

说明：其中 n 为偶数，段内返回指令执行时，从栈顶弹出一个字的内容给 IP，按照堆栈工作原则，此时，SP 的值应加 2，如果是带立即数 n 的返回指令，那么还应使 SP 的值再加 n，该操作可用来废除在执行调用指令之前入栈的参数。在调用子程序时，常常要求主程序为其提供参数，方法之一是在调用子程序前，将要提供的参数压入堆栈，由堆栈把参数传递给子程序，一旦子程序执行完毕返回主程序时，原先压入堆栈的参数自然没有用了，通过带立即数返回指令来废除这些参数，以空出所占用的单元。

（3）段间返回指令

格式：RET

操作：(IP) ← ((SP)+1, (SP))

(SP) ← (SP)+2

(CS) ← ((SP)+1, (SP))

(SP) ← (SP)+2

（4）段间带立即数返回指令

格式：RET n

操作：(IP) ← ((SP)+1, (SP))

(SP) ← (SP)+2

(CS) ← ((SP)+1, (SP))

(SP) ← (SP)+2

(SP) ← (SP)+n

说明：这里 n 的含义及使用情况与段内带立即数返回指令相同。

5．中断指令

在程序运行期间，有时会出现一些特殊情况，要求计算机暂时中止它正在执行的程序，转去自动执行一组专门的服务程序来进行处理，处理完毕后又返回原被中止的程序继续执行，这样一个过程称为中断，所执行的这组程序称为中断例行程序或中断子程序。

8086/8088 中断指令分为内部中断（也称软中断）和外部中断（也称硬件中断）。外部中断主要用来处理外设和 CPU 之间的通信。内部中断则用来处理包括像除数为零所引起的中断以及中断指令引起的中断。

中断例行程序的入口地址称为中断向量。8086/8088 中断系统以存储器的最低地址区的 1024 B（地址为 0 段的 0000H～03FFH）作为中断向量区，中断向量区最多可容纳 256 个中断向量。每个中断向量对应一个中断类型。一个中断向量占 4 个存储单元，前两个单元用来存放中断处理子程序入口地址的偏移量，要求低位在前，高位在后。后两个单元用来存放中断处理子程序入口地址的段地址，也要求低位在前，高位在后。

8086/8088 提供了 3 种中断操作指令。

1）中断指令 INT

格式：INT　n

操作：（1）标志寄存器压栈，(SP) ←(SP) −2, ((SP)+1，(SP))← (FLAG)

（2）中断标志位和陷阱标志位清 0，IF←0,TF←0

（3）断点地址压栈，(SP) ←(SP) −2, ((SP)+1, (SP))← (CS)

(SP) ←(SP) −2, ((SP)+1, (SP))← (IP)

（4）中断处理子程序入口地址送 CS 和 IP，(IP) ←(n*4), (CS) ←(n*4+2)

说明：该指令执行时产生一个类型号为 n 的软中断，其中 n 是中断类型号，它是一个立即数，范围为 00H～FFH，该中断处理子程序的入口地址在 n*4 处的 4 个存储单元中。该指令影响 IF 和 TF 标志位。

2）溢出中断指令 INTO

格式：INTO

操作：若 OF=1，则有以下运算：

（1）标志寄存器压栈，(SP) ←(SP) −2, ((SP)+1, (SP))←(FLAG)。

（2）中断标志位和陷阱标志位清 0，IF←0, TF←0。

（3）断点地址压栈，(SP)←(SP)−2, ((SP)+1, (SP))←(CS)

(SP) ←(SP) −2, ((SP)+1, (SP))← (IP)。

（4）中断处理子程序入口地址送 CS 和 IP，(IP) ←(10H)，(CS) ←(12H)

说明：当 OF=1 时，产生一个中断类型为 4 的中断，OF=0 时，该指令不起作用。

3）中断返回指令 IRET

格式：IRET

操作：（1）(IP) ←((SP)+1, (SP))，(SP) ←(SP)+2

（2）(CS) ←((SP)+1, (SP))，(SP) ←(SP)+2

（3）(FLAG) ←((SP)+1, (SP)), (SP) ←(SP)+2

说明：中断返回指令 IRET 用于从堆栈中取出被中断的程序的代码段地址、偏移地址和标志状态分别送入 CS、IP 和标志寄存器 FLAG。

3.3.6 处理器控制指令

1. 标志操作指令

程序状态寄存器的条件标志位记录着程序运行的状态信息，8086/8088 指令系统中除了算术运算指令、逻辑运算指令及移位指令等在执行中会影响标志位外，还专门提供了一组用于设置或清除标志位的指令。

1）清除进位标志指令 CLC

本指令使 CF=0，不影响其他标志。

2）置进位标志指令 STC

本指令使 CF=1，不影响其他标志。

3）进位标志取反指令 CMC

本指令对 CF 求反，即若 CF=1，本指令执行后，CF=0，或者反之。不影响其他标志。

4）清除方向标志指令 CLD

此指令使 DF=0，串操作时，地址按增量修改。不影响其他标志。

5）置方向标志指令 STD

此指令使 DF=1，串操作时，地址按减量修改。不影响其他标志。

6）清除中断标志指令 CLI

此指令使 IF=0，屏蔽了外部中断，即 CPU 对外部设备通过 INTR 引脚送来的中断不予响应，但 CPU 仍可响应非屏蔽中断 NMI 和软中断。不影响其他标志。

7）置中断标志指令 STI

此指令使 IF=1，开放中断，即允许 CPU 响应通过 INTR 引脚送来的外部中断请求。不影响其他标志。

2. 其他处理机控制指令

1）空操作指令 NOP

本指令不执行任何操作，它的机器码占用一个字节单元。通常用于调试程序时替代被删除指令的机器码而无须重新汇编连接。

2）暂停指令 HLT

本指令使处理器暂停工作，等待一次外部中断，中断处理结束后继续执行后续指令。该指令只有 RESET（复位）、NMI（非屏蔽中断请求）、INTR（中断请求）信号可以使其退出暂停状态。

3）等待指令 WAIT

该指令使处理器处于空转等待状态，等待期间不断检测 TEST 引脚，若为 1 则继续等待，若为 0，则退出等待。

4）交权指令 ESC

格式：ESC　mem

指令中的 mem 指出一个存储单元，本指令执行时，要求把控制权交给协处理器 8087。

执行 ESC 指令，处理器放权，并把 mem 指定的存储单元的内容送到数据总线上去，协处理器获权后，知道要执行何种操作，并取得了操作数，代替 8086/8088 进行控制，故 ESC 指令是使协处理器利用 8086/8088 的寻址方式来获取一个存储器内容。

5）总线锁定指令 LOCK

LOCK 是指令前缀，它与其他指令配合，用来维持总线的控制权不为其他处理器占有，直到与其配合的指令执行完为止。

以上指令可以控制处理器的状态，它们都不影响标志位。

习　　题

1. 已知(DS)=2000H，(BX)=0100H，(SI)=0002H，(20100H)=12H，(20101H)=34H，(20102H)=56H，(20103H)=78H，(21200H)=2AH，(21201H)=4CH，(20202H)=0B7H，(20203H)=65H，试说明下列各条指令执行后 AX 寄存器的内容。

（1）MOV　AX,　1200H

（2）MOV　AX,　BX

（3）MOV　AX,　[1200H]

（4）MOV　AX,　[BX]

（5）MOV　AX,　1100[BX]

（6）MOV　AX,　[BX][SI]

（7）MOV　AX,　1100[BX][SI]

2. 指出下列指令的错误。

（1）MOV　[SI],　34H

（2）MOV　45H,　AX

（3）INC　12H

（4）MOV　[BX],　[SI+BP+BUF]

3. 已知(DS)=2000H，(21000H)=2234H，(21002H)=5566H，试说明下列 3 条指令的区别。

```
MOV  SI, [1000H]
LEA  SI, [1000H]
LDS  SI, [1000H]
```

4. 写出执行下列指令序列后 BX 寄存器的内容，执行前(BX)=6D16H。

```
MOV   CL,  7
SHR   BX,  CL
```

5. 下面的程序段执行后，DX、AX 的内容是什么？

```
MOV  DX,  0EFADH
MOV  AX,  1234H
MOV  CL,  4
```

```
SHL   DX,  CL
MOV   BL,  AH
SHL   AX,  CL
SHR   BL,  CL
OR    DL,  BL
```

6. 写出下面的指令序列中各条指令执行后 AX 的内容。

```
MOV   AX,  7865H
MOV   CL,  8
SAR   AX,  CL
DEC   AX
MOV   CX, 8
MUL   CX
NOT   AL
AND   AL,  10H
```

7. 假定有下面的程序段，用来清除数据段中从偏移地址 1000H～0000H 字存储单元中的内容，试将下列语句填写完整。

```
      MOV  SI,1002H
NEXT: ____________
      MOV  WORD PTR [SI],0
      CMP  SI,  _____
      JNE  NEXT
```

8. 已知(SP)=1FFEH，(BX)=1565H, (CX)=7FFFH。

（1）执行 PUSH　BX 指令后，SP 的内容是什么？

（2）执行 PUSH　CX 及 POP　AX 后，SP 和 AX 的内容各是什么？

9. 如果要将 AL 中的高 4 位移至低 4 位，有几种方法？分别写出实现这些方法的程序段。

10. 写出执行以下计算的指令序列，其中 W、X、Y、Z 均是存放 16 位带符号数单元的地址。

（1）Z←W–(X+6)–(Y+9)

（2）Z←((W–X)/(5*Y))*8

第 4 章　汇编语言程序设计

4.1　汇编语言程序格式

计算机必须通过执行已编好的程序来完成人们要求它完成的各种复杂功能。汇编语言也一样，根据汇编语言的语句及其语法规则可以写出汇编语言程序。一个源程序可以由几段构成，一段就是一些指令和数据的集合。在 8086 系统中，程序最多有 4 段，即代码段、数据段、堆栈段和附加段，其中除了代码段之外，其他段可以根据需要选择，但代码段必须有。这样，构造一个源程序的基本格式如下：

```
DATA     SEGMENT
语句 1
 ⋮
语句 n
DATA     ENDS
STACK     SEGMENT
语句 1
 ⋮
语句 n
STACK   ENDS
EXTRA    SEGMENT
语句 1
 ⋮
语句 n
EXTRA    ENDS
COSEG    SEGMENT
          ASSUME       CS:COSEG, DS:DATA
          ASSUME       SS:STACK, ES:EXTRA
START: MOV    AX, DATA
       MOV   DS, AX
        ⋮
      语句 n
COSEG    ENDS
END     START
```

源程序基本格式当中有 3 种基本语句，包括指令性语句、伪指令语句和宏指令语句。

指令语句中的每一条指令在汇编时都会有对应的机器码生成，有待 CPU 去执行。伪指令语句没有对应的机器码生成，只是告诉汇编程序该如何操作。宏指令则把多次重复使用的程序段做成一段宏定义语句。本章中将具体介绍伪指令和宏指令语句。

4.2 汇编语言的基本语法

汇编语言程序的语句除指令语句外，还可以由伪操作和宏指令组成，本节只讨论常用的伪操作。伪操作也称为伪指令，伪指令不像机器指令那样在程序运行期间由计算机来执行，它是在汇编程序对源程序汇编期间由汇编程序处理的操作。

伪指令是用来对汇编程序进行控制，以实现对程序中的数据实现条件转移、列表、存储空间分配等处理。

4.2.1 伪指令语句格式

1. 指令性语句

指令性语句与机器指令相对应，指令性语句格式为

```
[标号:]    指令助记符   操作数, 操作数; [注释]
```

2. 伪指令语句

伪指令语句没有对应的机器指令，汇编程序汇编源程序时对伪指令进行处理，它可完成数据定义、存储器分配、段定义、段设定、指示程序结束等功能。格式为

```
[标号名]    伪指令   操作数, 操作数; [注释]
```

标号名可以是常量名、变量名、段名和过程名等，可以省略，其后不能有冒号，这是伪指令和指令的区别之一。

1）伪指令

伪指令为关键字段，不可以省略，伪指令种类繁多，如数据定义伪指令：DATA1 DB 15H，76H，8AH；段定义伪指令 SEGMENT 等。

2）参数

一般伪指令都有参数，用于说明伪指令的操作对象，参数包括常数、表达式和标号等。

3）注释

这是任选字段，必须用分号开头，作用与前面介绍的指令语句注释字段相同。

3. 宏指令语句

宏指令语句由标号、宏指令和注释组成。宏指令是由编程者按一定的规则来定义的一种较“宏大”（MACRO）的指令。一条宏指令可包括多条指令或伪指令语句，使源程序书写精炼、可读性好。

4.2.2 常数、变量和标号

汇编语言使用的基本数据有常数、变量和标号。

1. 常数

常数是语句中出现的某些固定值，没有任何属性，在程序运行过程中它的值也不会改变。汇编语言语句中出现的常数可以有以下几种。

1）二进制数

二进制数字后跟字母 B，如 01011001B。

2）八进制数

八进制数字后跟字母 Q 或 O，如 100Q 或 200O。

3）十进制数

十进制数字后跟 D 或不跟字母，如 64D 或 64。

4）十六进制数

十六进制数字后跟 H，如 33H，0F2H。注意，当数字的第一个字符是 A～F 时，在字符前应添加一个数字 0，否则汇编程序会误认为是标识符。

5）实数

它由整数、小数和指数三部分组成，其格式如下：

±整数部分·小数部分 E±指数部分

其中的整数和小数成为这个数的值，一般为带符号的数。指数部分带有 E，如 2.145E-6。

6）字符串

字符串要求用单引号括起来，这些字符要求以 ASCII 码形式存放在内存中，如‘AB’，在内存中存放的值为 41H 和 42H。

在程序中常数主要出现在下面几项中。

（1）指令语句中的立即数和位移量等，例如：

```
MOV    AX, 1000H
MOV    BX, [DI+10H]
```

（2）伪指令语句中，如给变量赋予的初值，例如：

```
DATA1     DB     12H；定义一字节数据
DATA2     DW     1234H；定义一个字数据
```

2. 变量

变量通常指存放在存储单元中的操作数，在程序运行中是可修改的。

1）变量的定义与预置

定义：给变量分配存储单元并起名。

预置：给变量设初值。

通常采用指令 DB,DW, DD 等，例如：

```
DATA   SEGMENT
          DATA1   DB      12H, 34
          DATA2   DB      56H, 78H
          DATA3   DW      9ABCH, 1EF0H
DATA   ENDS
```

所有的变量都具有 3 个属性：

（1）段属性（SEGMENT）：指变量所在段的段基址，它必须在一个段寄存器中。

（2）偏移属性（OFFSET）：指变量所在地址与所在段的段首地址之间的地址偏移字节数。

（3）类型属性（TYPE）：指变量中每个元素所包含的字节数，类型包括字节变量（BYTE）、字变量（WORD）及双字变量（DWORD）等。

2）数据定义伪指令

数据定义伪指令可以为数据项分配存储单元并赋初值。

格式：

变量名 { DB / DW / DD } 表达式 1, 表达式 2, ……

（1）表达式为常数：

```
DA-B      DB       10H,      20H
DA-W      DW       1234H,   5678H
```

其中，变量 DA-B 的第一个内存单元的初值为 10H，第二个内存单元的初值为 20H。DA-W 变量的第一个内存单元的初值为 34H，第二个内存单元的初值为 12H，第三个内存单元的初值为 78H，第四个内存单元的初值为 56H。

（2）表达式为“？”，？表示可以预置任意值，例如：

```
SIR1    DB   ?, ? ; SIR1 变量预留 2 个内存单元
SIR2    DW   ?, ? ; SIR2 变量预留 4 个内存单元
```

（3）表达式为字符串：对于带 DB 类型的伪指令，为字符串中每一个字符分配一个内存单元，但引号中的字符不超过 255 个。字符串以自左向右顺序以字符的 ASCII 码按地址递增排列，如图 4.1（a）所示。

【例 4.1】

```
SIF1    DB   'ABCDEF'
```

对于带 DW 类型的伪指令，其变量在内存中的初值则按字的形式规则存放，高字节放大地址单元，低字节放小地址单元，如图 4.1（b）所示。

【例 4.2】

```
SIF2    DW   'AB', 'CD', ‘EF’
```

对于带 DD 类型的伪指令，只能在引号中出现两个字符，但分配 4 个内存单元，存储

顺序如图 4.1（c）所示。

【例 4.3】

```
SIF3    DD    'AB', 'CD'
```

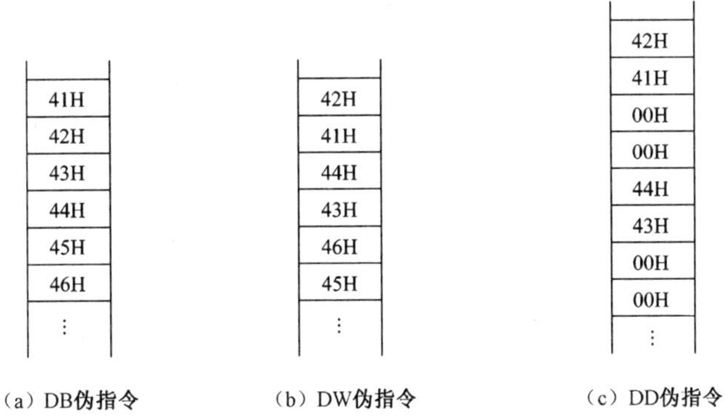

（a）DB伪指令　（b）DW伪指令　（c）DD伪指令

图 4.1　DB、DW、DD 伪指令在内存中的存放顺序

（4）表达式为带 DUP 的式子。

【例 4.4】

```
D-B1    DB    30H DUP (?)
D-B2    DB    10H DUP ('abc')
D-B3    DW    10H DUP (11H)
```

其中：第一个伪指令表示在内存中保留 30H 个字节，每个字节可以预置任何内容；第二个伪指令表示把字符串‘abc’重复 10H 次，总共占 30H 个字节单元；第三个伪指令是把字 11H 重复 10H 次，总共占 20H 个字节单元。

3．标号

标号是可执行指令语句的地址的符号表示，它可作为转移指令和调用指令 CALL 的目标操作数，以确定程序转向的目标地址，它也具有 3 个属性。

（1）段属性（SEGMENT）：标号所在段的段基址。标号的段是它所出现的那个代码段，所以由 CS 指示。

（2）偏移属性（OFFSET）：标号所在地址与所在段的段首址之间的偏移地址字节数。

（3）类型（TYPE）：标号的类型属性指在转移指令中标号可转移的距离，也称距离属性。类型 NEAR，只能实现本代码段内转移或调用；类型 FAR，可以作为其他代码段中的目标地址，实现段间转移或调用。

4.2.3　运算符与表达式

上面介绍的常数、变量和标号是汇编语言中表示数据的基本形式。实际使用时常常将这 3 种基本形式用运算符连接起来形成表达式，而表达式的运算是由汇编程序在汇编时完成的。

运算符主要包括以下几种。

1．算术运算符

算术运算符完成算术运算，它包括：+（加法）、–（减法）、*（乘法）、/（除）、MOD（求余）及 SHL（左移，左移 1 位相当于乘 2）和 SHR（右移，右移 1 位相当于除 2），共 7 种运算。

以上 7 种运算可直接对数字进行运算，但对地址的运算，只用加法和减法才具有实际意义，并且要求进行加、减的两个地址应在同一段内，否则运算结果便不是一个有效地址了，对地址乘是没有意义的。

通常是在标号上加/减某一个数字量，例如，DA1+2、K2–3 各表示一个存储单元的地址。

【例 4.5】

```
MOV   AL, BUFFER+3            ; 将 BUFFER 字节单元以后的第三单元的内容送 AL
MOV   AH, 3*2–5 MOD 3         ; 将表达式 3*2–5MOD 3 的值送 AH
MOV   BH, 0011010lB SHL 4     ; 将二进制数 00110101B 左移 4 次后送 BH
MOV   BL, 01010000B SHR 4     ; 将二进制数 01010000B 右移 4 次后送 BL
```

2．逻辑运算符

逻辑运算符对其操作数进行按位操作。

逻辑运算符包括：AND（与）、OR（或）、XOR（异或）和 NOT（非），其中 NOT 是单操作数运算符，其他是双操作数运算符。

【例 4.6】

```
MOV   AX, 0FF00H AND 10AEH ; 将两个数相“与”的结果送 AX
```

汇编成：MOV　AX, 1000H。

```
AND   CX, 00FFH AND 10AEH; 将表达式的值算出后，再和 CX 相“与”
```

汇编成：AND　CX, 00AEH。

从以上两例可得出以下结论：

（1）逻辑运算是在汇编时完成的，表达式的值由汇编程序确定，不影响标志位，而逻辑指令是在程序执行时完成逻辑操作的。

（2）0FF00H 和 00FFH 与一个 16 位数相“与”，可以分别提取其高 8 位和低 8 位，这种技术通常称为“屏蔽”。

3．关系运算符

关系运算符有 EQ（相等）、NE（不相等）、LT（小于）、GT（大于）、LE（小于或等于）、GE（大于或等于），共 6 种运算。

关系运算都是双操作数运算，它的运算对象只能是两个性质相同的项目。对两个性质不同的项目进行关系运算是无意义的。

关系运算的结果只可能是两种情况：关系成立或不成立。当关系成立时，运算结果为

0FFFFH，否则为 0。

【例 4.7】

（1）MOV　AX，2 LT 5

汇编成：MOV　AX，0FFFFH；2 小于 5 关系成立。

（2）MOV　AX，2 GT 5

汇编成：MOV　AX，0；2 大于 5 关系不成立。

（3）AND　AX，((NUMB LT 5) AND 30) OR ((NUMB GE 5) AND 20)

当 NUMB＜5 时，汇编成 AND　AX，30；

NUMB≥5 时，汇编成 AND　AX，20。

AND 出现在操作符位置是助记符，出现在操作数位置是伪指令。

4．数值返回运算符（分析运算符）

数值返回运算符是对存储器地址进行运算的，它可以将存储器地址的 3 个重要属性，即段、偏移量和类型分离出来。

数值返回运算符共有 5 个：SEG、OFFSET、TYPE、SIZE 和 LENGTH，其中 SIZE 和 LENGTH 只对数据存储器地址操作数有效。

1）SEG

格式：SEG　符号名（变量名或标号名）

SEG 用来求取一个符号名的段基址。

例如，DATA 是从存储器实际地址 02000H 开始的一个数据段如下：

```
DATA      SEGMENT
    VAR1        DB   20, 30
    VAR2        DW   2000H, 3000H
    VAR3        DD   22002200H, 33003300H
DATA      ENDS
```

（1）MOV　BX，SEG VAR1 汇编成：MOV　BX，0200H

（2）MOV　CX，SEG VAR2 汇编成：MOV　CX，0200H

（3）MOV　DX，SEG VAR3 汇编成：MOV　DX，0200H

2）OFFSET

格式：OFFSET　符号名

OFFSET 运算符返回一个变量或标号的段内偏移地址值，是程序设计中常用的运算符。

【例 4.8】　对例 4.7 中定义的数据段，用 OFFSET 可以求出 VAR2 的段内偏移地址。

```
MOV   BX, OFFSET VAR2
```

汇编成: MOV　BX, 2 ; 变量 VAR2 的偏移量为 2。

汇编程序将变量的偏移地址送到 BX 中，相当于指令：

```
LEA   BX, VAR2
```

3）TYPE

格式：TYPE　符号名

TYPE 运算符可加在变量或标号的前面，所求出的是这些存储器操作数的类型值。符号名类型值见表 4.1。

表 4.1　符号名类型值

类　型	1 字节 BYTE	2 字节 WORD	4 字节 DWORD	8 字节 QWORD	10 字节 TBYTE	近程 NEAR	远程 FAR
类 型 值	1	2	4	8	10	−1	−2

（1）TYPE 加在变量前面返回的是这个变量的字节数。对于前例中定义的数据段，则

```
TYPE VAR1＝1
TYPE VAR2＝2
TYPE VAR3＝4
```

（2）TYPE 加在标号的前面，返回该标号的属性（值）是−1(NEAR)或是−2(FAR)。

4）LENGTH

LENGTH 运算符确定变量所含的数据元素的个数，即以变量类型（字节、字或双字）为单位的数据存储单元的个数，即数据项总数。

格式：LENGTH　变量名

LENGTH 的取值，根据定义变量时，数据定义伪指令后面的表达式来确定。

表达式一般为重复子句“n DUP（简单表达式）”，取值为 n，则

```
DATA   SEGMENT
         N1    DW    10 DUP(0)
         N2    DB    8 DUP(0)
         N3    DW    5 DUP（2）
 DATA    ENDS
CODE SEGMENT
               ⋮
          MOV    AL, LENGTH N1     ; 10→AL
          MOV    BL, LENGTH N2     ; 8→BL
          MOV    CL, LENGTH N3     ; 5→CL
               ⋮
 CODE    ENDS
```

5）SIZE

SIZE 确定变量所含的字节存储单元的总数。

格式：SIZE　变量名

SIZE 返回的值是 LENGTH 返回的值与 TYPE 返回的值的乘积，即

```
SIZE  =LENGTH * TYPE
SIZE N1＝LENGTH N1*TYPE N1＝10*2＝20
```

```
SIZE N2=8 * 1=8
SIZE N3=5 * 2=10
```

5. 属性修改运算符（组合运算符）

这种运算符为存储器地址操作数（符号名）临时指定一新的属性，而忽略当前的属性，故称为属性修改运算符。该类运算符用来改变或建立符号名的新类型。

1）PTR：改变新类型

PTR 用来将符号名改为新的类型，但不实际分配存储单元。

格式：　类型　PTR　符号名

（1）PTR 将它左边的类型指定给右边的符号名。新的类型由 PTR 指定，以前的类型则由定义此存储单元时的伪指令（DB、DW 等）确定。

（2）在 PTR 表达式中出现的类型可以是 BYTE、WORD、DWORD、NEAR、FAR 等。

例如：

```
VAR1   DW   2030H;此时,VAR1 的当前类型为 WORD
```

下面用 PTR 建立新的变量 VAR2 和 VAR3，即

```
VAR2   EQU   BYTE PTR VAR1
VAR3   EQU   BYTE PTR VAR1+1
```

VAR1 与 VAR2 为同一存储单元，但类型却不同，即

```
TYPE VAR1=2 ; VAR1 是字型的
TYPE VAR2=1 ; VAR2 是字节型的
```

2）THIS　指定新类型

THIS 运算符像 PTR 一样，可以用来建立一个特殊类型的存储器地址操作数，而不实际为它分配新的存储单元。用 THIS 建立的存储器地址操作数的段和偏移量部分与目前所能分配的下一个存储单元的段和偏移量相同，但类型由 THIS 指定，符号名是这种新类型。

格式：符号名 THIS 类型。

凡是在 PTR 中可以出现的类型，在 THIS 中也允许出现，可以提高访问变量的灵活性。

【例 4.9】

```
LABC   EQU   THIS BYTE
LABD   DW    4321H, 2255H
```

规定由 THIS 定义的符号名(LABC)的段址和偏址与下一条伪指令分配的存储单元的段址和偏址相同，但它们的类型不同，即

```
TYPE LABC=1
TYPE LABD=2
```

例如：

```
MOV    AL,    LABC    ;AL=21H
MOV    AX,    LABD    ;AX=4321H
```

6．分离运算符 HIGH 和 LOW

HIGH 和 LOW 被称为字节分离符。它们将一个 16 位的数或表达式的高字节和低字节分离出来。

【例 4.10】

COUNT EQU 2030H ；COUNT 为一个符号常数，它等值于 2030H，则

```
MOV   AH，HIGH COUNT
MOV   AL，LOW COUNT
```

汇编如下：

```
MOV   AH, 20H
MOV   AL, 30H
```

7．其他运算符

其他运算符有( )、[ ]、<>、• 、MASK 和 WIDTH 等，见表 4.2。

1）圆括号( )

圆括号用来改变运算符的优先级别，( )中的运算符具有最高优先权。

2）方括号[ ]

方括号主要用来表示地址表达式或多重变量的下标值。

（1）用[ ]表示地址表达式。

（2）用[ ]来表示多重变量的下标值。

3）尖括号<>及圆点 •

<>和 • 运算符在结构中专用，具体说明在结构中注释。

4）MASK 和 WIDTH

MASK 和 WIDTH 运算符在记录中专用。

表 4.2　运算符的优先级别

优先级	运算符
高	（1）()、[]、<>中的项目, •,LENGTH,SIZE,WIDTH,MASK
↑	（2）段超越前缀运算符
	（3）PTR，OFFSET， SEG， TYPE， THIS
	（4）HIGH，LOW
	（5）* ，/，MOD，SHL，SHR
	（6）+，–
	（7）EQ，NE，LT，LE，GT，GE
	（8）NOT
	（9）AND
	（10）OR，XOR
低	（11）SHORT

4.3　汇编语言的伪指令

汇编语言程序的语句除指令语句外，还可以由伪操作和宏指令组成，本节只讨论常用的伪操作。伪操作也称为伪指令，伪指令不像机器指令那样在程序运行期间由计算机来执行，它是在汇编程序对源程序汇编期间由汇编程序处理的操作。

1．符号定义伪指令 EQU 和＝（赋值语句）

1）EQU 伪指令

格式：　符号名　EQU　表达式

其中，符号名应为一个有效的标识符；表达式可以是任何有效形式的表达式、常数、寄存器名，甚至是一个有效的指令助记符。此伪指令并不申请分配内存，其功能如下：

（1）为常数定义一个符号，便于修改，例如：

```
ONE      EQU     1
TWO      EQU     2
SUM      EQU     ONE+TWO   ; SUM 为 3
```

（2）给变量定义新的类型属性并取一个新名字，例如：

```
BYTES          DB      4 DUP（?)
FIRST_W        EQU     WORD PTR BYTES
FIRST_DW       EQU     DWORD PTR BYTES
```

（3）给由地址表达式指出的任意存储单元定义一个名字。

格式：符号名　EQU　地址表达式

例如：

```
XY       EQU      [BP+3]
AA       EQU      ARRAY[BX][SI]
PP       EQU      ES:ALPHA
```

（4）用来给汇编语言中的任意符号定义一个新名字。

格式：新名字　EQU　原符号名

例如：

```
COUNT    EQU     CX
LD       EQU     MOV
```

在使用 EQU 时注意：一个符号一但经 EQU 赋值后，在整个程序中，这个符号不能重新再赋值。这一点给编程带来了一些不便，因此，8086 宏汇编语言还设置了一个“=”伪指令。

2）=伪指令

其功能与 EQU 相似，很多情况下可以相互代替，并且打破了 EQU 的上述限制，即经=赋值的符号是可以重新定义的。例如：

```
COUNT   EQU    20
COUNT   EQU    20+1          ; ×
```

但是有

```
COUNT=20
COUNT=20+1                   ; √
```

设 LAB1 是代码段的一个标号，由于 EQU 语句中不允许标号出现，所以，下列语句是错误的：

```
LAB2  EQU  LAB1+10           ; ×
```

但是改用=伪指令来赋值却是正确的，即

```
LAB2=LAB1+10            ; √
```

2. 数据定义及存储器分配伪指令

格式：[变量名] DB/DW/DD/DQ/DT <表达式>,<表达式>，… ；[注释]

说明：

（1）变量名是任选项，它代表所定义的第一个单元的地址；注释也是任选的。

（2）DB：定义字节变量，占 1 个字节。

（3）DW：定义字变量，占 2 个字节。

（4）DD：定义双字变量，占 4 个字节。

（5）DQ：定义 4 字变量，占 8 个字节。

（6）DT：定义 10 个字节，占 10 个字节。

（7）表达式可以是常数、数值表达式、地址表达式、字符串和数据表格。

（8）地址表达式只适用于 DW 和 DD 两条伪指令，如果该地址表达式为一变量（或标号）名，DW 取其偏移地址来初始化变量；DD 取其逻辑地址来初始化变量（两个字）。

【例 4.11】

```
VAR2   DW   VAR1;       取 VAR1 的偏移地址来初始化 VAR2
VAR3   DW   VAR1+4;     取 VAR1 的偏移地址+4 来初始化 VAR3
VAR4   DW   VAR4;       取 VAR4 自己的偏移地址来初始化本身
VAR5   DD   VAR5;       取 VAR5 自己的逻辑地址来初始化本身
```

【例 4.12】

```
DATA    SEGMENT     AT   55H
ZERO    DB       0
ONE     DW       ONE            ; 0001 赋予 ONE
TWO     DD       TWO            ; 0055H:0003H 赋 TWO
FOUR    DW       FOUR+5         ; 7+5=C 赋 FOUR
SIX     DW       ZERO–TWO       ; –3(FFFDH)赋 SIX
ATE     DB       5 * 6
DATA    ENDS
```

ZERO	00H
ONE	01H
	00H
TWO	03H
	00H
	55H
	00H
FOUR	0CH
	00H
SIX	FDH
	FFH
ATE	1EH

用 DUP 定义重复数据，格式为：

```
变量名 DB/DW/DD/DQ/DT n DUP（初值）
```

以初值（确定或不确定）初始化 n 个存储单位。n 表示要重复的次数，可以是 n>0 的数值表达式或常数；初值必须以圆括号括起来，表示要重复的内容。它可以是下列的内容之一：

（1）一个问号“？”，表示只分配存储单元，但无确切的初值。

（2）一个数据项表格。

（3）一个数值表达式或地址表达式。

【例 4.13】

```
DATA    SEGMENT
ARRAY1  DB 2 DUP (0, 1, ?)
ARRAY2  DW 100 DUP （?）
ARRAY3  DB 20 DUP(0,1,4 DUP(2),5)
DATA    ENDS
```

3．段定义伪指令

段定义伪指令 SEGMENT/ENDS 用于段的定义。用它来指定段的名称和范围，并指明段的定位类型、组合类型和类别，其格式如下：

```
段名  SEGMENT [定位类型] [组合类型] ['类别']
  ⋮        ; 段内语句序列
段名  ENDS
```

SEGMENT 后面可以带有 3 个参数：定位类型、组合类型、'类别'，3 个参数必须按格式中规定的次序排列，类别必须用单撇号 ' ' 撇起来。3 个参数用来增加类型及属性说明，可默认，但 8086 宏汇编有一默认值。如需要用连接程序把本程序与其他程序相连时，需要用到这些参数。

1）定位类型

用来规定对段起始边界的要求，可以有 4 种选择：

（1）PAGE 段起始地址的最低 8 位必须为 0，即从一页（PAGE）的起点开始。

起始地址＝××××××××××××00000000

（2）PARA 段起始地址的最低 4 位必须为 0，即从某一节（PARAGRAPH）的边界开始。

起始地址＝××××××××××××××××0000

（3）WORD 段起始地址的最低位必须为 0，偶地址开始。

起始地址＝×××××××××××××××××××0

（4）BYTE 段起始地址为任意值，即从任何字节开始都行。

起始地址＝××××××××××××××××××××

若定位类型缺省，则默认为 PARA。

2）组合类型（连接方式）

表示本段与其他段的关系，为连接程序提供信息，可以有如下 6 种选择：

（1）NONE：表示本段与其他段逻辑上不发生关系，每段都有自己的基地址。这是默认的组合类型。

（2）PUBLIC：连接程序首先将本段与其他同名同类别的段相邻地连接在一起，形成一个物理段，然后为所有这些 PUBLIC 段指定一个共同的段基址。

（3）STACK 与 PUBLIC 同样处理，但此段作为堆栈段。形成一个大的堆栈，由 SS，SP 开始。当多个程序模块连接在一起时，各模块中至少有一个模块内有一个 STACK 段。

（4）COMMON：连接程序为本段和其他同名同类别的段指定相同的段基址。因此，这些段是相互重叠的。段的长度取决于最长的 COMMON 段的长度。

（5）AT 表达式：连接程序把本段装在表达式的值所指定的段地址上（表达式的值应为 16 位）。这种方式不能用来指定代码段。

（6）MEMORY：连接程序将把本段定位在被连接在一起的其他所有段之上（高地址处）。若有多个 MEMORY 段，汇编程序认为所遇到的第一个为 MEMORY，其余为 COMMON。

3）类别

这是编程者给各段赋予的一种名字信息。连接程序将类别名相同的段组成一个段组，用它们共同的类别名作为这个段组的名字。类别必须用单撇号 ' ' 撇起来。通常使用的类别有'STACK'、'CODE'、'DATA'等。

4. 段指示伪指令 ASSUME

汇编语言程序要能正确执行，一大前提是要为它设置正确的运行环境。ASSUME 伪指令便是用来指示程序中各实际的段与各段寄存器之间的关系的，其格式为

```
ASSUME 段寄存器名：段名 [,段寄存器名：段名,…]
```

其中，段名为程序中已定义过的任何段名或组名。

使用 ASSUME 伪指令，仅仅告诉汇编程序哪个段寄存器设定指向哪一个段，并没有给各段寄存器装入实际的值。而段地址的真正装入还必须通过给段寄存器赋值的执行性指令来完成。所以在程序的操作部分，要用指令来完成给段寄存器赋初值。

【例 4.14】

```
CODE   SEGMENT
       ASSUME CS:CODE,DS:DATA,
              ES:NOTHING , SS:STOCK
       MOV         AX, DATA
       MOV         DS, AX
        ⋮
```

一般地，由 ASSUME 指示过的段寄存器都应赋值。但 CS 寄存器是一个例外，CS 值是由 DOS 把 .EXE 模块装入内存时自动设定的，而不能用上述方式装入段地址值，但 ASSUME 伪指令中一定要给出 CS 段寄存器对应的正确段名——ASSUME 伪指令所在段的段名。对堆栈段若不指示不赋值，此时利用的是系统设置的堆栈。

5. 分组伪指令 GROUP

GROUP 是群或组的意思，它用来把程序块中若干不同名的段集合成一个组，并赋予一个组名，使它们都装入一个物理段中（64 KB）。这样，组内各段间的转移都可以看做段内转移。GROUP 伪指令的格式如下:

```
组名  GROUP  段名 1, 段名 2, …
```

其中段名也可为表达式：“SEG 变量名”或“SEG 标号”。

6. 定位伪指令 ORG 和当前位置计数器$

汇编程序对源程序中的段进行汇编处理时，将段名填入段表，同时为该段配备一个初值为 0 的位置计数器。为了能够改变该位置计数器的内容，格式为

```
ORG  表达式
```

该指令把位置计数器的值设置成表达式的值。汇编程序以此值作为起始地址，连续存放程序和数据，直到出现一个新的 ORG 指令。若省略 ORG，则从本段起始地址开始连续存放。

表达式的值应该是非负的整数，而且要保证计数器指针定位为 0～65535。

下面是使用 ORG 伪指令语句的例子：

```
CSEG  SEGMENT
        ORG  2
         ⋮              ; 目标代码从 0002H 开始产生
        ORG  $+3        ; 跳过 3 个字节后生成目标代码
         ⋮
  CSEG   ENDS
```

其中，$表示位置计数器的当前值，它可以在表达式中使用，它的值是程序下一个所能分配的存储器单元的偏移地址。

7. 程序结束伪指令 END

格式：END [标号名]。

功能：标记汇编源程序结束。

END 是伪指令助记符，不可缺省，放在源程序的最后一行，每个模块只有一个 END。汇编程序到 END 语句停止汇编。

标号名是该程序中第一条可执行语句的标号名，可以缺省，若一个程序包含多个模块，END 后面带的标号为主程序模块中的标号名称。

8. 文件标题伪指令 TITLE

格式：TITLE 文本名。

功能：将文本名赋给源程序目标模块作为名字。

TITLE 是伪指令助记符，文本名可写 60 个字符，但汇编程序只将前 6 个字符作为模块

名，在列表文件中打印出标题来。

9．过程定义伪指令 PROC/ENDP

在程序设计中，往往将一些重复出现的语句组定义为子程序。子程序又称过程，可由 CALL 指令来调用。过程定义的格式如下：

```
过程名   PROC [NEAR]/FAR
           ⋮           ; 语句序列
         RET  n
           ⋮           ; 语句序列
过程名   ENDP
```

（1）过程名是由用户设定的标识符，在程序中可以作为标号使用。

（2）PROC 和 ENDP 必须成对出现。

（3）每一过程中至少得有一个 RET n 语句，n 可默认，整个过程执行的最后一条语句必须是 RET n。

（4）过程的类型有 NEAR 和 FAR，默认为 NEAR 类型。

（5）过程可以“嵌套”使用，即过程又可以调用别的过程。

（6）过程还可以“递归”使用，即过程又可以调用过程本身。

指令的格式如下：

```
SEGX    SEGMENT
          ⋮
 SUB1   PROC   FAR
          ⋮
        CALL   SUB2          ; 过程“嵌套”
          ⋮
        RET
 SUB1   ENDP
          ⋮
 SUB2   PROC   NEAR
          ⋮
        RET
 SUB2   ENDP
          ⋮
        CALL   FAR PTR SUB1 ; 段内调用但要用段间调用来实现
          ⋮
 SEGX   ENDS
 SEGY   SEGMENT
          ⋮
        CALL   FAR PTR SUB1 ; 段间调用
```

```
        ⋮
SEGY    ENDS
```

10．程序块间通信伪指令 PUBLIC 和 EXTRN

汇编语言程序设计可采用多模块结构，在多模块间相互访问时，应在每一模块内交待清楚以下两方面信息：

（1）本模块内定义的变量和标号（包括过程名），哪些可以作为外部标识符被其他模块访问，这是 PUBLIC 的功能。

（2）本模块将访问哪些外部标识符，这是由 EXTRN 提供的。

格式：PUBLIC　符号 1，符号 2，…

　　　EXTRN　符号 1：类型，符号 2：类型，…

其中，符号可以是符号常数、变量、标号或过程名。

在一个模块内或者一个段内由 PUBLIC 定义过的符号，可以在别的模块或段内直接引用；EXTRN 说明本模块中使用的符号已在别的模块或段内定义过。

类型可以是 BYTE、WORD、DWORD；NEAR、FAR 等，当然，这里所有符号的类型必须和它们在其他模块内定义的类型保持一致。

分别汇编下面两个程序：

```
        (1)                               (2)
EXTRN   RECEIVE:FAR                       SUBSEG    SEGMENT
CSEG    SEGMENT                           RECEIVE   PROC    FAR
START   PROC    FAR                       PUBLIC RECEIVE
        ⋮                                           ⋮
        CALL    RECEIVE                             RET
        ⋮                                 RECEIVE   ENDP
START   ENDP                                        ⋮
CSEG    ENDS                              SUBSEG    ENDS
        END                                         END
```

程序（1）中无 RECEIVE 子程序，由 EXTRN 声明该子程序来自外部；程序（2）中已声明 RECEIVE 子程序，故该子程序可以共享。

11．LABEL 伪指令

LABEL 伪指令用于在原来变量的基础上定义一个类型不同的新的变量，或在原来标号基础上定义一个类型不同的新的标号。

格式：　变量名或标号名 LABEL 类型。

变量的类型有 BYTE、WORD 和 DWORD，标号的类型有 NEAR 和 FAR。

【例 4.15】　用 LABEL 定义变量。

```
VAR1  LABEL  BYTE
VAR2  DW   10 DUP(?)
```

VAR_1 是一个字节型变量，它的开始地址总是与它下面可以分配的第一个存储单元的地址相同。VAR_1 和 VAR_2 地址相同，但类型不同，VAR_1 是字节型变量，而 VAR_2 是字型变量。

下列 3 种情况的作用相同：

```
(1) GO1     LABEL   FAR
    GO:       ⋮
              ⋮
则            JMP  GO                ; 段内转移
              JMP  GO1               ; 段间转移
(2)           GO1   EQU   THIS FAR
    GO:       ⋮
则            JMP   GO               ; 段内转移
              JMP   GO1              ; 段间转移
(3)           GO: ⋮
              ⋮
则            JMP   GO               ; 段内转移
              JMP   FAR PTR GO       ; 段间转移
```

12．结构定义伪指令 STRUC/ENDS

结构就是相互关联的一组数据的某种组合形式。使用结构一般需 3 个步骤:

（1）定义结构类型。

（2）建立结构变量。

（3）引用结构。

1）结构的定义

用伪指令 STRUC 和 ENDS 把相关数据定义语句组合起来，便构成一个完整的结构。格式如下：

```
结构名   STRUC
            ⋮        ; 数据定义语句序列
结构名   ENDS
```

对于学生成绩情况，可定义一个结构 STUDENT:

```
STUDENT     STRUC
NAME1   DB  'ABCD'
NO          DB    ?
ENGLISH     DB    ?
MATHS       DB    ?
PHYSIS      DB    ?
STUDENT     ENDS
```

其中，STUDENT 称为结构名，结构内数据定义语句中的变量名称为结构字段名，如 NAME1、NO、ENGLISH、MATHS 和 PHYSICS 都是结构字段名。

注意：结构仅仅是一种数据结构的模式，并不为它分配实际的存储单元和赋值，故称为形式参数，它仅仅告诉汇编程序存在着这样一种形式的数据结构。因此，使用结构之前仅定义是不够的，还必须进行预置，即分配实际的存储单元并赋值。

2）结构的预置（建立）

对结构进行预置的格式如下：

```
结构变量名　结构名 <字段值表>
```

其中：

① 结构名是结构定义时用的名字。

② 结构变量名是程序中具体使用的变量，它与具体的存储空间及数据相联系，程序中可直接引用它。

③ 字段值表用来给结构变量赋初值，表中各字段的排列顺序及类型应与结构定义时一致，各字段间以逗号分开。

通过结构预置语句，可以对结构中某些字段进行初始化，但初始化时有一定的限制和规定。

（1）在结构定义中具有一项数据的字段才能通过预置来代替初始定义时的值，而用 DUP 定义的字段或一个字段后有多个数据项的字段，则不能在预置时修改其定义时的值。

```
DATA    STRUC
  A1    DB   29H              ; 简单元素，可以修改
  A2    DB   20, 30           ; 多重元素，不能修改
  A3    DW   ?                ; 简单元素，可以修改
  A4    DB   'ZXC'            ; 可用同长度的字符串修改
  A5    DW   20 DUP(?)        ; 多重元素，不能修改
DATA    ENDS
```

（2）各字段的排列顺序及类型应与结构定义时相一致，以“，”分隔。

（3）若某些字段的内容采用定义时的初值，则在预置语句中这些字段的位置仅写一个逗号即可。若所有的字段都如此，则仅写一对尖括号即可，<>在任何时候不可省略。

（4）如果所替换或者以“，”保留的形式参数少于结构字段的总和，则其后的形式参数也被确认为实际参数。

（5）字符串的处理：多于形参定义的串长度则截去，少于串长度的后面补空格。

4.4　宏指令

为了简化汇编语言源程序的书写，把一些频繁出现的语句序列定义为“宏指令”，当程序中遇到这个语句序列时，只需要使用一条宏调用语句。

（1）宏定义：对各个宏指令进行定义，并分别取一个名字。

（2）宏调用：在需要使用的地方，通过宏指令名来调用它。

(3) 宏扩展：由宏汇编程序用宏定义中的指令序列来代替宏调用中的宏指令名。

它与前面讲过的过程调用有相似之处，都是把经常出现的程序作为一个单独的程序，可以有效缩短源程序的长度。

两者的区别如下：

(1) 宏调用语句由宏汇编程序 MASM-86 中的宏处理程序识别；而调用过程用 CALL 来完成，并由 CPU 执行。

(2) 每次调用宏语句时，都得把宏指令代替的程序段中的相应机器码插入源程序中，而过程调用子程序的目标代码与主程序是分立的。因此，宏调用比过程调用增加了目标代码长度，所以过程调用节省内存空间。

(3) 过程调用需保存和恢复现场，浪费了 CPU 的时间，而宏调用不用这些操作，因此速度比过程调用快。

(4) 宏调用允许修改参数，所以，每次调用同一条指令可完成不同的操作，过程调用不允许这样。

综上所述，当需要执行的程序段比较长，对速度要求不很高，并且不要求修改参数的情况下，宜采用过程调用，相反，要求多次执行的程序段比较短，希望能修改参数用宏调用方式。

1. 宏定义伪指令 MACRO/ENDM

宏指令在使用前必须先进行宏定义。

```
格式：宏名    MACRO   [形式参数 1，形式参数 2,……]
              ⋮    ;      宏体（重复使用的语句序列）

            ENDM
```

宏名：为宏指令起的一个标识符，不可默认，是宏调用时需要使用的名字。MACRO 和 ENDM：均为伪指令助记符，不可默认。

宏体：为一段具有独立功能的程序代码段，是实现宏指令功能的实体。

形式参数：可以根据需要设置多个，参数之间用“，”隔开，当然也可以不设置形式参数。

2. 宏调用

宏调用时，形式参数要用实在参数取代，顺序也应与形式参数顺序相同。格式如下：

```
宏指令名: 实际参数 1, 实际参数 2, …
```

宏调用时，在源程序中直接写宏名就可以调用宏指令。

3. 宏展开

具有宏调用的源程序被汇编时，宏调用将被汇编软件展开。即用宏定义时设计的宏体去代替相应的宏指令名，用实际参数取代形式参数，形成符合功能且能够实现并且执行的程序代码。汇编软件进行汇编时，将在每条宏体指令前加上“+”符号。

下面举例说明宏定义、宏调用和宏扩展的具体方法。

【例 4.16】 定义宏指令如下：

```
            SHIFT    MACRO    X, Y
                     MOV      CL, X
                     SAL      Y, CL
                     ENDM
    1．宏调用：SHIFT   4, AL
    宏扩展：+MOV   CL, 4
            +SAL    AL, CL ; AL 的内容算术左移 4 次
    2．宏调用：SHIFT   4, BX
    宏扩展：+MOV   CL, 4
            +SAL    BX,CL ; BX 的内容算术左移 4 次
```

当宏指令中的形式参数定义的是指令中的符号时，应在其前面加一个分隔符 &，方能当成形式参数。例如，定义宏指令如下:

```
SHIFT    MACRO       X, Y, Z
         MOV    CL, X
         S&Z    Y, CL
         ENDM
```

则宏调用时，通过填写不同的实际参数，以实现不同的功能。例如：

```
SHIFT   4, AL, AL        ; AL 的内容算术左移 4 次
SHIFT   6, BX, AR        ; BX 的内容算术右移 6 次
SHIFT   8, SI, HR        ; SI 的内容逻辑右移 8 次
```

将在程序中经常用到的显示字符串的功能调用用宏指令来实现，定义宏指令如下：

```
DISPLAY MACRO       STR
            MOV     AH, 9
            MOV     DX, OFFSET STR
            INT     21H
            ENDM
```

要显示 MSG1 指示的字符串，只需写 DISPLAY MSG1 即可。

源程序在汇编后，在引用宏名的地方，插入了宏体，它在 .LST 文件列表时可以看到，其中有“+”号的指令便称为宏扩展。

4.5 DOS 系统功能调用

为编写程序更加方便，MS-DOS 系统中设置几十个内部子程序，它们可完成 I/O 管理、存储、文件和作业管理等功能，实际上是几十个独立中断服务程序，入口参数由系统置入中断入口地址表中，用软中断指令调用，见表 4.3。

表 4.3 常用软中断功能及参数

软中断指令	功 能	入 口 参 数	出 口 参 数
INT 20H	程序正常退出		
INT 21H	系统功能调用	AH=功能号，相应入口参数	相应出口参数
INT 22H	结束退出		
INT 23H	CTRL-Break 处理		
INT 24H	出错退出		
INT 25H	读盘	AL=驱动器号 CX=读入扇区数 DX=起始逻辑扇区号 DS:BX=内存缓冲区地址	CF=0 成功 CF=1 出错
INT 26H	写盘	AL=驱动器号 CX=读入扇区数 DX=起始逻辑扇区号 DS:BX=内存缓冲区地址	CF=0 成功 CF=1 出错
INT 27H	驻留退出	DS:DX=程序长度	

其中：INT 21H 是系统功能调用，它本身就包含 80 多个子程序，每个子程序对应一个功能号，编号为 0～57H。下面重点介绍 INT 21H。

DOS 所有的功能子程序调用都利用 INT 21H 中断指令。

在调用这些子程序时，应给出以下 3 方面的内容。

（1）入口参数（有些子程序不需要入口参数，但大多数子程序需要将有关参数送入指定地点）。

（2）子程序的功能号送入 AH 寄存器。

（3）INT 21H。

使用 DOS 系统功能调用还需注意以下几点。

（1）从键盘输入的字符在机器内由系统自动转换为 ASCII 码，所以，对它们必须进行反转换后才能进行数据处理。

（2）需要在屏幕上显示的字符，必须在程序中把它们转换为 ASCII 码，然后再将 ASCII 码送到该调用所指定的单元中去。

（3）在对 09H 号调用时，要在被显示字符串后加上字符串结束标志'$'，以通知系统字符串显示完毕。

调用结束后，如果要返回 DOS 或 DEBUG 状态，应在程序后加入退出语句：

```
MOV   AH, 4CH
INT   21H
```

下面介绍常用的系统功能调用操作。

（1）键盘输入并回显（功能号 01）：

```
MOV   AH, 1
```

```
INT   21H
```

（2）显示输出（功能号 02）：

```
MOV    AH, 02
MOV    DL,'$'
INT    21H
```

（3）打印机输出（功能号 05）：

```
MOV    DL,   '*'
MOV    AH, 05
INT    21H
```

（4）直接控制台 I/O（功能号 06）：该功能调用既可执行输入操作，也可以执行输出操作。如果 DL 的数值是除 0FFH 以外的其他数值，则 6 号调用执行显示输出操作，把 DL 寄存器内容对应的字符在屏幕上显示。

【例 4.17】

```
AGAIN: MOV   DL, 0FFH
       MOV   AH, 6
       INT   21H
       JZ    AGAIN；等待从键盘上输入一个字符
而执行程序:
       MOV   DL, 35H
       MOV   AH, 6
       INT   21H    ；在屏幕上显示 5
```

（5）键盘输入无回显（功能号 07）：7 号功能调用和 1 号功能调用相类似，等待从标准输入设备（键盘）输入字符，然后将其对应的 ASCII 码值送入 AL 寄存器。和 1 号调用不同的是，7 号调用的执行不在屏幕上显示出输入的字符，同时，它不检查字符代码是否为 Ctrl-Break。

（6）键盘输入无回显（功能号 08）。

（7）显示以'$'结尾的字符串（功能号 09）：9 号功能调用可以方便地用来显示多个字符，即显示字符串。存储器中需要显示的字符串应以'$'作为结束标志，非显示字符（如回车、换行符等）也可以包含在字符串内，但不能把'$'作为要显示的字符包含在串内。因此，前面提到的 2 号功能调用可以显示'$'，可作为 9 号功能调用的一个补充。

DS：DX 指向字符串所在存储缓冲区首地址，字符串以 ASCII 值存放，其后紧跟结束符$的 ASCII 码 24H。

【例 4.18】 把字符串 How are you?显示在屏幕上。

程序如下：

```
          ⋮
STR1   DB      'How are you?' ,13,10, '$'
          ⋮
       MOV      AH, 9
```

```
        MOV     DX, SEG STR1
        MOV     DS, DX
        MOV     DX, OFFSET STR1
        INT     21H
          ⋮
```

(8) 字符串键盘输入（功能号 0AH）：从键盘接收字符串存入内存，屏幕无显示。要求事先定义一个输入缓冲区，它的初始地址放于 DS：DX。

第一个字节指出缓冲区能容纳的最大字符数（1～255）不能为 0，该值由用户设置。

第二个字节保留以用做由 DOS 返回实际读入的字符数（回车除外）。

从第三个字节开始存放从键盘上接收的字符。

实际输入少于定义的字节数，缓冲区补 0；若多于定义的字节数，则丢掉并且响铃。DOS 还自动在字符串的末尾加上回车字符，而这个回车字符未被计入实际输入的数目之中。因此，缓冲区最大尺寸要比所希望输入的字节数多一个字节。

(9) 返回 DOS（功能号 4CH）：终止当前程序，并把控制权交给调用程序：

```
MOV    AH, 4CH
INT    21H
```

这两条指令应放在程序的结束处。

(10) 取日期（功能号 2AH）和设置日期（功能号 2BH）：

```
MOV    AH, 2AH
INT    21H
```

提取系统的年、月、日、星期。调用返回后，年→CX，月→ DH，日→ DL。它们均为二进制数。AL 中存放星期号（0 为星期天，1 为星期一，……）。

设置日期（2BH）。

设置有效日期，将年以 BCD 码形式置入 CX 中，将月置入 DH 中，将日置入 DL 中。

【例 4.19】 设置日期 2009 年 12 月 30 日。

```
MOV    CX, 2009H
MOV    DH, 12H
MOV    DL, 30H
MOV    AH, 2BH
INT    21H
```

(11) 取得时间（功能号 2CH）和设置时间（功能号 2DH）：

```
MOV    AH, 2CH
INT    21H
```

本调用提取系统的时间。调用返回后，则

小时→ CH，分→ CL，秒→ DH，秒/100→ DL，它们均为二进制数。该调用不需要入口参数。

设置时间（功能号 2DH）。

【例 4.20】 设当前有效时间为 8 点 15 分 20.5 秒，则小时存到 CH，分存到 CL，秒存到 DH，1/100 秒存到 DL。

```
MOV    CX, 0815H
MOV    DX, 2050H
MOV    AH, 2DH
INT    21H
```

以后会自动修改时间，设置成功 0 送到 AL，否则 AL 全部显示“1”。

4.6 汇编语言程序的上机过程

1. 汇编程序的功能

汇编程序用于将由汇编语言（助记符）编写的源程序翻译成用机器语言（二进制代码）编写的目标程序。图 4.2 说明了这个汇编过程。

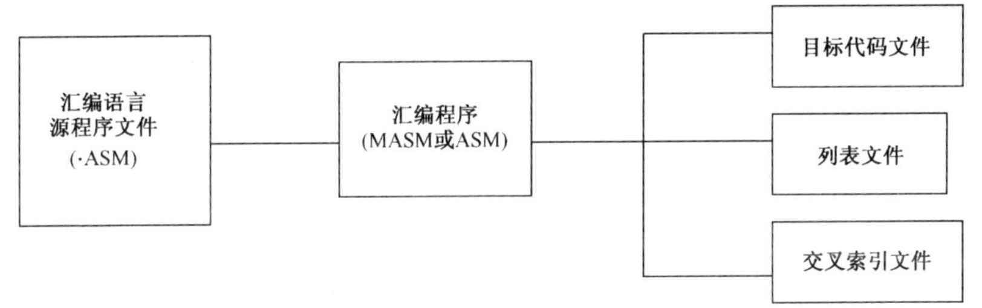

图 4.2 汇编程序功能

从图 4.2 中可知，汇编语言源文件经汇编软件汇编后，将会输出 3 个不同类型的文件。其中目标代码文件就是二进制代码的文件，即机器码文件，扩展名为.OBJ 形式，在二进制代码的目标代码文件中，地址数据还都是浮动的，不能直接运行；列表文件的扩展名为.LST，列表文件包含了程序的逻辑地址、代码程序及源程序对照单，该文件可以用 TYPE 命令输出；交叉索引文件的扩展名为.CRF，交叉索引文件包含符号定义行号和引用行号，该文件不可以用 TYPE 命令输出，得经过 CREF 文件后生成索引文件列表*.REF 才能输出。

2. 程序的建立、汇编、连接及调试过程

汇编语言程序一般要经过建立、汇编（MASM 或 ASM）、连接（LINK）和调试（DEBUG）这些步骤。

1）建立源程序文件

在汇编语言程序中，规定源程序的扩展名为 ASM。程序文件用编辑软件完成建立，如行编辑 EDLIN，全屏幕编辑 WORDSTAR 等。通过键盘输入源程序，在退出编辑系统时，以扩展名 ASM 存盘，这样就可以建立一个汇编语言的源程序文件。

2）汇编（MASM 或 ASM）源程序

IBM PC 提供两种汇编程序版本：一种是全型版本 MASM，需要 90KB 以上内存才能

运行；另一种是小型版本 ASM，有 64KB 内存就可以运行。汇编程序有两种方式：提问方式和命令方式。

（1）提问方式。在 MS-DOS 下输入命令行：MASM 或 ASM，回车，然后根据表 4.4 的提示依次输入即可。在回答提示信息时，如果输入错误或者想中途退出，可按“Ctrl+C”键；如果回答用省略方式，采用默认值，可以直接用分号。

表 4.4　宏汇编的提示信息及回答

提示信息	回　答
Source filename[.ASM]:	欲汇编的.ASM 源文件名
Object filename[Source.OBJ]:	可重定位目标代码文件名（默认：源文件名.OBJ）
Source listing[NUL.LST]:	列表文件名（默认：无列表文件）
Cross reference[NUL.CRF]:	交叉参考文件用的文件名（默认：无交叉参考文件）

（2）命令方式。在 MS-DOS 下输入下列命令：

```
MASM(或 ASM)<源文件>, [<目标文件>], [<列表文件>], [<交叉参考文件>][/开关]
```

输入上述命令后就开始汇编，各项目之间用逗号隔开。开关可以放在任意一个项目之后。如果对某一提示信息采用默认值，则在对应的项目处连输入两个逗号即可。

宏汇编的开关及功能如表 4.5 所示。

表 4.5　宏汇编的开关及功能

开　关	功　能
/D	两次扫描中都给出列表文件
/O	在列表文件中用八进制表示生成的目标代码和位移量
/X	列表伪操作在条件为假时不列表
/R	对源程序中的 8087/80287/80387 指令进行汇编，并产生目标代码
/E	对源程序中的 8087/80287/80387 指令进行汇编，产生仿真目标代码

3）程序连接

源程序汇编完成后，即可用连接程序 LINK 生成一个可执行文件（.EXE），连接程序有 3 种方式。

（1）提问方式。LINK，回车；这时候系统将把连接程序装入内存，并且向用户提问，用户根据要求输入回答内容。

LINK 的提示信息和所要求的回答见表 4.6 所示。允许使用的开关及功能如表 4.7 所示。

表 4.6　连接程序的提示信息及回答

提示信息	回　答
Object Modules[.OBJ]:	目标代码模块表（各模块之间用+号隔开）
Run File[object.EXE]:	连接后生成的装入模块名
List File[NUL.MAP]:	列表文件名（默认：无列表文件）
Libraries[.LIB]:	库文件名表（各文件名之间用+号隔开）

表 4.7　LINK 的开关及功能

开　　关	功　　能
/D	把数据装到数据区 DS 的上部
/H	把装入模块（.EXE）装到存储器的高区
/L	在列表文件中加入行号和地址
/M	以字典顺序在列表文件中列出全部公共变量
/P	暂停连接
/S:n	指定装入模块的栈的大小（n 的值最大为 65535）
/N	禁止连接默认库

（2）命令方式。格式为：LINK<目标代码模块表>，[<装入模块名>]，[<列表文件名>]，[<库文件名表>][/开关]，回车。

命令中各项目顺次对应着提问方式的信息回答，各项目之间用逗号隔开。如采用默认，则连续两个逗号即可。

（3）文件方式。格式为：LINK @<文件名>，回车。

文件名用来指出一个包含有对于 LINK 的提示，文件中每一行对应一个回答，所以，用户不必一一回答问题，可以直接回车，采用默认。

4）程序执行与调试

程序完成连接后即可开始执行。例如，C：>ABCD，回车（扩展名.EXE 默认），执行文件就会被装入内存，从程序指定处执行。在执行过程中可能会死机，则证明程序有误，需要用 DEBUG 程序调试。DEBUG 调试程序的命令如表 4.8 所示。

表 4.8　DEBUG 调试程序命令表

子命令名	格　　式	简要说明
汇编	A 地址	从指定地址开始把宏汇编语言语句直接汇编入内存
	A	接着上一条 A 子命令的结束地址继续进行汇编，若是第 1 次，则从 CS:100 开始
比较	C 范围 地址	比较两个内存块的内容
显示	D 地址	从指定地址开始显示内存中 40B 或 80B 的内容
	D 范围	显示指定范围内的内存内容
	D	接着上一条 D 子命令的结束地址继续进行显示，若是第一次，则从 DS:100 开始
修改	E 地址 表	用表中的内容来替换内存中的一个或多个字节里的内容
	E 地址	以连续的方式显示并且允许修改若干字节。按空格键是进入下一个字节，按（一）键返回上一个字节，按 ENTER 键是结束 E 子命令
填充	F 范围 表	用表中的值反复赋给指定范围内的内存块
执行	G=地址	从指定地址开始执行程序至结束
	G	从当前的 CS:IP 开始执行程序，直至结束。第一次从 CS:100 开始
	G 地址 1 地址 2…	从当前的 CS:IP 开始执行程序，当遇到地址 1、地址 2…中的一个时，停止执行，并显示出寄存器、标志和下一条应执行的指令。断点可设置 10 个
	G=地址 1 地址 2…	从指定的地址开始执行程序，并设置断点

续表

子命令名	格　式	简 要 说 明
十六进制算术运算	H 值 1 值 2	求值 1 和值 2 的和与差（全为十六进制）
输入	I 口地址号	读并显示输入的字节
读盘	L 地址	读文件到指定地址开始的内存块中
	L	读文件到 CS:100 开始的内存块中
	L 地址 盘号 扇区号 扇区数	读软盘绝对盘扇区到指定地址开始的内存块中
传送	M 范围 地址	把指定范围内的内容传送到指定地址开始的内存单元中
命名	N 文件名[文件名]	定义文件和参数
输出	O 口地址号字节数据	把一字节数据从指定口地址传送出去
停止	Q	结束 DEBUG 程序，不保存正在内存中调试的文件
寄存器	R	显示所有寄存器的内容
	R 寄存器名	显示并修改指定寄存器的内容
	RF	显示并修改标志寄存器的内容
检索	S 范围　表	在指定范围里检索表中的字符（一个或多个字符）
跟踪	T=地址	从指定地址执行一条指令并显示寄存器、标志和下一条要执行的指令
	T	执行当前的 CS:IP 所指向的一条指令
	T 地址 字节数	从指定地址开始执行指定字节数的指令
反汇编	U 地址	从指定地址开始反汇编 16B 或 32B 的指令
	U	接着上一条 U 子命令的结束地址，继续进行反汇编
	U 范围	把指定范围内的内容反汇编
写盘	W 地址	把指定地址开始的内容写到盘文件上去，字节数由 BX 和 CX 指定
	W	把 CS:100 开始的内容写到盘文件中
	W 地址 盘号 扇区号 扇区数	把指定地址开始的内容写到软盘绝对盘扇区中

4.7　汇编语言程序设计基础

在学习了指令系统和汇编语言语法及 DOS 功能调用之后，就可以设计出具有一定功能的应用程序。一个较好的应用程序，不仅能正常运行和完成必要的功能，还应具备以下特点：

（1）执行速度快。

（2）占用内存空间小。

（3）程序结构尽量模块化，这样便于程序的调试及维护。

本节通过一些例子分别介绍如何编写一个完整的汇编语言程序，如何编写循环结构、分支结构程序，如何编写子程序（过程），以及常用的 DOS 功能调用的使用等内容。

4.7.1 顺序程序设计

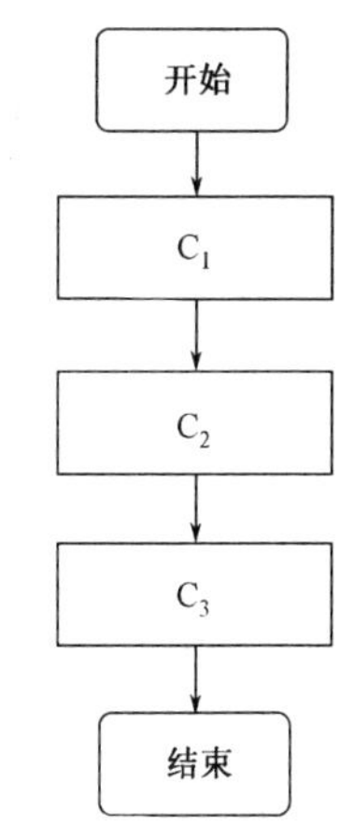

图 4.3 顺序结构流程图

顺序程序结构也呈线性结构，是指完全按顺序逐条执行的指令序列，这在程序段中是大量存在的，但作为完整的程序则很少见，一般作为程序的一部分。顺序结构程序是最简单的程序，在顺序结构程序中，指令按照先后顺序一条一条地执行。其结构流程图如图 4.3 所示，其中执行框 C_1、C_2、C_3 可以是一条简单的指令，也可以是一个完整的程序。

在顺序程序结构中，完全按顺序逐条执行指令序列，这种情况在程序中大量存在，但仅由顺序结构构成的作为完整的程序则很少见。顺序结构的程序是最简单的程序。

【例 4.21】 将两个字节数据相加，并存放到一个结果单元中。

```
DATA         SEGMENT
AD1     DB   4CH                ；定义第一个加数
AD2     DB   25H                ；定义第二个加数
SUM     DB   ?                  ；定义结果单元
DATA         ENDS
CODE         SEGMENT
ASSUME  CS:CODE, DS:DATA
START:  MOV AX,  DATA
        MOV      DS, AX
        MOV      AL, AD1        ；取出第一个加数
        ADD      AL, AD2        ；和第二个加数相加
        MOV      SUM, AL        ；存放结果
        MOV      BL, AL         ；显示十六进制结果
        MOV      CL, 4
        SHR      AL, CL
        AND      AL, 0FH
        ADD      AL, 30H
        MOV      DL, AL
        MOV      AH, 2
        INT      21H
        MOV      AL, BL
        AND      AL, 0FH
        ADD      AL, 30H
        MOV      DL, AL
        MOV      AH, 2
        INT      21H
```

```
        MOV     AH, 4CH; 返回 DOS
        INT     21H
        CODE    ENDS
            END     START
```

注意：

（1）本程序的结束，采用了 DOS 中断调用的 4CH 号功能来退出程序运行，返回 DOS 现场，这是一种常用的执行程序返回 DOS 现场的方法。

（2）本例可显示输出。

【例 4.22】 将一字节压缩 BCD 码转换为两个 ASCII 码。

分析：一字节的压缩 BCD 码就是用一字节的二进制数表示 2 位十进制数，如十进制数 96 表示成压缩 BCD 码就是 96H，转换成 ASCII 码就是把压缩 BCD 码表示的十进制数的高位和低位分开，并以 ASCII 码表示，即转换成 39H 和 36H。

```
DATA            SEGMENT
BCDBUF   DB   96H                         ; 定义一字节的压缩 BCD 码
ASCBUF    DB   2  DUP(?)                  ; 定义两字节的结果单元
DATA            ENDS
CODE            SEGMENT
ASSUME     CS: CODE, DS: DATA
START:     MOV      AX, DATA
           MOV      DS, AX
           MOV      AL, BCDBUF            ; 取出 BCD 码
           MOV      BL, AL                ; 送 BL 暂存
           MOV      CL, 4
           SHR      AL, CL                ; 高 4 位变成低 4 位，高 4 位补 0(96H→09H)
           ADD      AL, 30H               ; 变成 ASCII 码(39H)
           MOV      ASCBUF, AL            ; 存储第一个 ASCII 码
           AND      BL, 0FH               ; 屏蔽掉高 4 位，只保留低 4 位(96H→06H)
           ADD      BL, 30H               ; 变成 BCD 码(36H)
           MOV      ASCBUF+1, BL          ; 存储第二个 ASCII 码
           MOV      AH, 4CH
           INT      21H
   CODE             ENDS
END        START
```

【例 4.23】 利用直接查表法完成将键盘输入的 1 位十进制数（0～9）转换成对应的平方值并存放在 BUF 单元中。

分析：0～9 的平方值分别为 0、1、4、9、16、25、36、49、64、81。把平方值放在一起形成一个平方值表，根据输入的值和对应平方值所在单元地址之间的关系（表首地址加上输入的值），查出相应的平方值。

```
DATA          SEGMENT
TAB DB0, 1, 4, 9, 16, 25, 36, 49, 64, 81
BUF DB        ?
DATA          ENDS
CODE          SEGMENT
ASSUME  CS: CODE, DS: DATA
START:  MOV         AX, DATA
        MOV         DS, AX
        MOV         BX, OFFSET    TAB        ; 平方表首地址
        MOV         AH, 1
        INT         21H                      ; 由键盘输入一个数，得到其 ASCII 码
        SUB         AL, 30H                  ; 由 ASCII 码得到相应的数
        XLAT        ; 查表
        MOV         BUF, AL ; 存储结果
        MOV         AH, 4CH
        INT         21H
        CODE          ENDS
    END         START
```

4.7.2 分支程序设计

程序的分支一般用条件转移指令来产生，利用转移指令不影响条件码的特性，连续地使用条件转移指令可使程序产生多个不同的分支。

分支程序结构可以有两种形式，如图 4.4 所示，它们分别相当于高级语言中的 IF_THEN_ELSE 语句和 CASE 语句，适用于要求根据不同条件作不同处理的情况。IF_THEN_ELSE 语句可以引出两个分支，CASE 语句则可以引出多个分支。不论哪一种形式，它们的共同特点是：运行方向是向前的，在某一种特定条件下，只能执行多个分支中的一个分支。

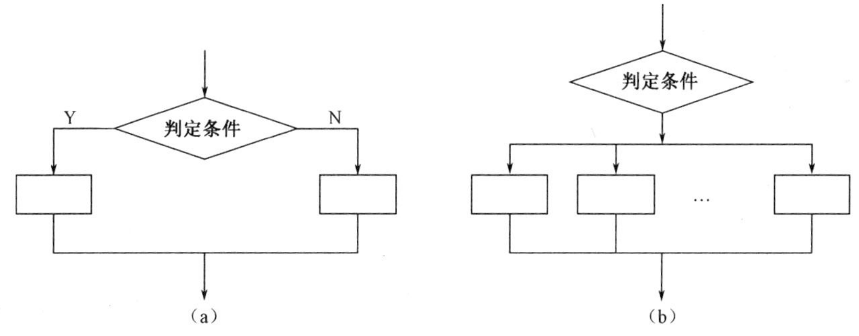

图 4.4 分支程序的结构形式

【例 4.24】

(1) 设计要求：将两个多位十进制数相加，要求被加数均以 ASCII 码形式各自顺序存放在以 DATA1 和 DATA2 为首的 5 个内存单元中，要求低位在前，高位在后，结果存放在

DATA1 处。

（2）程序流程图如图 4.5 所示。

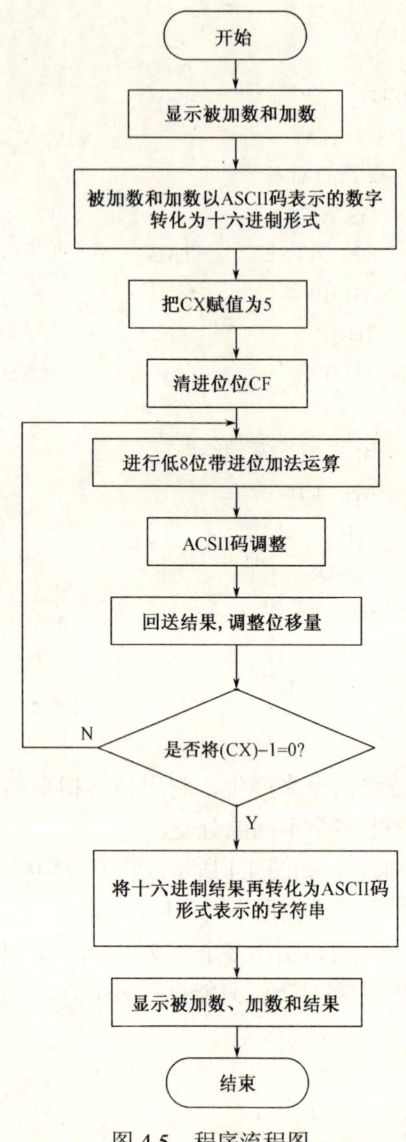

图 4.5　程序流程图

（3）程序清单如下：

```
YY      MACRO
        MOV     DL, 0DH
        MOV     AH, 02H
        INT     21H
        MOV     DL, 0AH
        MOV     AH, 02H
        INT     21H
```

```
YY          ENDM
DATA        SEGMENT
DATA1       DB 31H,32H,33H,34H,35H
DATA2       DB 36H,37H,38H,39H,30H
DATA        ENDS
STACK       SEGMENT
STA         DB   20 DUP(?)
TOP         EQU   LENGTH   STA
STACK       ENDS
CODE        SEGMENT
ASSUME      CS:CODE,DS:DATA,SS:STACK,ES:DATA
BEGIN:      MOV         AX, DATA
            MOV         DS, AX
            MOV         AX, STACK
            MOV         SS, AX
            MOV         AX, TOP
            MOV         SP, AX
            MOV         SI, OFFSET DATA2
            MOV         BX, 05H
            CALL        DISPLAY
            YY
            MOV         SI, OFFSET   DATA1
            MOV         BX, 05H
            CALL        DISPLAY
            YY
            MOV         DI, OFFSET   DATA2
            CALL        ADDA
            MOV         SI, OFFSET   DATA1
            MOV         CX, 05H
            CALL        DISPLAY
            YY
            MOV         AH, 4CH
            INT         21H
DISPLAY     PROC        NEAR
DS1:        MOV         AH, 02
            MOV         DL, [SI+BX-1]
            INT         21H
            DEC         BX
            JNZ         DS1
```

```
        RET
DISPLAY ENDP
ADDA    PROC        NEAR
        MOV         DX, SI
        MOV         BP, DI
        MOV         BX, 05H
AD1:    SUB         BYTE  PTR [SI+BX-1], 30H
        SUB         BYTE  PTR [DI+BX-1], 30H
        DEC         BX
        JNZ         AD1
        MOV         SI, DX
        MOV         DI, BP
        MOV         CX, 05
        CLC
AD2:    MOV         AL, [SI]
        MOV         BL, [DI]
        ADC         AL, BL
        AAA
        MOV         [SI], AL
        INC         SI
        INC         DI
        LOOP        AD2
        MOV         SI, DX
        MOV         DI, BP
        MOV         BX, 05H
AD3:    ADD         BYTE PTR [SI+BX-1]
        ADD         BYTE PTR [DI+BX-1]
        DEC         BX
        JNZ         AD3
        RET
ADDA    ENDP
CODE    ENDS
END     BEGIN
```

【例4.25】

（1）设计要求：已知符号函数 $Y=\begin{cases} 1, & X>0 \\ 0, & X=0 \\ -1, & X<0 \end{cases}$

设任意给定的X（−128≤X≤127）存放在XX单元中，计算出函数Y值，要求存放在YY单元中。

（2）程序流程图如图 4.6 所示。

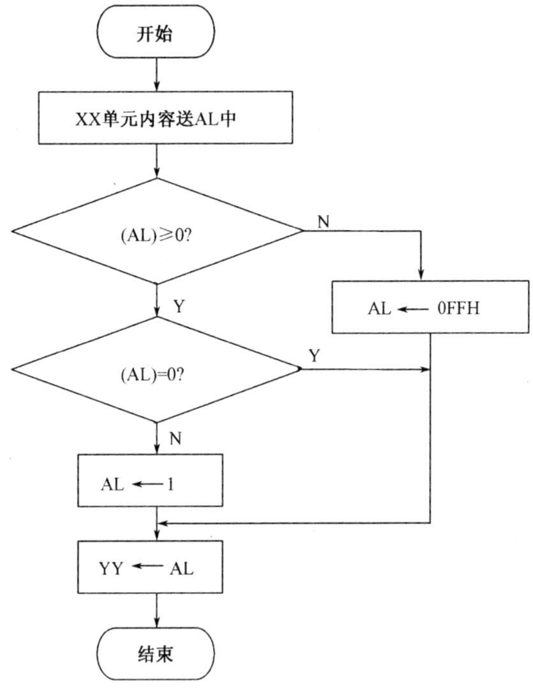

图 4.6　程序流程图

（3）程序清单如下：

```
          DATA      SEGMENT
          XX        DB       03H
          YY        DB       ?
          DATA      ENDS
          CODE      SEGMENT
          ASSUME  CS:CODE, DS:DATA
          MAIN      PROC     FAR
   START: MOV       AX, DATA
          MOV       DS, AX
          MOV       AL, XX
          CMP       AL, 0
          JGE       BIGR
          MOV       AL, 0FFH
          JMP       EQUL
  BIGR:   JE        EQUL
          MOV       AL, 1
  EQUL:   MOV       YY, AL
          MOV       AX, 4C00H
```

```
            INT     21H
MAIN        ENDP
CODE        ENDS
            END     START
```

【例 4.26】

（1）设计要求：将键盘输入的小写字母转换成大写字母的程序。

（2）程序流程图如图 4.7 所示。

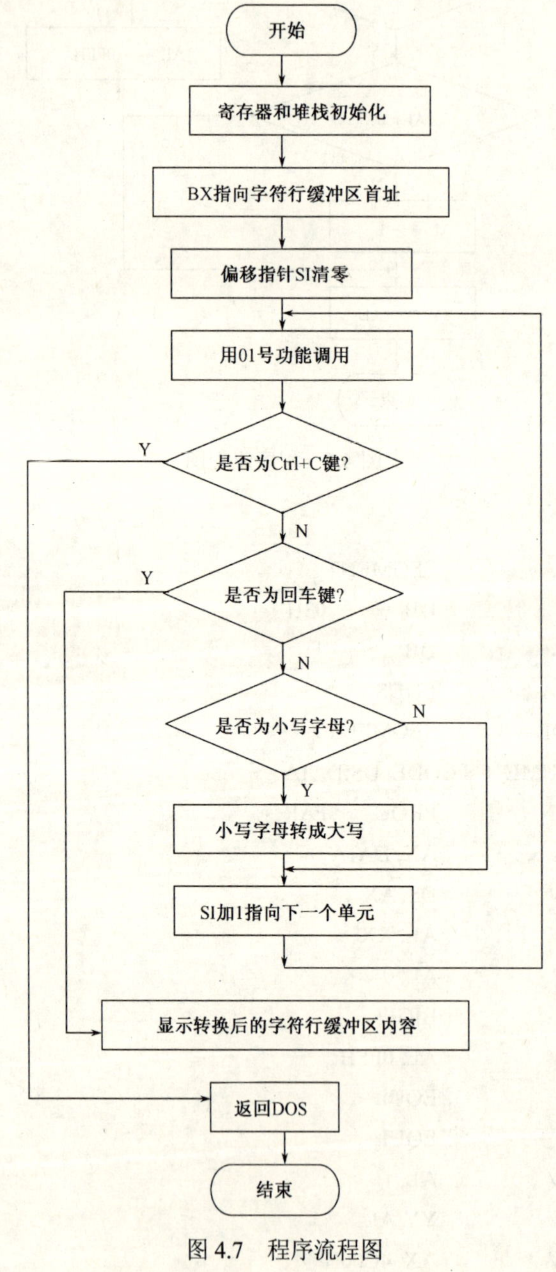

图 4.7 程序流程图

（3）程序清单如下：

```
CHAN            MACRO
                MOV     AH, 02H
                MOV     DL, 0DH
                INT     21H
                MOV     AH, 02H
                MOV     DL, 0AH
                INT     21H
CHAN            ENDM
DATA            SEGMENT
BUFF            DB  82 DUP(?)
DATA            ENDS
STACK           SEGMENT
STA      DB     50DUP(?)
TOP      EQU    LENGTH   STA
STACK    ENDS
CODE            SEGMENT
ASSUME  CS:CODE,DS:DATA,SS:STACK,ES:DATA
BEGIN:      MOV         AX, DATA
            MOV         DS, AX
            MOV         ES, AX
            MOV         AX, STACK
            MOV         SS, AX
            MOV         AX, TOP
            MOV         SP, AX
            MOV         BX, OFFSET BUFF
XH:         MOV         SI, 0000H
HY:         MOV         AH, 01H
            INT         21H
            CMP         AL, 03H
            JZ          PP
            CMP         AL, 0DH
            JZ          BB
            CMP         AL, 61H
            JB          TT
            CMP         AL, 7AH
            JA          TT
            SUB         AL, 20H
HY:         MOV         [BX+SI], AL
            INC         SI
```

```
            JMP     GG
BB:         MOV     [BX+SI], AL
            MOV     AL, 0AH
            MOV     [BX+SI+1], AL
            MOV     AL, '$'
            MOV     [BX+SI+2], AL
            MOV     AH, 09H
            MOV     DX, BX
            INT     21H
            JMP     XH
PP:         MOV     AH, 4CH
            INT     21H
CODE    ENDS
      END
```

4.7.3 循环程序设计

1. 循环程序结构

循环程序结构可以分为两种结构形式：一种是 DO WHILE 结构形式；另一种是 DO UNTIL 结构形式。

1）DO WHILE 结构

DO WHILE 结构把对循环控制条件的判断放在循环的入口，先判断控制条件，满足条件就执行循环体，否则就退出循环，如图 4.8（a）所示。

2）DO UNTIL 结构

DO UNTIL 结构是先执行循环体，然后再判断控制条件，不满足条件则继续执行循环操作，一旦满足条件则退出循环，如图 4.8（b）所示。

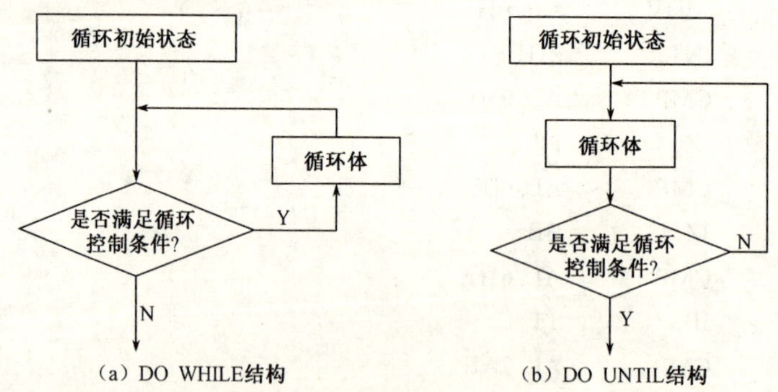

图 4.8　循环程序的结构形式

这两种结构可以根据具体情况选择使用。如果有循环次数等于 0 的情况，则应选择 DO WHILE 结构，否则使用 DO UNTIL 结构。不论哪一种结构形式，循环程序由 4 部分组成。

（1）循环初始化。初始化完成设置循环次数的计数值，设置循环初始地址，以及为循环体正常工作而建立的初始状态等。

（2）循环体。循环体是循环程序的主体，该部分是为完成程序功能而设计的主要程序段。

（3）循环修改。循环的修改部分是为避免程序原地踏步，保证每一次重复（循环）时，参加执行的信息能发生有规律的变化而建立的程序段。

（4）循环控制。循环控制本来应该属于循环体的一部分，由于它是循环程序设计的关键，所以，要对它进行专门的讨论。每个循环程序必须选择一个循环控制条件来控制循环的运行和结束，而合理地选择该控制条件就成为循环程序设计的关键问题。有时，循环次数是已知的，此时可以用循环次数作为循环的控制条件，LOOP 指令使这种循环程序设计能很容易地实现。有时循环次数是已知的，但有可能使用其他特征或条件来使循环提前结束，LOOPZ 和 LOOPNZ 指令是设计这种循环程序的工具。然而，有时循环次数是未知的，就需要根据具体情况找出控制循环结束的条件。循环控制条件的选择是很灵活的，有时可供选择的方案不止一种，此时就应分析比较，选择一种效率最高的方案来实现。

2. 循环程序设计方法

【例 4.27】 TABLE 是一个字节数组的首地址，长度为 100。统计此数组中正数、0 及负数的个数，并分别放在 COUNT1、COUNT2 和 COUNT3 变量中，其流程图如图 4.9 所示。

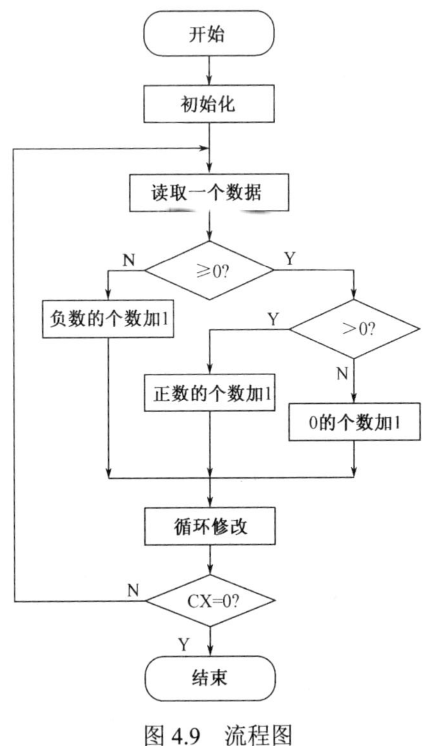

图 4.9 流程图

程序如下：

```
        DATA        SEGMENT
```

```
TABLE     DB    100  DUP(?)
COUNT1    DB    0
COUNT2    DB    0
COUNT3    DB    0
DATA      ENDS
CODE      SEGMENT
ASSUME  CS:CODE, DS:DATA
ALLO      PROC  FAR
START: PUSH     DS
        XOR     AX, AX
        PUSH    AX
        MOV     AX, DATA
        MOV     DS, AX
        MOV     CX, 100
        MOV     BX, 0
AGAIN: CMP  TABLE[BX] , 0
        JGE     SS12
        INC     COUNT3
        JMP  SHORT  NEXT
SS12:   JG      SS1
        INC     COUNT1
        JMP SHORT   NEXT
SS1:    INC  COUNT2
NEXT:   INC  BX
        LOOP    AGAIN
        RET
ALLO    ENDP
CODE    ENDS
    END        START
```

本程序段在开始时出现了两次压栈操作，即 PUSH　DS 和 PUSH　AX((AX)=0)。DOS 环境是由 COMMAND.COM 管理的，而 .COM 文件的特点之一是四段合一，即 (CS)=(DS)=(SS)=(ES)，压栈 DS 就相当于压栈 CS 的内容。由于本程序段是一个 FAR 属性的子程序，在程序结束执行 RET 时将引起两次出栈操作，会使（CS）内容等于未执行本程序前的值，(IP)=0。在（CS）:（IP）位置有一段程序，功能就是退出程序段运行，返回 DOS 现场。这是第二种执行程序返回 DOS 现场的方法。

【例 4.28】 设计一个程序，完成从 1 连加到 100（1+2+⋯+99+100）的操作，结果保存在数据段的 SUM 单元。

分析：这样的问题如果采用顺序程序设计至少要 100 条指令，并且程序的结构性和可读性差，而采用循环程序设计就会简洁明了。

程序清单如下：

```
DATA    SEGMENT
SUMDW       ?
DATA    ENDS
CODE    SEGMENT
ASSUME  CS:CODE, DS:DATA
START:  MOV   AX, DATA
        MOV   DS, AX           ; 数据段寄存器赋初值
                               ; 循环初始化
        SUB   AX,AX            ; 工作寄存器清零
        MOV   CX, 100          ; 计数器赋初值
        CLC                    ; 清除进位标志
LP:     INC   AX               ; 循环体
        ADC   SUM, AX
        DEC   CX               ; 循环修改
        JNZ   LP               ; 循环控制
        ; *********            ; 插入显示程序的地方(预留位置)
        HLT
CODE      ENDS
        END   START
```

注意：

（1）本程序段采用了第三种退出方式，程序运行结束将由于执行 HLT 指令而进入停机状态，当输入 Ctrl+Break 组合键（键盘中断）后，返回 DOS 现场。

（2）用 DEBUG 跟踪，会发现(SUM)=13BAH。

【例 4.29】 设内存中存放有一个由若干字符构成的符号串，起始逻辑地址已放在 DS 和 SI 中，串长放在 CX 中，编写程序段把该串中各字符的位置颠倒排列，结果仍放回原处。

分析：这是一个交换问题，需要把串的第一个字符与最后一个字符交换，第二个字符与倒数第二个交换……。交换操作的次数是串长的 1/2，如串长为 6，则只要进行 3 次这样的交换，若串长是 7，仍然进行 3 次交换，中间一个字符是不需要改变位置的。因此，可以先用 DI 取最后一个字符的偏移地址，即 DI←SI+CX−1，再求出 CX÷2 的商，然后在 DS 段中，用 SI 所指向的字符与 DI 所指向的字符交换，每次交换后把 SI 的值加 1，DI 的值减 1，重复进行，次数是串长的 1/2。

解：

```
        MOV     DI, SI
        ADD     DI, CX
        SUB     DI, 1          ; DI←SI+CX−1
        MOV     AX, CX
        MOV     DX, 0
        MOV     BX, 2
```

```
            DIV       BX
            MOV       CX, AX            ; CX←CX÷2 的商,作为循环次数
            JCXZ      lab2              ; CX 为 0 转
lab:        MOVAL, [SI]                 ; 取出 SI 所指的串前部字符
            MOVAH, [DI]                 ; 取出 DI 所指的串后部字符
            MOV[SI] , AH                ; 串后部取出的字符放到串前部
            MOV[DI] , AL                ; 串前部取出的字符放到串后部
            ADD SI, 1
            SUB DI, 1
            LOOP      lab
Lab2:       …
```

【例 4.30】 试编制一个程序，把 BX 寄存器内的二进制数用十六进制数的形式在屏幕上显示出来。

分析：根据题意应该把 BX 的内容从左到右每 4 位为一组在屏幕上显示出来，每次循环显示一个十六进制数位，计数初值为 4。程序框图如图 4.10 所示。采用循环移位的方式把所要显示的 4 位二进制数移到最右面，以便做数字到字符的转换工作。此外，由于数字 0～9 的 ASCII 值为 30H～39H，而字母 A～F 的 ASCII 值为 41H～46H，所以在把 4 位二进制数加上 30H 后还需再做一次判断。如果是字符 A～F，则还应加上 7 才能显示出正确的十六进制数。以 BINIHEX.ASM 为文件名建立“二进制到十六进制数转换程序”源文件。

在程序中没有使用 LOOP 指令，这是因为循环移位指令要使用 CL 寄存器，而 LOOP 指令要使用 CX 寄存器，为了解决 CX 寄存器的冲突问题，这里用 CH 寄存器存放循环计数值，而用 DEC 及 JNZ 两条指令完成 LOOP 指令的功能。这说明使用计数值控制循环结束也可以不用 LOOP 指令。当然也可以把计数值初始化为 0，用每循环一次加 1 然后比较次数是否达到要求的方法来实现；或者仍用 LOOP 指令，而用堆栈保存其中的一个信息（如计数值）来解决 CX 寄存器的冲突问题等。总之，程序设计是很灵活的，只要算法和指令的使用没有错误，都可以达到目的。

二进制数到十六进制数转换程序如下：

```
CODE      SEGMENT
          MAIN   PROC   FAR
            ASSUME     CS:CODE
START:    PUSH    DS
          SUB     AX, AX
          PUSH    AX
          MOV     CH, 4
LP:       MOV     CL, 4
          ROL     BX, CL
          MOV     AL, BL
          AND     AL, 0FH
          ADD     AL, 30H
```

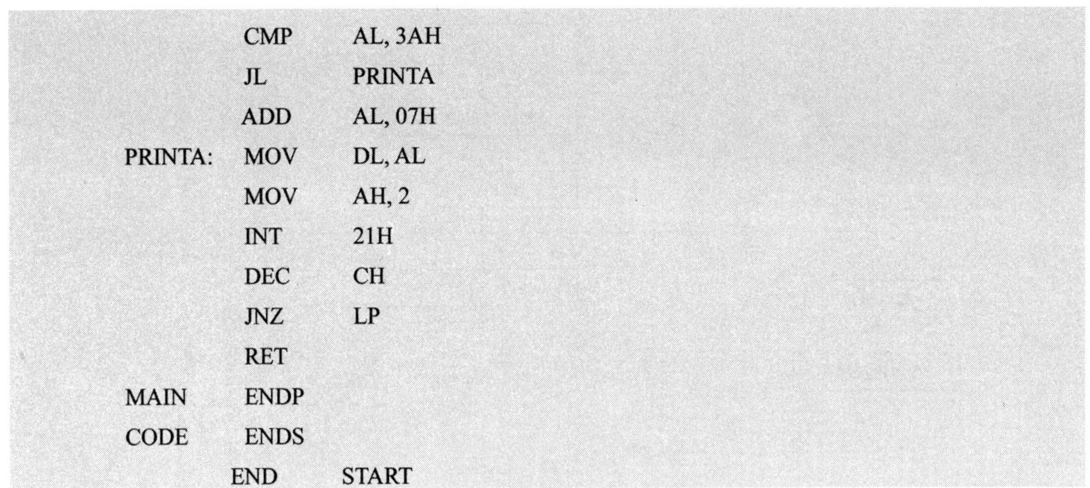

```
            CMP     AL, 3AH
            JL      PRINTA
            ADD     AL, 07H
PRINTA:     MOV     DL, AL
            MOV     AH, 2
            INT     21H
            DEC     CH
            JNZ     LP
            RET
MAIN        ENDP
CODE        ENDS
          END     START
```

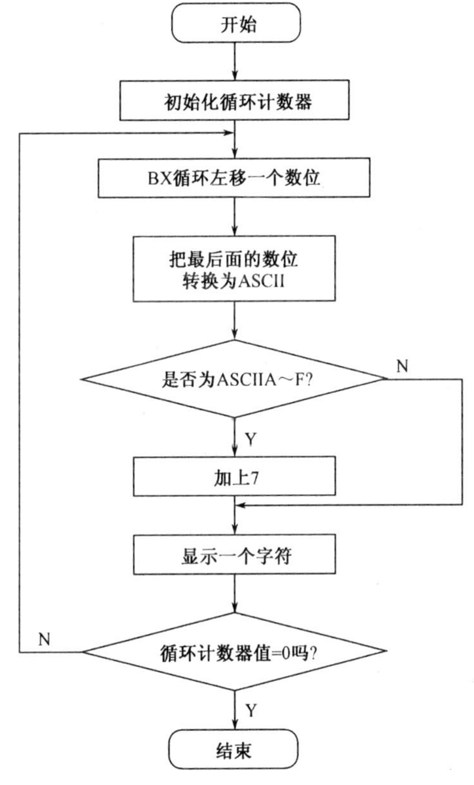

图 4.10　二进制数到十六进制数转换的程序框图

【例 4.31】 试编制一个程序，从键盘输入一行字符，要求第一个输入的字符必须是空格符。如不是，则退出程序；如是，则开始接收输入的字符并顺序地存放在首地址为 BUFFER 的缓冲区中（空格符不存入），直到接收到第二个空格符时退出程序。这一程序要求接收的字符从空格符开始又以空格符结束，因此，程序中必须区分所接收的字符是否为第一个字符。为此，设立作为标志的存储单元 FLAG。一开始将其置为 0，接收第一个字符后可将其置 1。整个程序的框图如图 4.11 所示。

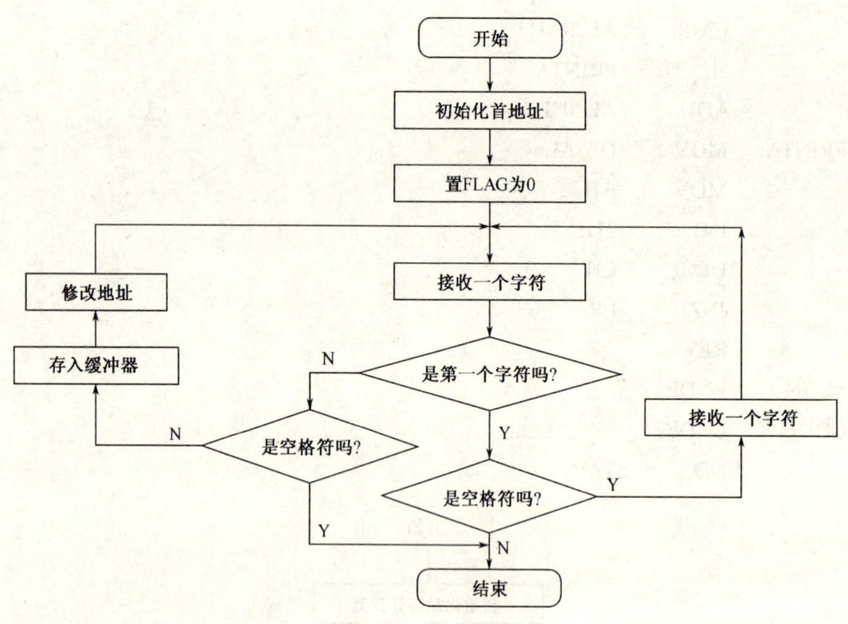

图 4.11　程序框图

程序如下：

```
DATA1     SEGMENT
BUFFER    DB    80 DUP(?)
FLAG      DB    ?
DATA1     ENDS
CODES     SEGMENT
MAIN      PROC    FAR
          ASSUME  CS:CODES, DS:DATA1
START:    PUSH    DS
          SUB     AX, AX
          PUSH    AX
          MOV     AX, DATA1
          MOV     DS, AX
          LEA     BX, BUFFER
          MOV     FLAG, 0
NEXT:     MOV     AH, 01
          INT     21H
          TEST    FLAG, 01H
          JNZ     FOLLOW
          CMP     AL, 20H
          JNZ     EXIT
          MOV     FLAG, 1
          JMP     NEXT
```

```
FOLLOW：CMP     AL, 20H
        JZ      EXIT
        MOV     [BX] , AL
        INC     BX
        JMP     NEXT
EXIT：  RET
        MAIN    ENDP
        CODES   ENDS
        END     START
```

4.7.4　子程序设计

子程序又称过程，它是汇编语言中多次使用的一个相对独立的程序段。需要执行这段程序时，就必须进行调用，执行完毕后返回到原主程序。

把可以多次调用、能够完成特定操作功能的程序段编写成独立的程序模块，该程序模块称为子程序，又称过程。调用这些子程序的程序称为主程序。在主程序中，如果调用到子程序，就需要把控制转移到子程序，这个过程称为转子。子程序执行完了，要把控制再返回到主程序，这个过程称为返主。主程序与子程序之间的关系如图 4.12 所示。

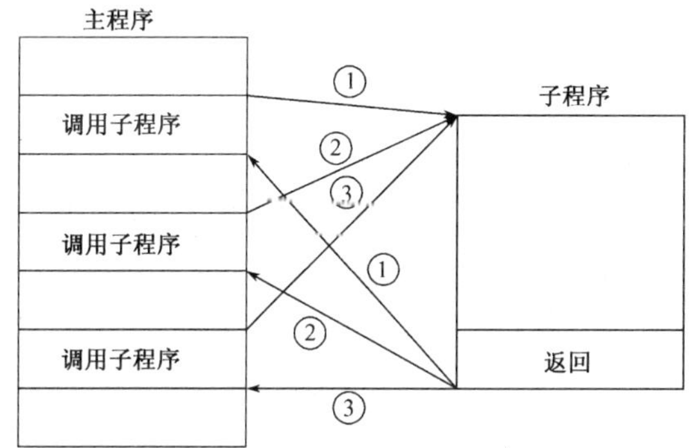

图 4.12　主程序与子程序之间的关系

子程序具有如下 4 个特性。

（1）重复性。一个子程序只占用一段存储区域，但可以多次被调用，避免了编程人员的重复劳动，又节省程序的存储空间。由于增加了调用、返回等指令，因此，程序执行时间会长些。如果一个程序段只用到一次，就没有必要编写成子程序形式。

（2）通用性。只能完成特定功能的子程序用处不大，例如，只能实现 5 个字节加法运算的多字节加法子程序和只能在定长字符串上查找某一固定字符的子程序都没有通用性，因而用处也就不大。要能够得到广泛应用的通用的多字节加法子程序，字节数应该是任意的，字符查找子程序、字符串的长度和查找的字符都应是任意的。

（3）可浮动性。可浮动性就是说子程序可以存放在存储区的任何地址处。假设子程序只能存放在固定的地址处，则在编写主程序时要特别注意存储单元的分配，不要使主程序占用了子程序的存储单元而破坏子程序，这样就会给编程人员带来很大麻烦，而且在装配主程序和子程序时往往造成存储空间的冲突或浪费。

（4）可递归和可重入性。如果子程序能够调用其本身，则称为可递归调用。

如果子程序可被中断，在中断处理中又被中断服务程序调用，并且能为中断服务程序和已中断的子程序两者都提供正确的结果，那么称该子程序是可重入的。

1. 子程序的定义

每个子程序在使用前必须先定义，子程序的定义就是前面 4.3 节中介绍的过程定义，定义语句：PROC…ENDP，子程序的名称就是过程名。在过程定义时，用 NEAR 和 FAR 来规定是段内调用还是段间调用。

在定义一个子程序时，通常包含以下 3 个方面：

（1）子程序模块的名称、性能和功能。

（2）指出子程序的入口和出口参数。

（3）用到的寄存器和存储单元要加以说明。

在定义子程序时，还要进行现场保护和现场恢复，现场即为主程序和子程序均用到的寄存器或其他存储单元。为保证子程序的正确调用和返回，必须注意现场的保护和恢复。保护现场和恢复现场常用堆栈指令。

【例 4.32】 定义一个显示 2 位十六进制的子程序。

子程序如下：

```
DISP    PROC            NEAR
        PUSH    CX
        PUSH    DX
        MOV     DL, AL          ; AL 中存放 2 位十六进制数
        MOV     CL, 4
        ROL     DL, CL
        AND     DL, 0FH
        CALL    DISP1           ; 显示高 4 位
        MOV     DL, AL
        AND     DL, 0FH
        CALL    DISP1           ; 其他显示子程序
        POP     DX
        POP     CX
DISP    ENDP
```

2. 子程序的调用和返回

子程序的调用主要是通过 CALL 指令实现，返回通过 RET 指令实现。下面通过例子介绍子程序的调用和返回。

【例 4.33】 编制显示 4 位十六进制的子程序。

分析：设十六进制数已经提前放在 AX 寄存器中，对 4 位十六进制数进行逐位显示，

每位显示过程相同，因此，才有子程序结构编程。将 4 位数分解成 2 位显示，再把 2 位数分解成 1 位显示。这样显示 4 位十六进制数的子程序可以调用显示 2 位十六进制数的子程序，显示 2 位十六进制数的子程序可以调用显示 1 位数的子程序。流程图如图 4.13、图 4.14 和图 4.15 所示。

程序如下：

```
DISP4   PROC    NEAR            ; 显示 4 位十六进制数子程序
        PUSH    BX
        PUSH    CX
        PUSH    DX              ; 保护现场
        PUSH    AX
        MOV     AL, AH
        CALL    DISP2
        POP     AX
        CALL    DISP2
        POP     DX              ; 恢复现场
        POP     CX
        POP     BX
        RET
DISP4   ENDP
DISP2   PROC    NEAR            ; 显示 2 位十六进制数子程序
        MOV     BL, AL
        MOV     DL, AL
        MOV     CL, 4
        ROL     DL, CL
        AND     DL, 0FH
        CALL    DISP1
        MOV     DL, BL
        AND     DL, 0FH
        CALL    DISP1
        RET
DISP2   ENDP
DISP1   PROC                    ; 显示 1 位十六进制数子程序
        OR      DL, 30H
        CMP     DL, 3AH
        JB      NEXT
        ADD     DL, 07H
NEXT:   MOV     AH, 2
        INT     21H
        RET
DISP1   ENDP
```

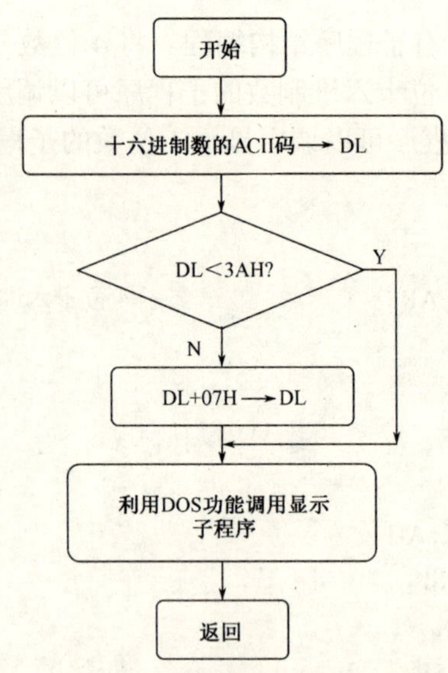

图 4.13　显示 1 位十六进制数 DISP1 子程序流程图

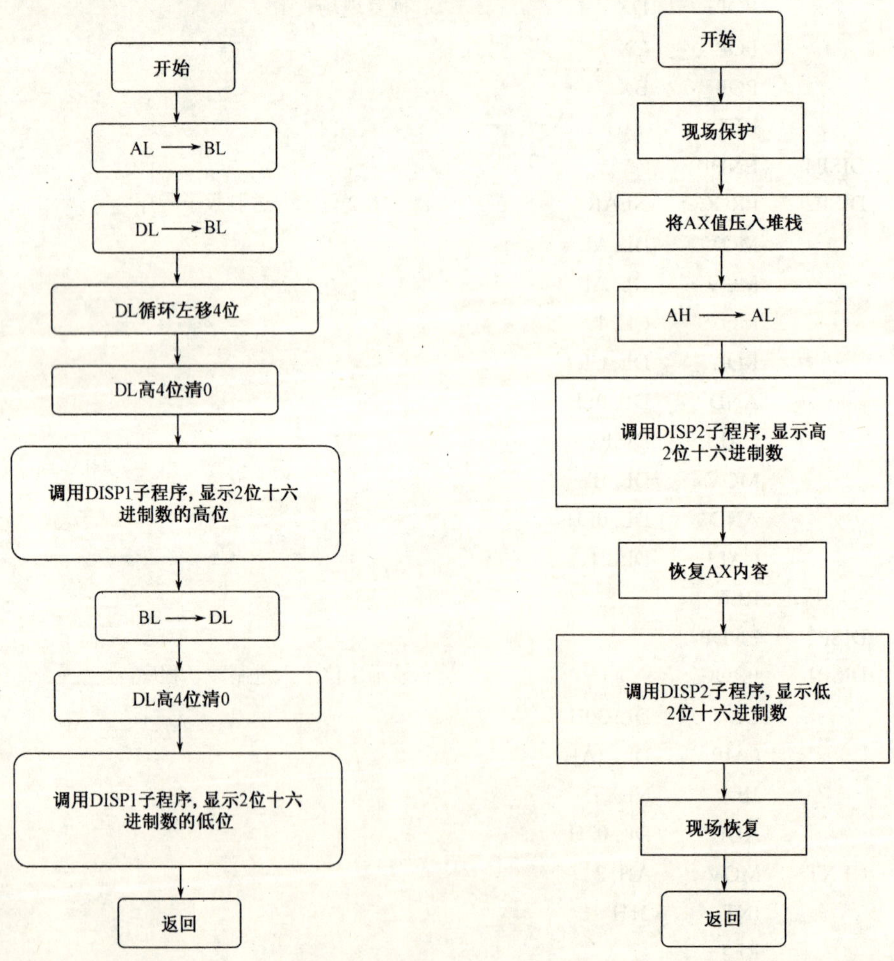

图 4.14　显示 2 位十六进制数 DISP2 子程序流程图　图 4.15　显示 4 位十六进制数 DISP4 子程序流程图

习 题

1．某数据段定义如下：

```
DATA SEGMENT
NUM1        DB        'WORLD'
NUM2        DB        3DUP(?), 31H
NUM3        DW        11, 06H
DATA ENDS
```

试画图说明该数据段定义的数据分配存储空间及初始化值。

2．设某数据段数据定义如下：

```
DAA     DW  10
DAB     DW      20DUP(0201H)
DAC     DB      'LAST'
```

那么在以下 MOV 指令单独执行后，目的寄存器的内容是什么？

（1）MOV　　　AX, DAA

（2）MOV　　　AX, TYPE　DAA

（3）MOV　　　AX, TYPE　DAC

（4）MOV　　　CX, LENGTH　DAB

（5）MOV　　　DX, SIZE　DAB

3．使用 80x86 汇编语言的伪操作命令定义：

BUFDB　5DUP(10,2DUP(2DUP(2DUP(1),3),4))

那么在 BUF 存储区内前 6 个字节单元的数据是什么？

4．计算下列各数值表达式的值：

（1）1234H+5LT1024H

（2）1 SHL　3

（3）LOW　5678H　OR　HIGH　1234H

（4）'a' AND (NOT('a'–'A'))

（5）1024　MOD　7+3

5．已知：

```
ORG   2000H
BB    DW  4, $+3, 2, 1
NN    EQU   $-BB
YY    DB     NN,  7,  6,  5
```

则执行指令 MOV AX, BB+4 和 MOV　BX, BB+10 后，（AX）=________，（BX）=__________ 。

第5章　存　储　器

存储器是微型计算机的主要组成部件之一，也是微型计算机的记忆部件，用来存放计算机工作所需要的信息（程序和数据）。在微型计算机中，大量的操作是 CPU 与存储器之间的交换信息。因此，存储器的性能是影响微型计算机系统性能的主要因素之一。本章将重点介绍半导体存储器及其与 CPU 的接口。

5.1　概述

5.1.1　存储器的分类

存储器的种类很多，可以从不同的角度进行分类。

1．按存储介质分类

凡是具有两种不同的物理状态的物质和元件都可以用来作为存储器的存储介质以记忆“0”或“1”。目前，使用的主要是半导体材料、磁性材料和光学材料。用半导体材料制作的存储器称为半导体存储器，如 U 盘存储器。用磁性材料制作的存储器称为磁表面存储器，如磁盘存储器和磁带存储器。用光学材料制作的存储器称为光学存储器，如光盘存储器。

对于半导体存储器，可以按其存取方式的不同分为随机存储器（RAM）、只读存储器（ROM）和其他存储器（FLASH）等。

1）RAM

CPU 可以随机地对 RAM 进行读/写操作，其所存储的信息一旦掉电就会丢失。RAM 又可以分为静态随机存储器（StaticRAM，SRAM）和动态随机存储器（DynamicRAM，DRAM）。

（1）SRAM 的基本存储单元采用 R-S 稳态电路存储信息，每一个存储单元的逻辑状态可长期稳定不变，不需要刷新电路，只有重新写入信息时才改变逻辑状态。

（2）DRAM 的基本存储电路采用栅极分布电容的充放电来表示存储的信息，由于电容的电荷随时间的推移会放电，必须周期性地对电容“刷新”，才能维持电容上存储的信息。

2）ROM

ROM 的特点是所存放的信息只能读出而不能写入，即使在断电情况下，其所保存的信息也不丢失，所以，ROM 是非易失性存储器。ROM 又可以分为以下几种：

（1）掩膜 ROM。利用掩膜技术，由存储器生产厂家根据用户的要求进行编程，一经制作完成就不能更改其内容，只能实现一次编程。

（2）可编程 ROM（Programmable-ROM，PROM）。允许用户按照自己的需要编程写入。

这种 PROM 一般由二极管阵列组成，每一个二极管有一电极熔丝，编程写入时，通过将某些位的熔丝烧断来表示写入“0”或“1”。一次写入后，用户可以读出其内容，但再也无法改变它的内容。

（3）可擦除 PROM（Erasable-PROM，EPROM）。允许用户按规定的方法和设备进行多次擦除和编程，如编程后想修改，可以用紫外线灯照射擦除复原，即整体擦除，然后再写入新的内容。这种 EPROM 对于工程研制和开发特别方便，应用广泛。

（4）电可擦除 PROM（Electrically Erasable-PROM，E^2PROM/EEPROM）。与 EPROM 基本相同，但采用加一定电压的方法进行擦除和编程。EEPROM 还有一个特点，就是能以字节为单位进行擦除和改写。

3）其他存储器

其他存储器如 FLASH 等。FLASH 又称闪存，是近年来发展起来的一种新型半导体存储器。它与EEPROM类似，也是一种可电擦写型ROM。它与EEPROM的主要区别：EEPROM是按字节擦写，速度慢；而 FLASH 是按块擦写，速度快。FLASH 芯片从结构上分为串行传输和并行传输两大类：串行 FLASH 能节约空间和成本，但存储容量小，速度慢；而并行 FLASH 存储容量大，速度快。

由于 FLASH 具有在线电擦写、低功耗、大容量、擦写速度快的特点，又有低价位成本的优势，因此，受到广大用户的青睐。目前，FLASH 在计算机系统、寻呼机系统、嵌入式系统和智能仪器仪表等领域得到了广泛的应用。

2．按存储器与 CPU 的关系分类

按存储器与 CPU 的关系，存储器可分为内存储器和外存储器，如图 5.1 所示。

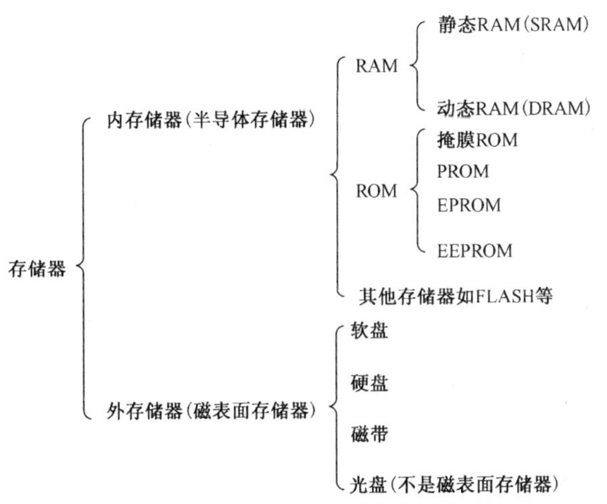

图 5.1　存储器的分类

（1）内存储器（简称内存），位于计算机的内部，是计算机的主要存储器，所以也称主存。用来存放 CPU 当前使用的或经常使用的程序和数据。CPU 可以随时直接进行访问，内存通常由半导体存储器组成。内存具有速度比较快、存储容量较小的特点。

（2）外存储器（简称外存），也称辅助存储器。主要由磁表面存储器、光存储器等构成。常使用的外存有软盘、硬盘、光盘和磁带、USB FlashDisk 等。外存经常用来存放不常使用

的数据和程序。外存具有存储容量大、速度慢的特点，CPU 不能直接进行访问，要由专用设备（如磁盘驱动器）进行管理。

5.1.2 存储器的主要性能指标

衡量存储器性能的指标有很多，如功耗、可靠性、容量、价格、电源种类、存取速度等，但比较重要的指标是存储器的容量和存取速度。

1．储存容量

储存容量是指存储器能存放的二进制数位数。储存容量用“存储单元数×每个单元位数”来表示：存储单元数常以 K 或 M 为单位；单元位数常以字节（B）为单位。如 64KB、1MB 等。

2．存取时间

存取时间是反应存储器工作速度的重要指标，指从 CPU 给出有效的存储器地址启动一次存储器读/写操作，到该操作完成所经历的时间。

3．存取周期

存取周期指连续启动两次独立的存储器读/写操作所需的最小间隔时间。因为存储器在读取数据后还需要一定的时间（称为恢复时间）完成内部操作，通常存取周期要大于存取时间。

4．可靠性

存储器的可靠性用平均故障间隔时间来衡量。平均故障间隔时间越长，可靠性越高。

5．其他指标

存储器还应考虑功耗、价格、电源种类等指标。

5.2 半导体存储器的工作原理、结构、特点

5.2.1 半导体存储器的一般结构

计算机系统中主存储器主要由半导体存储器组成，其基本结构如图 5.2 所示。

它由存储体、地址寄存器、地址译码器、读/写电路、数据寄存器和控制电路等部分组成。

（1）存储体是存储器的的主体，它由若干个存储单元按照一定的排列规则组成，每个存储单元又由若干个基本储存电路组成，每个储存电路可存放 1 位二进制信息“1”或“0”。通常一个存储单元为一个字节，存放 8 位二进制信息，即按字节来组织。一个存储单元一个地址。

存储体按照二维矩阵的形式来排列存储单元电路。通常有两种体内基本存储单元的排列结构，一种为多个存储单元的同一位排在一起的位结构，容量表示成 $N\times1$ 位，如 4K×1 位。另一种为将一个单元的若干位与若干个单元连在一起的字结构，容量表示成 $N\times8$ 位，如 4K×8 位。

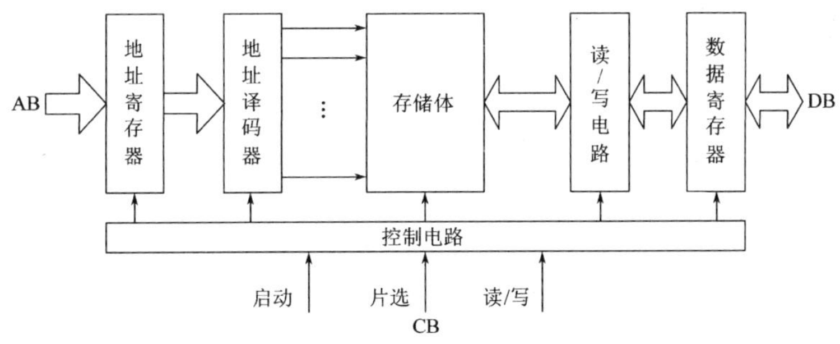

图 5.2 半导体存储器的基本组成

图 5.3 是 $m\times n$ 结构存储矩阵。其中每个小方块代表一个基本存储电路；m 为地址译码器的输出线，称为字线，每根字线驱动一个存储单元；n 表示每个存储单元所包含的基本存储电路的个数，称为位，每一位与一条数据线对应，所有存储单元的同一位共用一条数据线。

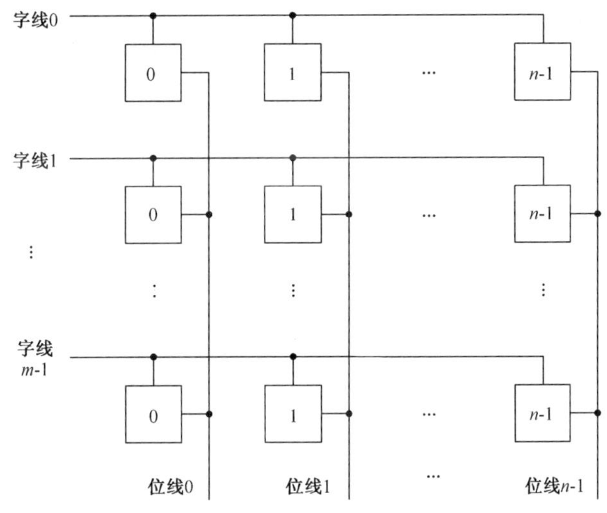

图 5.3 $m\times n$ 的存储矩阵

（2）地址寄存器。用于存放 CPU 访问存储单元的地址信息，其来自地址总线。

（3）地址译码器。每个存储单元有唯一的地址编号，译码器接收 CPU 送来的地址信息并对它进行译码，选择与此地址码对应的存储单元，以便完成对被选中单元的读/写操作。

（4）读/写电路。完成对被选中单元中的各位的读/写操作。

（5）数据寄存器。暂时存放被读/写的数据，以协调 CPU 与存储器或 I/O 的速度差异，故也被为数据缓冲器。

（6）控制电路。接收来自 CPU 的启动、片选、读/写等信号，经组合后，发出一组时序信号来控制读/写操作。

5.2.2 RAM 的工作原理、结构、特点

RAM 是指可以随时存取数据的存储器。按照 RAM 芯片内部基本储存电路结构不同，分为静态 RAM（SRAM）和动态 RAM（DRAM）两类。

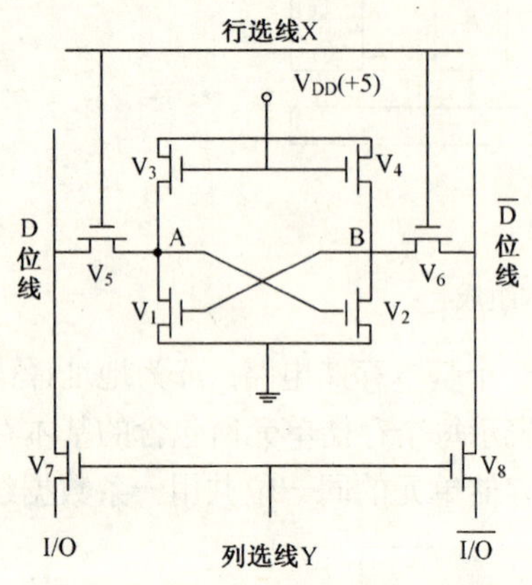

图 5.4 静态 RAM 基本存储电路

1. 静态 RAM

1）静态 RAM 基本储存电路的工作原理、特点

静态 RAM 的基本储存电路如图 5.4 所示，是由 6 个 MOS 管组成的稳态触发电路。其中 V_1、V_2 为工作管，V_3、V_4 为负载管，这 4 个 MOS 管组成一个 RS 触发器，具有两个不同的稳定状态；若 V_1 截止则 A=1（高电平），它使 V_2 导通，于是 B=0（低电平），而 B=0 又保证了 V_1 截止。所以这种状态是稳定的。同样，V_1 导通，V_2 截止的状态也是互相保证而稳定的。因此，可以用这两种不同的状态分别表示 1 和 0。V_5、V_6 为行选门控管，V_7、V_8 为列选门控管，起开关作用。

基本储存电路的工作过程：当某存储单元被选中，其字选择线（行线）为高电平，列地址译码器输出也是高电平，门控管 V_5、V_6、V_7、V_8 导通，位线 D 和 $\overline{D}$ 与 I/O 和 $\overline{I/O}$（存储器外部的数据线）线接通。

写入时，信息从 I/O 线和 $\overline{I/O}$ 线输入。如要写 1，则 I/O 线为 1，而 $\overline{I/O}$ 线为 0。它们通过 V_7、V_8 管以及 V_5、V_6 管分别与 A 端和 B 端相连，使 A=1，B=0，就强迫 V_2 管导通，V_1 管截止。当输入信号以及地址选择信号消失后，V_5、V_6、V_7、V_8 都截止，由于基本电路是双稳态电路，该状态仍能保持。如要写 0，则 I/O 线为 0，而 $\overline{I/O}$ 线为 1，则 V_1 管导通，V_2 管截止，同样写入的“0”信号也可以保持住，除非再写入一个新的数据。

在读出时，首先要通过地址译码使字线为高电平，相应的 V_5、V_6 导通，A 点和 B 点与位线 D 和 $\overline{D}$ 相通，且 V_7、V_8 也导通，存储电路的信号被送至 I/O 与 $\overline{I/O}$ 线上。这样，就读取了用来存储的信息。信息读出后，保留在原存储电路内的信息仍然存在，所以，这种读出是非破坏性的。

2）静态 RAM 的结构

静态 RAM 通常由地址译码器、储存矩阵、读/写控制逻辑和三态数据缓冲器组成。1K×1 位的静态 RAM 芯片的内部结构如图 5.5 所示。

图 5.5 中，存储体包含 1024 个存储单元，每个存储单元存放 1 位二进制信息，存储单元排成 32×32 的方阵形式。10 条地址线（A_0～A_9）分成行线（A_0～A_4）和列线（A_5～A_9）。使用行、列地址译码器对 CPU 输入的地址进行译码来确定所访问的存储单元。I/O 控制电路用于控制被选中单元的读出或写入，并具有放大信号的作用。

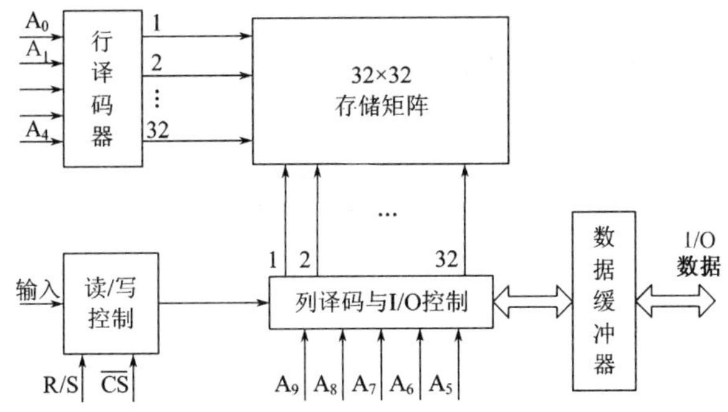

图 5.5 静态 RAM 芯片内部结构

2. 典型静态 RAM 芯片

不同的静态 RAM 其内部结构基本相同。只是不同容量其存储矩阵的排列不同而已。典型的静态 RAM 芯片：6116（2K×8 位）、6264（8K×8 位）、62128（16K×8 位）、62256（32K×8 位）。

6264 芯片的引脚图如图 5.6 所示。

引脚	信号	引脚	信号
1	NC	28	V_{CC}
2	A_4	27	$\overline{WE}$
3	A_5	26	CE_2
4	A_6	25	A_3
5	A_7	24	A_2
6	A_8	23	A_1
7	A_9	22	$\overline{OE}$
8	A_{10}	21	A_0
9	A_{11}	20	$\overline{CE_1}$
10	A_{12}	19	I/O_7
11	I/O_0	18	I/O_6
12	I/O_1	17	I/O_5
13	I/O_2	16	I/O_4
14	GND	15	I/O_3

图 5.6 8KB SRAM 6264 芯片引脚图

图中：$A_{12} \sim A_0$：地址线；

$I/O_7 \sim I/O_0$：双向数据线；

$\overline{WE}$：写允许信号，低电平有效；

$\overline{OE}$：读允许信号，低电平有效；

$\overline{CE_1}$，$\overline{CE_2}$：片选信号；

V_{CC}：+5V；

$\overline{WE}$，$\overline{OE}$，$\overline{CE_1}$，$\overline{CE_2}$ 的共同作用决定了 6264 的运行方式，见表 5-1。

表 5.1 SRAM 6264 的运行方式

$\overline{WE}$	$\overline{CE_1}$	$\overline{CE_2}$	$\overline{OE}$	方式	$I/O_7 \sim I/O_0$
×	H	×	×	未选中（掉电）	高阻
×	×	L	×	未选中（掉电）	高阻
H	L	H	H	输出禁止	高阻
H	L	H	L	读	OUT
L	L	H	H	写	IN
L	L	H	L	写	IN

3. 动态 RAM

1）动态 RAM 的基本储存电路的工作原理、特点

单管存储电路是最简单的动态 RAM 的基本储存电路，如图 5.7 所示。

该存储电路中只有一个门控管 V_1，信息存放在分布电容 C_S 上，当 C_S 上充有电荷时，

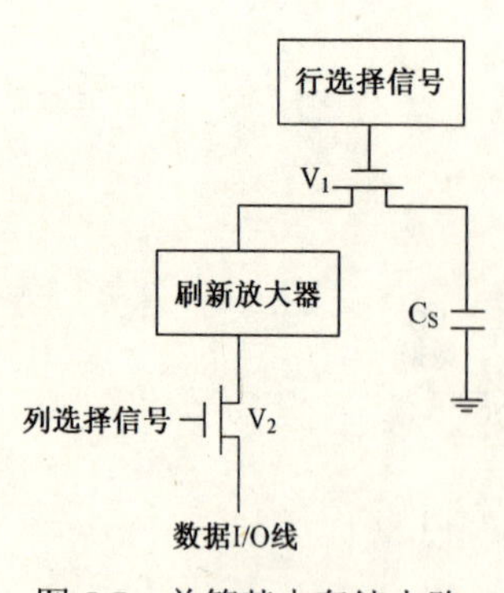

图 5.7　单管基本存储电路

为逻辑“1”，当电容 C_S 上无电荷时，为逻辑“0”。写入时，行选择线为 1，V_1 管导通，写入信号由列线（数据线）经过 V_2 和刷新放大器存入电容 C_S 中；读出时行选择线为 1，在存储电容 C_S 上的电荷通过 V_1 输出到数据线上，通过读出放大器即可得到存储信息。

当读出完毕后，C_S 上的电荷被泄放完，即读出原存储的信息被破坏。另外电容器本身总会有一定程度的漏电，在经过一段时间后，电容上的电荷也会自动地消失，造成信息丢失。为使 C_S 上的信息能够长期保存，在芯片中设置了刷新放大器。当进行读数据操作时，读出到位线上的数据同时送到放大器，经放大后再写回到电容器 C_S。当没有进行读/写操作时也必须定期地对 C_S 的内容进行重写，即在 C_S 上的电荷还没有释放完以前，就主动将其内容读出，经放大后再写回 C_S 中，这称为刷新。

该单管 DRAM 储存电路的优点是结构简单、集成度高、功耗小；缺点是列线对地的寄生电容大，噪声干扰也大。因此，C_S 值做得要较大，刷新放大器应有较高的灵敏度和放大倍数。

2）动态 RAM 的结构

动态 RAM 芯片 2164 的内部功能框图如图 5.8 所示。

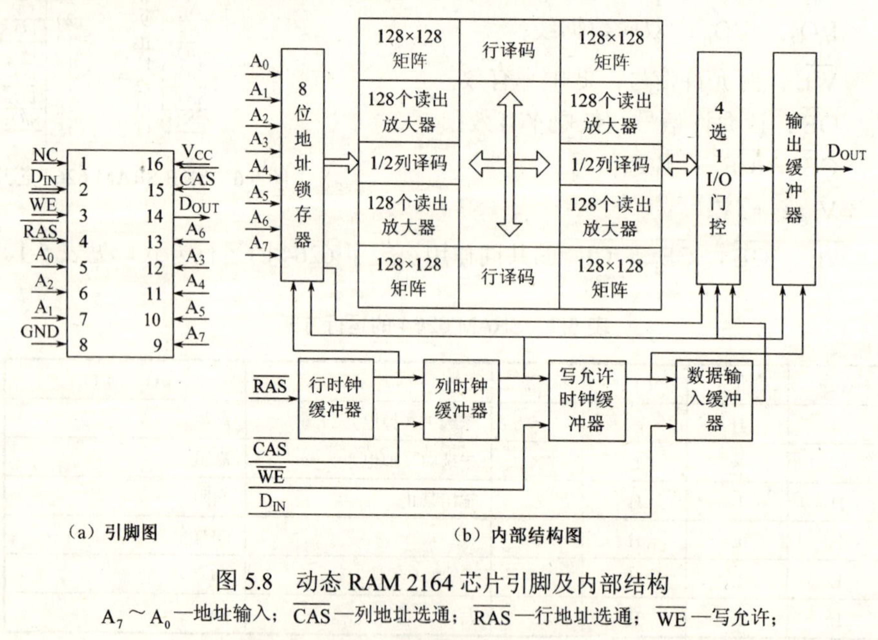

图 5.8　动态 RAM 2164 芯片引脚及内部结构

A_7～A_0—地址输入；$\overline{CAS}$—列地址选通；$\overline{RAS}$—行地址选通；$\overline{WE}$—写允许；

D_{IN}—数据输入；D_{OUT}—数据输出；V_{CC}—电源；GND—地

2164 芯片的存储容量为 64K×1 位。片内有 64K 个存储单元，因此需有 16 条地址线，为了减少封装引脚，芯片的地址引脚只有 8 条（A_7～A_0），内部设有行、列地址锁存器，利用外接的多路开关，先由行地址选通信号 $\overline{RAS}$ 选通 8 位行地址并锁存，再由列地址选通信号 $\overline{CAS}$ 选通 8 位列地址并锁存，这样就得到 16 位地址线，可选中 64K 个单元。2164 的读/写周期为 300ns，存取时间为 150ns，从 $\overline{RAS}$ 到 $\overline{CAS}$ 的延时范围为 35～65ns。

2164 芯片中，有 4 个储存矩阵，每个 128×128 的存储矩阵由 7 条行地址（A_6～A_0）和 7 条列地址（A_{14}～A_8）进行选择。7 位行地址经过译码产生 128 条选择线，7 位列地址经过译码也产生 128 条选择线，行地址的最高位 A_7 和列地址的最高位 A_{15} 被送到 4 选 1 的 I/O 门控电路用来选择 4 个存储矩阵中的一个。

动态 RAM 芯片的刷新，要求在 2ms 时间内将芯片内部的全部存储电路刷新一遍。刷新过程与存储器读/写过程类似：先读出存储单元的信息，然后再重新写回该单元去，但数据不向 CPU 传送，刷新是按行进行的。在一个刷新周期内对一行的所有存储电路都刷新一遍。对于 2164 来说，刷新时，地址信号 A_7 不用，刷新行地址只有 A_6～A_0 组成，同时对 4 个存储矩阵中的同一行，即 4×128=512 个存储单元进行刷新，64K 的存储单元需经过 128 次完成一次刷新。

3）典型芯片

动态 RAM 的典型芯片有 2116（16K×1 位）、2164（64K×1 位）、4164（8K×8 位）等。

5.2.3 ROM 的工作原理、结构、特点

ROM 是在工作时只允许读操作的存储器，其内容是被预先写入的。它具有非易失性、速度高、可靠性好和价格低的优点，所以在计算机系统中得到广泛应用。例如，常用的 BASIC 语言的解释程序、汇编程序、管理程序、表格，以及显视器的字符发生器等都可驻留在 ROM 之中。因制造工艺和使用功能的不同，ROM 又分为掩膜 ROM、PROM、EPROM、EEPROM（或 E^2PROM），本节仅介绍常使用的后两种。

1 EPROM

1）EPROM 工作原理、特点

EPROM 中信息的储存是通过电荷分布来决定的，编程的过程就是一个电荷的注入过程。编程结束后，尽管撤销了电源，但由于绝缘层的包围，注入的电荷无法泄漏，因此，电荷分布能维持不变，即是非易失性的。

由这样的 EPROM 存储电路做成的片子的上方有一个石英玻璃的窗口，当用紫外线通过这个窗口照射时，所有电路中电荷会形成光电流泄漏走，恢复起始状态，从而把写入的信号擦去。经过这样照射后的 EPROM 就可以实现重写。

EPROM 的写入过程很慢，所以只能作为只读存储器存放计算机的引导程序或系统程序。

2）典型 EPROM 芯片

常用的 EPROM 芯片有 2716（2K×8 位）、2732（4K×8 位）、2764（8K×8 位）、27128（16K×8 位）、27256（32K×8 位）等。

2764 EPROM 引脚及结构示意图如图 5.9 所示。

图中：

A_{12}～A_0：地址线，输入，连接地址总线；

D_7～D_0：双向数据线，编程时作数据输入，读出时为数据输出，连接数据总线；

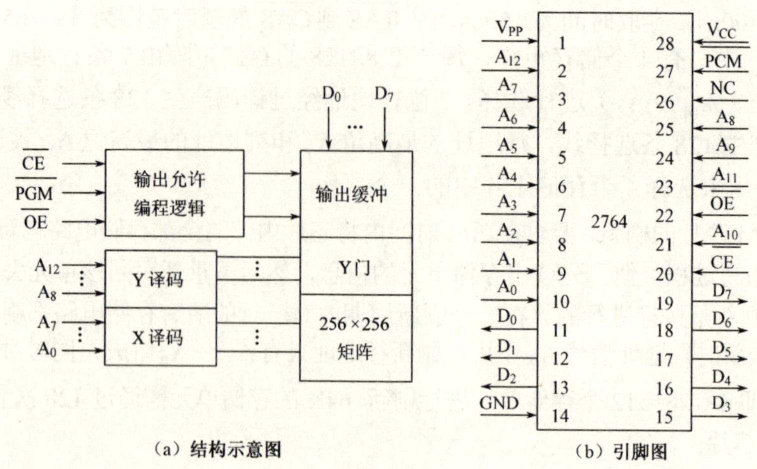

（a）结构示意图　　（b）引脚图

图 5.9　2764 EPROM 引脚及结构示意图

$\overline{CE}$：片选信号，输入，低电平有效，连接地址译码器输出端；

$\overline{OE}$：输出允许，输入，低电平有效，连接总线$\overline{RD}$信号；

$\overline{PGM}$：编程脉冲控制端，输入，低电平有效，连接编程控制信号；

V_{PP}：编程电压输入端；

V_{CC}：电源电压，+5V。

Intel 2764 有 5 种工作方式：读方式、编程方式、编程检验方式、备用方式和编程禁止方式。

工作方式的选择如表 5.2 所示。

表 5.2　Intel 2764 工作方式

信号源	V_{CC}	V_{PP}	$\overline{CE}$	$\overline{OE}$	$\overline{PGM}$	数据端（$D_7 \sim D_0$）
读方式	+5V	+5V	低	低	低	数据输出
编程方式	+5V	+25V	高	高	正脉冲	数据输入
检验方式	+5V	+25V	低	低	低	数据输出
备用方式	+5V	+5V	无关	无关	高	高　阻
未选中	+5V	+5V	高	无关	无关	高　阻

（1）读方式。是 2764 最常用的方式。在读方式下 V_{CC} 和 V_{PP} 都接+5V，$\overline{PGM}$ 接低电平，从地址线接收 CPU 送来的所选单元地址，当$\overline{CE}$、$\overline{OE}$均为低电平时，经过一个时间间隔，所选单元的内容即可读到数据总线上。芯片允许信号$\overline{CE}$必须在地址稳定后有效，以保证正确读出所选单元数据。2764 读方式时序图如图 5.10 所示。

（2）编程方式。在编程方式下，只要将 V_{PP} 接 25V（不同型号芯片所加电压不同，应注意器件说明）V_{CC} 接 5V，$\overline{CE}$和$\overline{OE}$端为高电平，从 $A_{12} \sim A_0$ 端输入要编程的单元地址，从 $D_7 \sim D_0$ 上输入编程数据，在$\overline{PGM}$端加入编程脉冲（宽度为 50ms，幅度为 TTL 高电平的脉冲）便可实现编程（写入）功能。2764 的编程和检查时序图如图 5.11 所示。

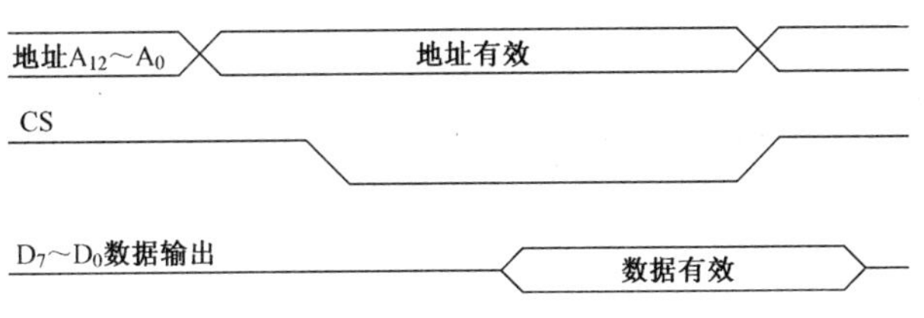

图 5.10　2764 读方式时序图

（3）编程检验方式。在编程过程中，在每个字节写入后，电源电压不变，而将 $\overline{CE}$，$\overline{OE}$ 和 $\overline{PGM}$ 变为低电平，在每次写入一个字节数据后，便可紧接着将写入的数据读出，以检查写入的信息是否正确，检查时序图如图 5.11 所示。

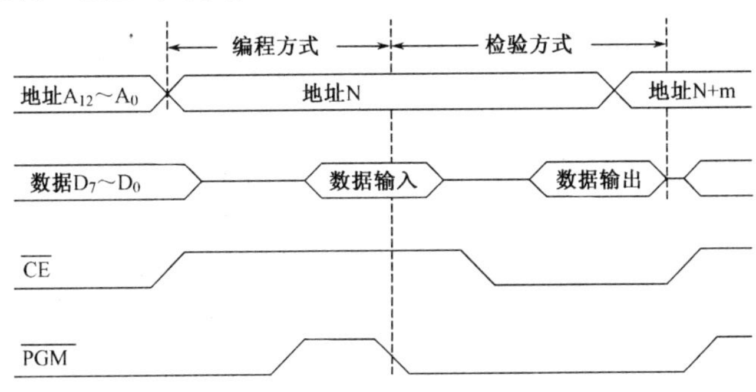

图 5.11　2764 编程和检查时序图

（4）备用方式。即为 2764 低功耗方式。只要 $\overline{PGM}$ 信号为 TTL 高电平，数据输出端呈现高阻态，2764 就处于备用状态。工作电流从 100mA 降为 40mA。由于读方式时，$\overline{CE}$ 和 $\overline{PGM}$ 是连在一起的，当某芯片未被选用时，$\overline{CE}$ 和 $\overline{PGM}$ 都处于高电平状态，2764 处于备用状态，可大大降低功耗。

（5）编程禁止方式。编程过程中，当 $\overline{CE}$ 加上高电平时，处于不能进行编程方式，输出为高阻态。

2. EEPROM

EEPROM 是实行在线操作的，即在写入一个字节的数据之前，自动地对要写入的单元进行擦除，不需要专门的擦除设备和进行单独的擦除操作，可见 EEPROM 的使用是很方便的，与 EPROM 相同，在断电情况下保存的信息不会丢失。

目前，EEPROM 芯片主要有 Intel 28××系列，主要产品有 2816A、2864 等。

EEPROM 芯片除 2864 外，其他芯片容量均为 2K×8 位。2864 EEPROM 引脚排列如图 5.12 所示。2864 操作方式如表 5.3 所示。

引脚	引脚号	2864	引脚号	引脚
R/$\overline{B}$	1		28	V_{CC}
A_{12}	2		27	$\overline{WE}$
A_7	3		26	V_{SS}
A_6	4		25	A_8
A_5	5		24	A_9
A_4	6		23	A_{11}
A_3	7		22	$\overline{OE}$
A_2	8		21	A_{10}
A_1	9		20	$\overline{CE}$
A_0	10		19	I/O_7
I/O_0	11		18	I/O_6
I/O_1	12		17	I/O_5
I/O_2	13		16	I/O_4
GND	14		15	I/O_3

图 5.12　2864 EEPROM 引脚图

表 5.3 2864 EEPROM 工作方式

引脚信号	$\overline{CE}$	$\overline{OE}$	$\overline{WE}$	R/$\overline{B}$	数据线功能
读方式	低	低	高	高阻	高阻
维持方式	高	无关	无关	高阻	高阻
字节写入	低	高	低	低	输入
字节擦出	字节写入前自动擦除				

5.3 存储器与 CPU 的接口

在 CPU 对存储器进行读/写的过程中，首先是由地址总线给出地址信号，然后由控制总线发出相应的读/写控制信号，最后才能通过数据总线对存储器实现读/写操作。所以，存储器与 CPU 的连接也就表现为地址总线、数据总线、控制总线的正确连接上。

5.3.1 存储器与 CPU 连接时应该注意的一些问题

存储器与 CPU 的连接中要考虑的问题有以下几个方面。

1. CPU 总线的负载能力

一般 CPU 的直流负载能力为一个 TTL 负载。如果选用 MOS 存储器时，直流负载很小，主要的负载是电容负载。因此在小型系统中，CPU 可以直接与存储器相连接。而在较大的系统中，CPU 不能直接带动所有存储器芯片时，就要加上缓冲器、地址锁存器、总线控制器等接口芯片，再由它们的输出连接负载。

2. CPU 的时序和存储器的存取速度之间的配合

CPU 在取指令和存储器读或写的操作时，有固定的时序，由此可以确定对存储器存取速度的要求。或在存储器已经确定的情况下，考虑是否需要 T_W 周期（等待状态）及如何实现。

3. 存储器的地址分配和片选问题

内存通常分为 RAM 和 ROM 两大部分，而 RAM 又分为系统区（监控程序或操作系统占用的区域）和用户区，用户区又要分成数据区和程序区。所以，内存的地址分配很重要。另外，目前生产的存储器，单个芯片的容量还很有限，所以，总要由多个芯片才能组成一个存储器系统，这就存在怎样产生片选信号的问题。

5.3.2 存储器与数据总线、控制总线的连接

1. 与数据总线的连接

不同内部结构的存储器芯片，对应有 1 根、4 根、8 根等不等的数据线，如 2118 只有

1 根数据线，2114 有 4 根数据线，2716 有 8 根数据线等。微型计算机中是以字节（8 位）为基本单元的，每个存储单元对应一个地址编号。当用这些字长不是 8 位的芯片构成存储器时，必须用多片芯片组成芯片组来构成 8 位的存储单元。在用多片芯片构成存储单元时，应将芯片组的地址线和控制线并联在一起，数据线则分别接 CPU 数据总线的高位或低位。当芯片的数据线与 CPU 的数据总线相同时，则所有数据线全部一对一地挂在 CPU 的数据总线上。例如，对于 2118，需要 8 片 2118 合在一起，构成 8 位的存储单元，CPU 的 D_0～D_7 分别连接 8 片 2118 的 D_{in} 和 D_{out}；对于 2716，则将芯片的 D_0～D_7 与 CPU 的 D_0～D_7 直接相连。

2. 与控制信号的连接

CPU 在对存储器操作时，一般要使用 IO/$\overline{M}$(8086CPU)、$\overline{RD}$、$\overline{WR}$ 以及 READY（或 $\overline{WAIT}$）几个控制信号。除片选信号 $\overline{CS}$ 接片选地址信号译码器的输出端外，存储器芯片的其余控制线与 CPU 的控制线直接相连。

5.3.3 存储器与地址总线的连接

微型计算机系统通常是由多片存储器芯片组成存储器系统，因此，CPU 发出的地址信号对存储器要实现的选择有两个方面：片选和字选，即先通过外部电路对地址信息译码，使相关芯片的片选端 $\overline{CS}$ 有效，选择存储器芯片，这称为片选；再通过芯片内部的译码电路译码，在选中的芯片内部选择某一存储单元，这称为单元选择或字选。

CPU 的地址总线通常多于存储器芯片的地址线数，因此，只要将存储器芯片地址线与 CPU 从 A_0 位开始的低位地址总线依次相连即可实现字选。多余的 CPU 高位地址总线经过地址译码器产生片选信号，把组成一个存储器的多个芯片区分开，同时也把 RAM 和 ROM 区分开，让它们各有自己的地址空间。那么可以将芯片实现分组，每组芯片的片选信号输入端 $\overline{CS}$（或 $\overline{CE}$）连成一根线，并接在片选地址译码器的某一个输出端。这样，CPU 在进行存储器操作时，通过地址信号可以使同一组中的所有芯片同时被选中。

根据对 CPU 高位地址总线的译码方法的不同，有 3 种片选译码方法：即线译码法、部分译码法和全译码法。

1. 线译码法

这种方法将 CPU 的高位地址线分别直接作为各存储区芯片的片选信号(CPU 的低位地址线直接接存储芯片的片内地址了)，而不需要译码逻辑电路译码，如图 5.13（a）所示。需要注意的是，为确保每次存取操作只选中一个芯片，这些片选地址线每次寻址时只能有一位有效，不允许同时有多位有效。

2. 部分译码法

这种方法对 CPU 高地址线中的部分地址信号进行译码，以产生各存储芯片的片选信号，如图 5.13（b）所示。当采用线译码法不够用，而又不需要全部系统存储空间的寻址能力时，可采用这种方法。

线译码法和部分译码法的优点是电路简单，常用于中小规模的微型计算机系统，特别是单片机应用系统中。但由于高地址未全部参与译码，存在地址间断和重叠现象，使寻址空间利用率降低。因此，在较大的微型计算机系统中，为避免地址间断和重叠现象，加强系统的扩展能力，则采用全译码法。

3. 全译码法

这种方法将 CPU 的高位地址总线全部译码，译码输出作为各芯片的片选信号，如图 5.13（c）所示。在这种寻址方式中，所有的地址线均参与片内（字选）或片外（片选）的地址译码，不仅不会产生地址间断和重叠现象，而且可以提供对全部存储空间的寻址能力。

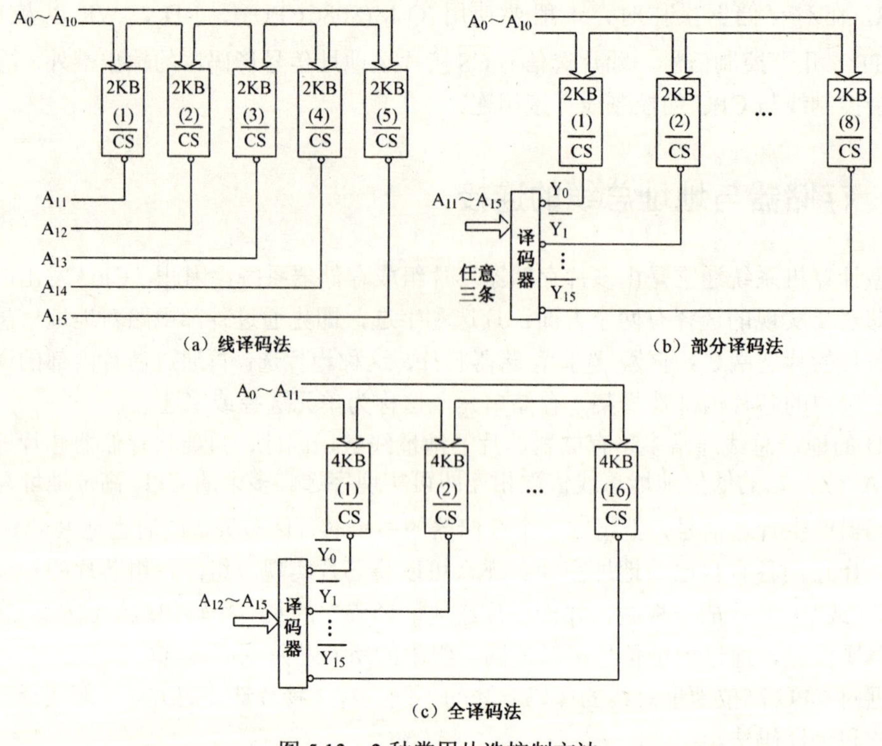

图 5.13　3 种常用片选控制方法

5.3.4　存储器与 CPU 连接时的速度匹配

在微型计算机的工作过程中，CPU 对存储器的读/写操作是最频繁的基本操作。因此，在考虑存储器与 CPU 的连接时，必须考虑存储器的工作速度是否能与 CPU 匹配，也就是既要合理选择存储器的相关参数，又要保证 CPU 能提供正确的读/写时序，使 CPU 的读/写时序能与存储器的时序要求密切配合，从而保证整个微型计算机系统的工作效率。

存储器对输入信号的时序要求很严格，且各种不同的存储器件，其时序要求也不一样。为确保微型计算机系统能正常工作，给存储器提供的地址输入和控制信号必须满足存储器所规定的时序参数。其中最重要的时序参数就是存储器的存取时间，即读/写周期。

1．存储器读周期

存储器的读周期是指从存储器读出数据所需的时间，其时序如图 5.14 所示。

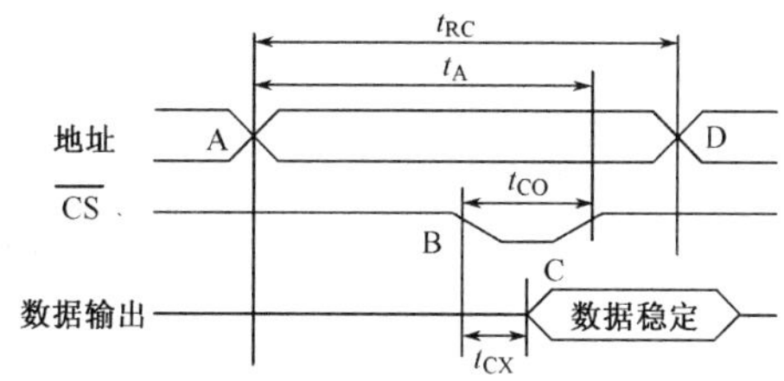

图 5.14　存储器读周期时序

图中：t_{RC} 为 CPU 设定的对存储器进行读操作所用的时间，即存储器进行两次连续的读操作所必须间隔的时间（读周期）；t_A 为当存储器收到 CPU 发来的地址信号到读出的数据稳定出现在外部数据总线上所需要的时间；t_{CO} 为从片选信号 $\overline{CS}$ 有效到读出的数据稳定在外部数据总线上所需要的时间；t_{CX} 为片选信号 $\overline{CS}$ 有效到数据开始从存储器中读出，出现在外部数据总线上所需要的时间。

CPU 进行存储器读操作时，首先要向存储器发送地址信号，然后发送片选信号 $\overline{CS}$。为能正确完成对存储器的读操作，一般将 t_A 作为读取时间，但经过一个 t_A 后并不能立即启动下一个读操作，还需要一定的时间进行内部操作，也就是数据读出后需要一定的恢复时间，所以，读取时间加上恢复时间才是存储器的读周期，也就是要求 $t_{RC} > t_A$，对于 MOS 存储器，读取时间一般为 50～100ns。从 CPU 送出存储器地址开始，为确保在 t_A 时间后读出的数据稳定出现在外部数据总线上，就要求 $\overline{CS}$ 信号最迟在地址有效之后的 $t_A - t_{CO}$ 时间段中有效。否则，在地址有效之后，经过时间 t_A 存储器读出的数据只能保持在内部数据总线上，而不能将数据送到系统的数据总线上。当时序满足这些条件时，CPU 对存储器的读操作可正确完成，否则就需要一个等待周期 T_W。

2．存储器写周期

在存储器的写周期，除了要加上地址信号和片选信号 $\overline{CS}$ 外，还要提供写信号 $\overline{WE}$。存储器的写周期时序如图 5.15 所示。

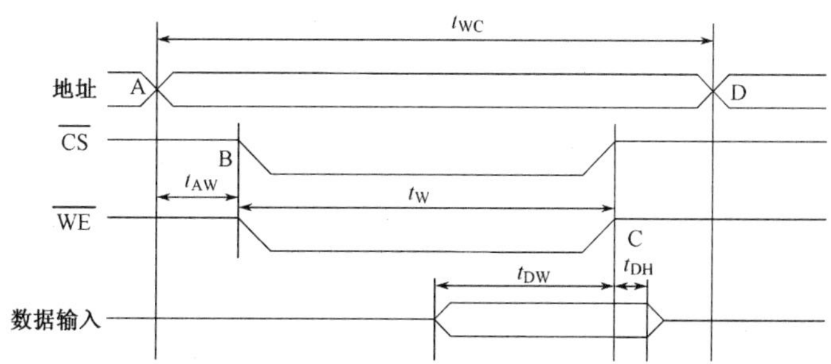

图 5.15　存储器写周期时序

图中：t_{WC} 为存储器的写周期，此时间内地址信号保持稳定；t_{AW} 为地址建立时间，即从 CPU 发送地址信号到地址信号稳定的这段时间；t_W 为存储器写时间，存储器写时间内，$\overline{CS}$ 和 $\overline{WE}$ 同时低电平有效，数据被写入存储单元；t_{DW} 是数据有效时间，即从数据稳定到存储器写入时间；t_{DH} 是数据保持时间。

当 CPU 发送的地址信号稳定后，$\overline{CS}$ 和 $\overline{WE}$ 变为低电平有效，存储器从数据输入端上接收数据，存放于存储单元。此时数据输出端置于高阻状态，以保证不能进行读操作。当存储器的工作速度与 CPU 匹配时，要求 CPU 发送的地址信号有效时间大于 t_{WC}；发出的控制信号应使 $\overline{CS}$ 和 $\overline{WE}$ 的有效时间大于 t_W；CPU 将数据放到数据总线上到被写入存储单元的时间大于 t_{DW}。也就是 CPU 给定的时间应大于存储器进行写数据操作所要求的时间。

需要指出的是，这里给出的存储器读/写周期都是指存储器本身能达到的最小时间要求，而当把存储系统作为一个整体考虑时，因为 I/O 控制电路、系统总线控制电路和存储器接口电路等都会产生延迟，故实际的读/写时间及读/写周期还要长。

5.3.5 存储器与 CPU 接口的应用

【例 5.1】 画出利用全地址译码方法将两片 2764（8K×8 位）与 8088 连接构成的内存系统电路图，其内存首地址为 C0000H，译码器选用 74LS138。

分析：由于 8088 CPU 的数据线是 8 根，连接的 2764 的数据线也是 8 根，每片存储器中单元的地址是连续的，其地址范围如下。8088 CPU 与存储器连接电路如图 5.16 所示。

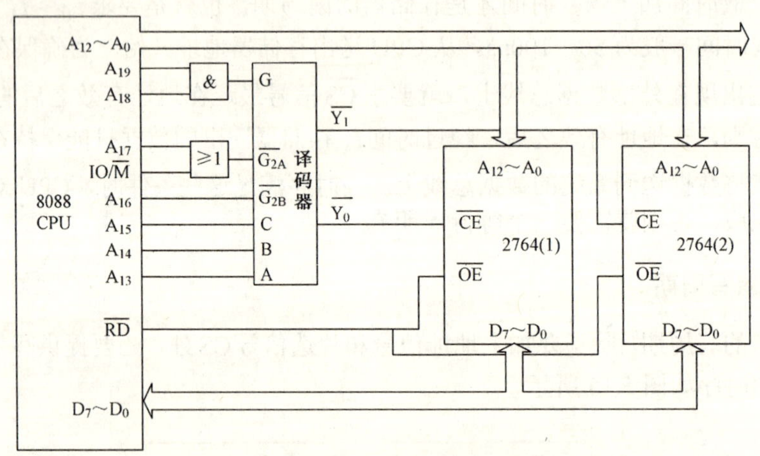

图 5.16 8088 CPU 与存储器连接电路

第一片 A_{19}～A_{13}=1100000，地址范围为 C0000H～C1FFFH

第二片 A_{19}～A_{13}=1100001，地址范围为 C2000H～C3FFFH

【例 5.2】 将两片 6116 通过 74LS138 连接到 8086 CPU 上，地址范围如下，试画出该芯片与 CPU 的硬件连接图。

0#6116：7C000H～7C7FFH(2K)

1#6116：7C800H～7CFFFH(2K)

解：依据给出的地址范围，将0#6116和1#6116地址对应的A_{19}～A_0的值列在表中，如表5.4所示。由表可以看出，A_{10}～A_0为片内地址，由于是通过74LS138译码器连接，所以，A_{13}～A_{11}应该为74LS138译码器输入端C、B、A，最多可选择8片，本例中选择两片。A_{18}～A_{14}高电平有效，A_{19}低电平有效，且0#6116和1#6116共用，所以应接74LS138的片选线。按照内存接口中数据线、地址线和控制线的连接原则，最终得到连接电路如图5.17所示。

表5.4　0#6116和1#6116对应的地址

	A_{19}	A_{18}	A_{17}	A_{16}	A_{15}	A_{14}	A_{13}	A_{12}	A_{11}	A_{10}	A_9	A_8	A_7	A_6	A_5	A_4	A_3	A_2	A_1	A_0
0#6116首址	0	1	1	1	1	1	0	0	0	0	0	0	0	0	0	0	0	0	0	0
0#6116终址	0	1	1	1	1	1	0	0	0	1	1	1	1	1	1	1	1	1	1	1
1#6116首址	0	1	1	1	1	1	0	0	1	0	0	0	0	0	0	0	0	0	0	0
1#6116终址	0	1	1	1	1	1	0	0	1	1	1	1	1	1	1	1	1	1	1	1

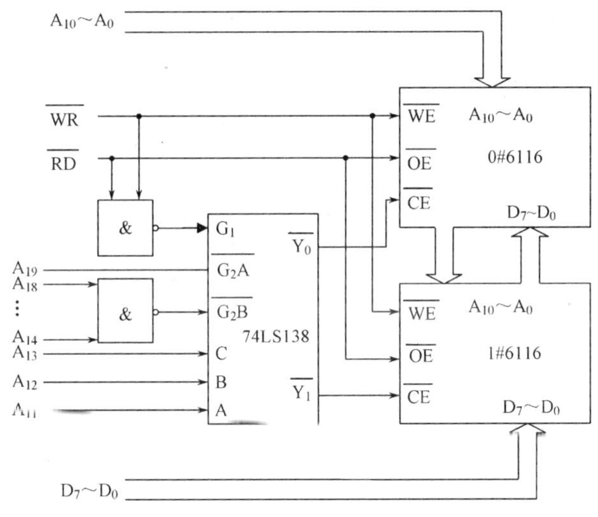

图5.17　6116与CPU通过74LS138的连接电路

习　　题

1. 一个微型计算机系统中通常有哪几级存储器？它们各起什么作用？性能上有什么特点？

2. 常用的存储器片选控制方法有哪几种？它们各有什么优缺点？

3. 译码器有何用处？

4. 什么是SRAM、DRAM、ROM、PROM、EPROM和EEPROM？

5. 用下列芯片构成存储器系统，需要多少个RAM芯片？需要多少位地址用于片外地址译码？设系统有20位地址线，采用全译码方式。

（1）512×4位RAM构成16KB的存储器系统；

（2）64K×1 位 RAM 构成 256KB 的存储器系统；

（3）1024×1 位 RAM 构成 128KB 的存储系统；

（4）2K×4 位 RAM 构成 64KB 的存储系统。

6．现有一种存储芯片容量为 512×4 位，若要用它组成 4KB 的存储容量，需多少这样的存储芯片？每块芯片需要多少地址线？而 4KB 存储系统最少需要多少寻址线？

7．已知某微型计算机控制系统的 RAM 容量为 4K×8 位，首地址为 4800H，求其最后一个单元的地址。

8．某微型计算机系统中内存的首地址为 3000H，末地址为 63FFH，求其内存容量。

9．设 8086 CPU 中(00000H)=01H，(00001H)=02H，(00002H)=03H，(00003H)=04H，DS=0000H，则下列指令的含义分别是什么？需要几个总线周期？访问后 AL 或 AX 的内容是什么？

（1）MOV AL，[0000H]

（2）MOV AX，[0000H]

（3）MOV AX，[0001H]

10．如果要设计一个 8K×8 位的存储器系统，采用 2K×8 位的 RAM 芯片 4 片，选用 A_{10}～A_0 作为片内地址，用 A_{13}～A_{11} 作为 74LS138 的译码输入，利用输出端 $\overline{Y_0}$～$\overline{Y_3}$ 作为片选信号，试写出其地址分配。

11．某一存储器系统如图 5.18 所示，请求出它们的存储容量各是多少？分析 RAM 和 EPROM 存储器地址分配范围。

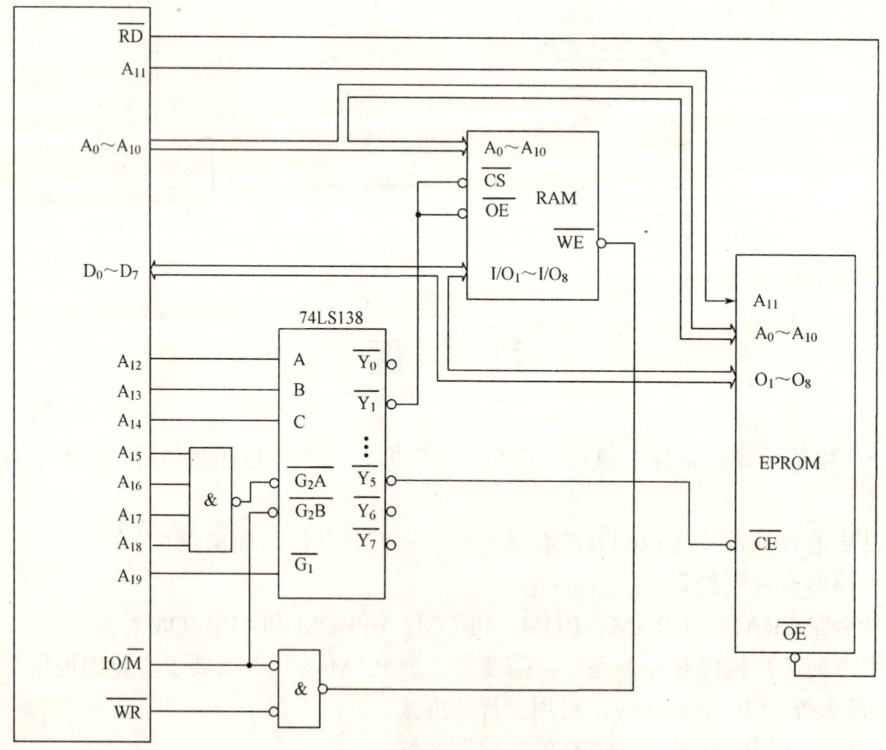

图 5.18　习题 11 图

12．将两片 6116 通过门电路连接到 8086 CPU 上，地址范围如下：

0#6116：7C000H～7C7FFH(2K)

1#6116：7C800H～7CFFFH(2K)

试画出该芯片与 CPU 的硬件连接图。

13．将 8086 CPU 与 6264、2732 相连，构成一个 ROM 的存储容量为 8KB（地址范围 00000H～01FFFH）、RAM 的存储容量为 16KB（地址范围 02000H～05FFFH）的 16 位微型计算机系统。

第6章　输入/输出与中断系统

外围设备对I/O系统来说也起着至关重要的作用。I/O系统是将主机和外部设备（简称外设）有机的联系成一个整体的必不可少的部分，其作用是实现主机和外部设备之间的交换信息。对人机交互起着非常重要的作用。

计算机系统中有时需要带很多个外设，由于外设之间在读/写速度、信息格式及接口逻辑等方面千差万别，要想实现主机和众多外设的有机结合，可想而知不是一件简单的事情，所以，要实现主机与外设的信息交换，必须要关心的问题有如何选择外设，如何进行二者的速度匹配，如何进行格式的转换等。而这恰恰就是I/O系统的主要功能所在。

6.1　输入/输出与接口概述

1．接口电路分类

按功能分两类：一类是使微处理器正常工作所用的辅助电路，使处理器得到时钟信号或中断请求信号等；另一类是I/O接口电路，微处理器可以通过它接收外设送来的信息或将信息发送给外设。

最常用的外设有键盘、显示装置、打印机、磁盘驱动器，以及完成检测和控制的仪表装置等。

2．I/O接口的基本功能

I/O接口是CPU与外设的连接电路，I/O接口电路的种类很多，但一般具有以下的功能。

1）信息转换功能

由于CPU总线信号与外部设备的控制信号之间存在某些不兼容的现象，如计算机通信时，为节省传输线，信息常以串行方式逐位传送；而在计算机内部，为加快运行速度，信息却以并行方式传送。为此，计算机发送数据时，I/O接口电路要将并行数据转换成串行数据，而接收数据时，要将串行数据转换成并行数据。另外，有些外围设备（如传感器）提供的信息是模拟量，有些执行部件（如示波器）需要计算机系统提供模拟量，但计算机只能处理数字量，所以，A/D转换器和D/A转换器也是一种转换信息的接口电路。

2）锁存数据功能

计算机的处理速度很高，外围设备一般远远低于计算机的处理速度，传送数据的过程中常常需要等待，因此，I/O接口电路中常常要设置锁存器，用以暂存数据。

3）电平转换功能

计算机I/O信息大多采用TTL电平，高电平+5V代表“1”，低电平0V代表“0”。如果外围设备的信息不是 TTL 电平，那么在这些外围设备与计算机连接时，I/O 接口电路要完成电平转换的工作。

4）数据缓冲功能

由于 CPU 与外设的速度往往相差很多，为解决二者速度的不匹配问题，防止丢失数据，接口电路中一般设置激光数据缓冲功能，可以协调高速工作的 CPU 与具有较慢速度的外设之间的信息交换。

5）地址译码功能

计算机通常有多个外围设备，每个外围设备都被赋予了一个地址，以便对各个外设进行寻址，CPU 将需要交换 I/O 接口地址代码送到接口中由译码电路进行译码，然后选中相应的外设，没有选中的外设就不能与 CPU 交换信息，这样就做到了 CPU 与外设之间的正确传输。

6）传送联络信号功能

许多外围设备与计算机间要传送状态信息和控制信息，这也需要由 I/O 接口电路转接，如 CPU 控制外设时。

3. I/O 接口的交换信号

I/O 接口的交换信号如下：

（1）数字量。二进制形式的数据，或是已经经过编码的二进制形式的数据如 ASCII 码，最小单位 bit。

（2）模拟量。如果一个微型计算机系统是用于控制的，那么，多数情况下的输入信号就是现场的连续变化的物理量，如温度、湿度、位移、压力和流量等，这些物理量一般通过传感器先变成电压或电流，再放大，这样的电压或电流仍然是连续变化的模拟量，而计算机无法直接接收和处理模拟量，要经过 A/D 转换变成数字量才能送入计算机。

（3）开关量。可表示两个状态，如开关的闭合和断开，电动机的运转和停止，阀门的打开和关闭等，这样的量只用 1 位二进制数表示即可。

（4）脉冲量。计数脉冲、定时脉冲和控制脉冲。

6.2　输入/输出接口及其编址方式

由于计算机连接的外设一般有很多个，为了能在众多的外设中寻找到要与主机通信的外设，就必须知道这个外设的地址，就像前面介绍存储器一样，要想和其中的某个存储单元交换信息就必须知道它的地址。同理，I/O 系统同样存在设备选择的问题，解决这个问题有两种方式：一是统一编址；二是独立编址。

1. 统一编址方式

这种编址方式是将 I/O 系统中的主存和外设的地址联合起来进行编址，二者在逻辑上是同一个地址空间，因此，统一编址方式不需要设置专门的 I/O 指令，给编程人员带来极大方便。

但是采用这种编址方式也有缺点，由于 I/O 接口占用了部分内存空间，减少了内存的可用范围，并且访问指令通常比专用的 I/O 指令长，因此执行时间也较长。

2. 独立编址方式

这种编址方式是指 I/O 接口与内存分别独立编址，各自有独立的地址空间，采用专用的 I/O 指令（如 IN，OUT），在 IBM-PC 上经常采用这种编址方式。

采用独立编址的优点：I/O 接口存储器地址截然分开，故 I/O 接口地址和存储器地址可以相互重叠，而且不会混淆，从而使程序更清晰，易于理解。缺点是由于专用的 I/O 指令通常对接口的寻址方式少，访问方式不够灵活，需要增加对 I/O 地址访问的控制电路，增加系统的复杂性。

以上两种编址方式各有利弊，在使用中应用什么编址方式应根据具体情况而定。一般来说，对于外设很多的系统，可以采用独立编址方式；如果外设较少，对内存的占用不太多，又能减少指令系统的规模，宜采用统一编址方式。

6.3 CPU 与外设之间的数据传送方式

计算机与外设进行数据传输时，不同外设具有不同的工作速度，从而使计算机对外设的控制方式也会不同，它们之间的数据传送方式可以采用程序控制方式、中断控制方式和直接存储器存取方式（Direct Memory Access，DMA）等。

6.3.1 程序控制的输入/输出

程序控制方式是指直接在程序控制下进行计算机与 I/O 设备之的数据传送。用户可以在程序中使用 I/O 指令和测试指令等组成的程序段，直接控制外围设备的工作。程序控制方式可以分为两种方式：无条件传送方式和查询传送方式（或称有条件传送）。

1. 无条件传送

无条件传送适用于对简单外设进行 I/O 操作，例如，一些开关量的 I/O 或数码管的显示等。对于这类外设，CPU 不必查询外设的状态，但需要输入或者输出时，直接执行 I/O 指令即可。

下面用图 6.1 加以说明。当外部设备作为输入设备时，由于外设的速度比 CPU 的速度要慢很多，所以，在二者之间加输入缓冲器，当 CPU 执行输入指令（如 IN）时，读引脚 $\overline{RD}$ 有效，同时 M/$\overline{IO}$ 有效，从而输入缓冲器被选通，数据便可以通过数据总线到达 CPU。

当外部设备作为输出设备时，由于外设和 CPU 速度不匹配，CPU 送往外设的信息需要在接口保持一段时间，因此，二者之间一般要加锁存器。当 CPU 执行输出指令如 OUT 指令时，M/$\overline{IO}$ 及 $\overline{WR}$ 有效，于是接口中的输出锁存器被选中，CPU 输出的信息经过数据总线传到锁存器，再送往外设。

2. 查询传送方式

当由 I/O 指令或其他指令选中相应的外围设备后，主机便不断读取并测试外部设备的状态，一直到外设处于“已经准备好”状态，则 CPU 执行传送信息指令。

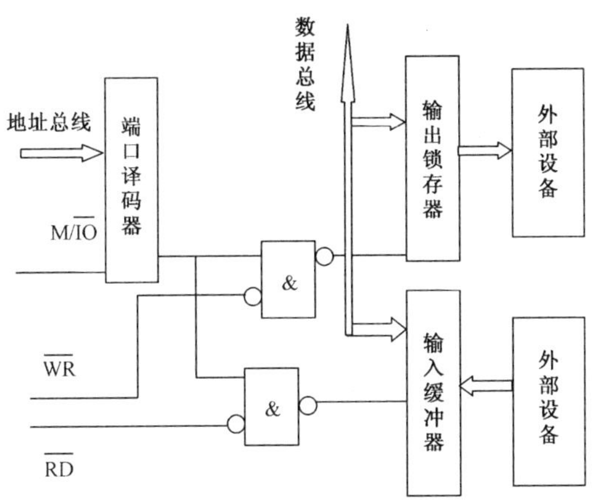

图 6.1　无条件传送方式的工作原理简图

查询传送方式的工作原理如图 6.2 所示。当输入设备准备好时，便往接口中发送选通信号，目的是把外设的数据送到输入锁存器，同时把 D 触发器置 1，从而使得 READY 信号置 1。当 CPU 查询到 READY 信号有效时，开始执行输入传送指令，同时对 READY 清零，以便开始下一个传输过程；如果 READY 信号为 0，则 CPU 一直查询此信号线的状态，直到有效为止。

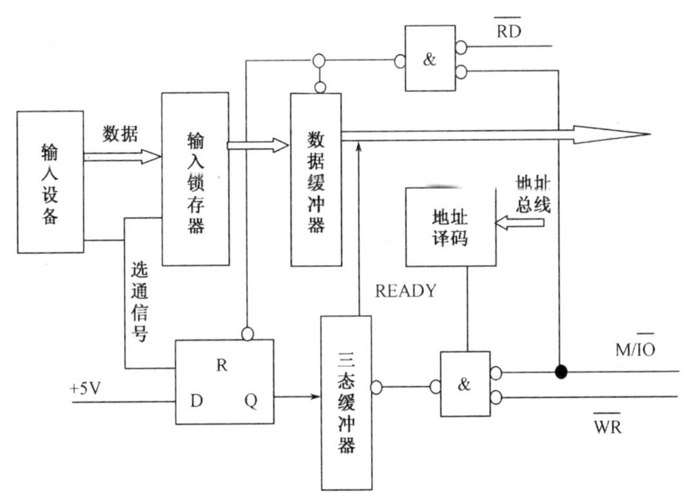

图 6.2　查询传送方式的工作原理简图

这种控制方式电路简单，但由于 CPU 不断测试外设状态，在调用 I/O 设备过程中，CPU 不能处理其他事务，导致 CPU 工作效率大大降低，因此，查询式程序控制方式适合高速外设。

例如，设某接口的状态端口地址为 STATE，状态位从 D_7 位输入，数据端口的地址为 PORT，输入数据的总字节数为 COUNT，设输入数据存放在内存单元的首地址为 BUF，试编制查询式输入数据的程序段。

程序段如下：

```
        MOV     SI, BUF
        MOV     CX, COUNT
INPUT:  IN      AL, STATE
        TEST    AL, 80H ; 查询状态位
        JZ      INPUT
        IN      AL, PORT; 读数据
        MOV     [SI], AL
        INC     SI
        LOOP    INPUT; 继续传送下一个数据
```

6.3.2 中断控制的输入/输出

当 CPU 与外设工作不同步时，很难确保 CPU 在对外设进行读/写操作时，外设一定是准备好的。为保证数据的正确传送，可采用查询方式。但是在查询方式下，CPU 主动地查询所有外设以确定其是否准备好，是否需要进行数据传送，会使 CPU 的效率降低，特别是与低速外设进行数据交换时，CPU 需要等待更多的时间。另外在对多个外设进行 I/O 操作时，如果有些外设的实时性要求较高，CPU 有可能因来不及响应而造成数据丢失。

为了提高 CPU 的工作效率和系统的实时性，采用中断控制方式。主机在启动外部设备后，不再等待查询外设状态，而是继续执行本身的程序。此时的外设可以做好准备工作，主机和外设并行工作，互不干涉。当外设准备好后，便主动向 CPU 发出中断请求，使 CPU 中断当前的工作，转去执行为外设服务的程序段。完成传输后，CPU 继续执行中断前的工作。

使用中断控制方式时，CPU 就不必花费大量时间去查询外设的工作状态了，外设有查询方式的被动地位变为主动。但是中断控制方式只使用于低速外部设备，因为 CPU 与外设每传送一次数据就要申请一次中断，然后要保护断点和中断现场等操作，这些操作会占用一部分时间。如果外设速度过高，就会造成信息的丢失，那么对于成批量传输数据的场合可选用下面介绍的 DMA 控制方式。

6.3.3 直接存储器存取（DMA）方式

直接存储器存取方式是一种成块传送数据的方式。该方式可不需要 CPU 的干预，而由 DMA 控制器直接控制数据的传送方式。

当 I/O 设备需要与 CPU 交换数据时，外设向 DMA 控制器发出请求，然后由 DMA 控制器向 CPU 提出总线请求。当 CPU 响应总线请求时，让出总线控制权，交给 DMA 控制器。数据便不再经过 CPU，直接在 DMA 控制器下实现外设与内存之间的直接数据传送。当数据块传送完毕之后，DMA 控制器再向 CPU 发出结束中断请求，由 CPU 收回总线使用权。

这种控制方式无须 CPU 的频繁干预，便可实现大量数据的传送，但 DMA 控制方式完

全由硬件控制数据的传送，DMA 控制器只能完成 I/O 操作，不能对数据进行其他的附加处理，为进一步减轻 CPU 的负担，又发展了下面介绍的 I/O 通道方式。

6.3.4 输入/输出通道控制方式和处理机控制方式

I/O 通道控制方式是 DMA 控制方式的进一步发展，它具有更强独立处理 I/O 的功能。I/O 通道控制方式可以同时控制许多台外部设备，通过执行专用的通道指令完成主机与 I/O 设备之间的数据传输，I/O 系统结构如图 6.3 所示。

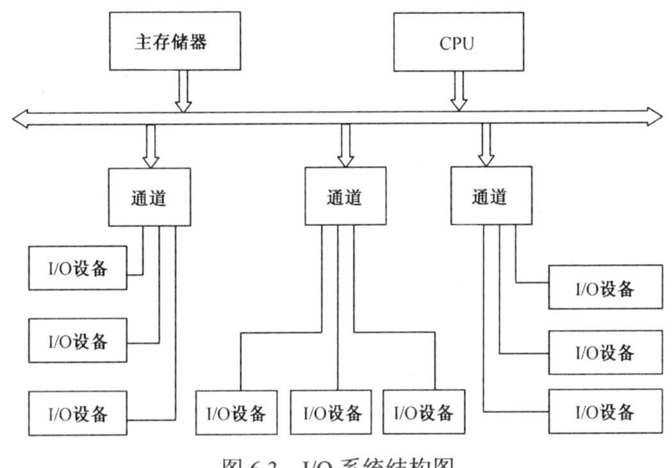

图 6.3 I/O 系统结构图

对于规模较小的系统，通道安排在 CPU 内部，构成一种结合型通道，而对于有些规模较大的系统，可以将通道设置在 CPU 外部，构成相对独立的部件，即采用外围处理机控制方式。外围处理机基本上独立于主机工作，因此，这种方式可以设置多台外围处理机，分别承担不同的任务，适用于大、中型计算机系统。

6.4 中断系统的基本概念

6.4.1 中断的基本概念

中断是为解决高速运行的 CPU 与低速外设之间的信息交换而采用的一种手段。当 CPU 在运行程序的过程中，由于某种事情发生，强迫 CPU 暂时停止正在执行的程序，转而对所发生的事情进行处理，处理结束后 CPU 再回到原来被打断的程序处继续执行程序，这个过程称为中断。

在计算机系统中，中断的例子很多，如打印机打印字符时，一个字符打印完毕后，发出一个“打印完成”中断信号，然后 CPU 继续传送下一个字符，直至打印完全部文件。另外，供用户使用的键盘，也设置了中断请求，CPU 根据用户的击键来判别要做什么事情。中断的实时性较强，尤其在处理一些紧急情况或重大事情时，显得尤为重要。

6.4.2 中断源与中断识别

1. 中断源

使 CPU 发生中断的来源称为中断源。中断源的类型有以下几种。

1）外部中断

这种中断的来源来自主机外部，如外设的 I/O 请求、定时时间到或电源掉电等。外部中断是由外部中断源对 CPU 产生的中断请求，根据外部中断源是否受 8086/8088 CPU 标志寄存器的中断允许标志位 IF 的影响，将中断分为非屏蔽中断和可屏蔽中断两种。对应于这两种中断方式，在 8086/8088 CPU 的外围引脚上有两个中断请求输入引脚 NMI 和 INTR，分别用于非屏蔽中断请求和可屏蔽中断请求信号的输入。

非屏蔽中断不受 CPU 中断允许标志位 IF 的影响，一旦有中断请求，CPU 必须响应。当外部中断源的中断请求信号加至 NMI 引脚时，就产生非屏蔽中断。非屏蔽中断由 CPU 内部自动提供中断向量码（n=2），以便及时响应。NMI 中断可用来处理微型计算机系统的紧急状态。在 IBM PC/XT 机中，NMI 中断用来处理存储器奇偶校验错和 I/O 通道奇偶校验错等事件。非屏蔽中断的优先权高于可屏蔽中断。

可屏蔽中断的中断请求可以在 CPU 内部设置一个中断允许标志位 IF，当 IF 为 1 时，CPU 接收中断请求；当 IF 为 0 时，中断源被屏蔽掉，即 CPU 控制是否响应中断。非屏蔽中断是指中断请求不能在 CPU 内部被屏蔽掉，当非屏蔽中断源请求时，CPU 必须给与响应，因此，非屏蔽中断一般用来处理紧急事情如电源掉电等。

2）内部中断

内部中断是指 CPU 内部事件及执行软中断指令所产生的中断请求。已定义的内部中断如下：

（1）除数为零中断。该中断向量码为 0。执行除法指令时，如果除数为 0 或商超过寄存器所能表达的最大值，则无条件产生该中断。

（2）单步中断。该中断向量码为 1。单步中断是在调试程序过程中为单步运行程序而提供的中断。当设定单步操作时，标志寄存器的 TF=1，这样使 CPU 执行完一条指令就产生该中断。

（3）断点中断。该中断向量码为 3。断点中断是在调试程序过程中为设置程序断点而提供的中断。执行 INT3 指令或设置断点可产生该中断。INT 3 指令功能与软件中断相同，但是为了便于与其他指令置换，它被设置为 1 字节指令。

（4）溢出中断。该中断向量码为 4。在算术运算程序中，若在算术运算指令后加入一条 INTO 指令，则 INTO 指令将测试溢出标志 OF。当 OF=1（运算溢出），该中断发生。

（5）软件中断。软件中断一般在程序中预先安排好某条指令，当程序执行到该处之后便会发生中断。如由“trap”指令产生的中断。执行软件中断指令 INTn 即产生该中断，n 为中断向量码。

2. 中断识别

当有多个中断源同时请求中断时，CPU 要能识别不同的中断源。中断源识别的目的就是可以形成某个中断服务程序的入口地址，从而实现程序的转移。在 8086/8088 中断系统中，由中断源自身提供其编码，供 CPU 进行识别。

6.4.3 中断优先权

当有多个中断源同时向 CPU 发出请求时，CPU 在任何瞬间只能接收到一个中断源的请求。那么，怎么判定响应哪一个请求呢？因此必须根据中断源的性质和事件的轻重缓急进行排队，即确定优先级的次序。

确定优先级的原则：对提出中断请求后必须立刻处理，否则将会造成严重后果的赋予最高优先级；对那些能够保持数据较长时间的中断源赋予较低的优先级。

一般高级中断可以打断低级中断，而不允许同级之间相互打断，更不允许低级中断打断高级中断。

为了方便的控制中断请求信号的产生和中断处理的先后顺序 ，当产生中断请求后，用程序方式有选择地封锁部分中断，而允许其余部分中断得到响应，称为中断屏蔽。

为了实现中断屏蔽，在中断系统中设置一个由多台设备的屏蔽触发器构成的中断屏蔽触发器，可以人为地控制中断源是否给与响应。即用程序方法将某个外设的触发器置成 1 状态，那么与之相对应的设备中断被封锁，反之为 0 时，允许该设备的中断请求得到响应。

有些中断的中断请求是不可屏蔽的，这些中断源的中断请求一旦提出，不论中断系统是否开放，CPU 必须给与响应。前面介绍的非屏蔽中断，如电源掉电等紧急事件有中断请求就不能屏蔽。

6.4.4 中断处理

在这里以可屏蔽中断的处理过程为例。当有可屏蔽中断请求时，CPU 根据响应中断条件，决定是否响应该中断请求。一旦 CPU 响应该中断请求，就进入中断响应周期，完成中断处理。中断处理过程大致分为如下几个步骤，如图 6.4 所示。

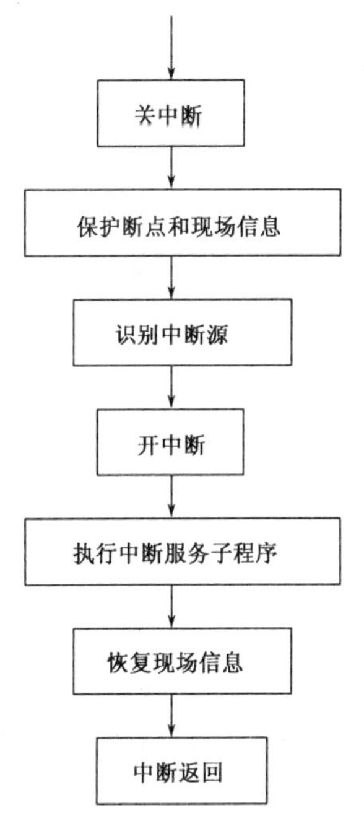

图 6.4 中断处理过程

1. 关中断

在中断响应的开始，由硬件自动把中断允许标志位 IF 置成 0，即关中断，防止在中断响应过程中被其他中断请求打断。

2. 保护断点和现场信息

断点就是指响应中断时，主程序当前指令下面的一条指令的地址，即当前 PC 值。为了在中断处理结束后，CPU 能够正确返回到断点出执行程序，就必须对断点进行保护，即断点地址被推入到堆栈中进行暂存，否则将会导致程序出错。断点保护是由硬件自动实现的，同理断电恢复也是由硬件完成。

除了保护断点地址要保护之外，现场信息也需要保护，现场信息包括程序状态字、中断屏蔽寄存器和 CPU 中某些寄存器的内容等。现场信息是由软件进行保护的，即进入中断主程序的开始，就必须用几条入栈指令（PUSH）对现场信息进行保护。

3. 识别中断源

当有多个中断源同时申请中断时，CPU 必须先响应优先级高的中断请求，因此，需要识别中断源，然后才能转入相应的中断服务子程序。

4. 开中断

在执行中断服务程序前要把中断打开，即允许更高优先级的中断进入，实现中断嵌套，这样才能实现高级中断优先处理。

5. 执行中断服务子程序

在此时，CPU 将对中断请求的任务进行相应地处理。

6. 恢复现场信息

将中断服务程序开始保护的现场信息恢复，即用出栈指令（POP）将现场信息弹出到相应寄存器中，保证 CPU 在回到主程序时，原有内容不被破坏。

7. 中断返回

在中断服务程序返回之前，要将断点处的地址送回到程序计数器 PC 中，保证 CPU 正确返回到源断点处执行程序。

6.5 8086 微处理器的中断系统

6.5.1 中断的分类

8086/8088 CPU 有一个强有力的中断系统，可以处理 256 种不同的中断，每个中断对应一个中断类型码（0～255）。

从产生中断的方法来分，可分为硬件中断和软件中断。

硬件中断是由外部的硬件产生的（也称外部中断），可分为非屏蔽中断和可屏蔽中断。

软件中断时 CPU 根据软件中的某条指令或者软件对标志寄存器中某个标志的设置而产生的，8086 CPU 的中断分类如图 6.5 所示。

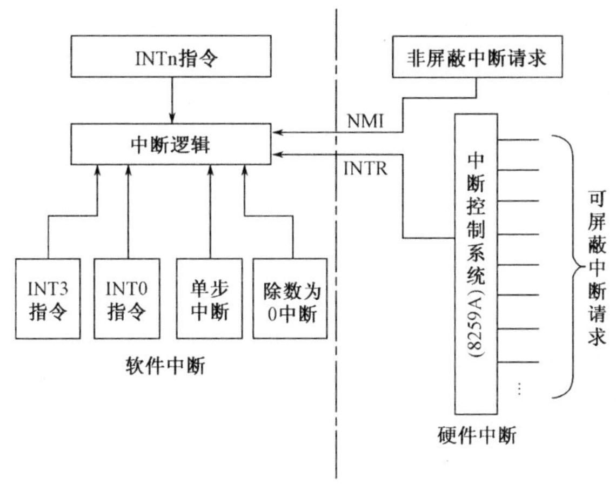

图 6.5　8086 CPU 的中断分类

6.5.2　中断向量和中断向量表

1. 中断向量

中断向量是中断处理子程序的入口地址，每个中断类型对应一个中断向量。

8086/8088 CPU 的中断系统以位于内存 0～3FFH 区域的中断向量表为基础，如图 6.6 所示。每个中断向量占 4 个存储单元，前两个放入口地址偏移量 IP，低位在前，高位在后，后两个放段地址。

【例 6.1】 类型号为 20H 的中断所对应的向量存放在 0000:0080H 开始的 4 个单元中，如果 0080H、0081H、0082H、0083H 这 4 个单元中的值分别为 10H、20H、30H、40H，那么在这个系统中，20H 号中断所对应的中断向量为 4030H:2010H。

【例 6.2】 类型号为 17H 的中断处理子程序存放在 2345H: 7890H 开始的内存区域中。而 17H 中断对应的中断向量存放在 0000:005CH(17H*4=5CH)处，所以 0 段 005CH、005DH、005EH、005FH4H 个单元的值分别为 90H、78H、45H、23H。

如图 6.6 所示，256 个中断的前 5 个是专用中断（类型 0“除数为 0”中断，类型 1 为“单步中断”，类型 2 为“非屏蔽中断”，类型 3 为“断点中断”，类型 4 为“溢出中断”）。

类型 5～31，共 27 个中断为保留中断，留给系统开发使用，有些有固定的用途，如 21H 类型为 MS-DOS 系统调用。

2. 硬件中断

由 NMI 和 INTR 引脚送入中断请求。其中 NMI 为类型 2，放在 0 段 0008H～000BH，处理重大事件，如掉电，采取以下措施：

（1）把现场的数据转到非易失性存储器中，等电源恢复后继续执行中断前的程序。

（2）启动备用电源，维持微型计算机工作。

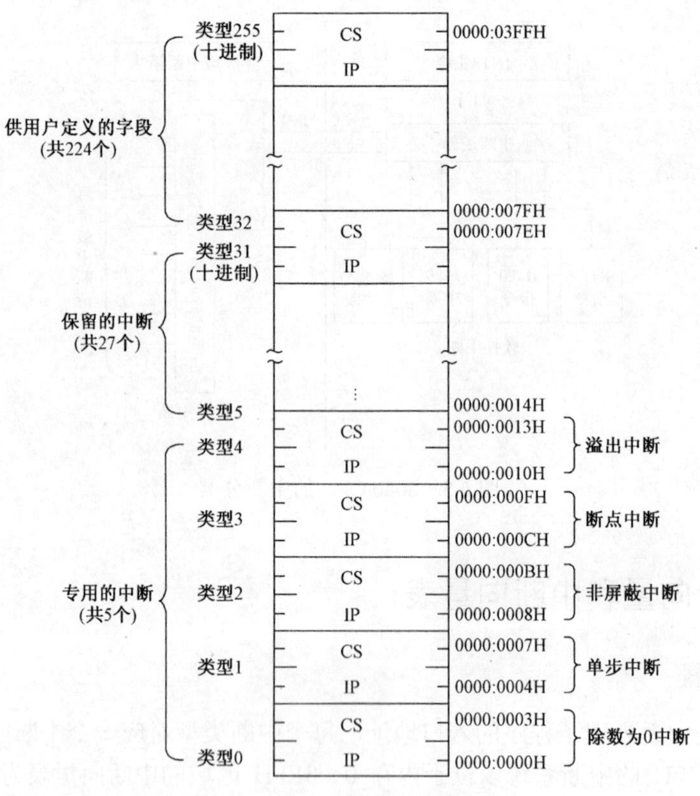

图 6.6 8086 CPU 的中断向量表

3. 可屏蔽中断的响应过程

CPU 收到 INTR 的高电平信号，如果 IF=1，CPU 结束当前指令后响应。即 CPU 往 INTR 引脚发两个负脉冲，外设接到第二个负脉冲后，立即往数据总线上给 CPU 送中断类型码。

例如，中断类型码 0BH，中断向量首字节在 0BH*4=2CH 处，于是 CPU 在 002CH～002FH 取得中断向量，前两个字节装入 IP，后两个字节装入 CS，CPU 要执行的下一条指令即为中断子程序的第一条指令。

一个可屏蔽中断被响应时，CPU 执行的总线时序如下：

(1)执行两个中断响应总线周期，也就是 CPU 接收到 INTR 后，向外设发两个脉冲（CPU 通过 INTA），两个脉冲从 T_2 到 T_4 开始，中间也可以间隔 2～3 个空闲状态，被响应的外设在第二个中断相应总线周期中通过低 8 位送回中断类型码，CPU 收到后，把它左移两位（×4），作为中断向量的起始地址，存入暂存器。

（2）执行一个总线写周期，把标志寄存器的值推入堆栈。

（3）清 IF 和 TF。

（4）执行一个总线写周期，把 CS 的内容推入堆栈。

（5）执行一个总线写周期，把 IP 的内容推入堆栈。

（6）执行一个总线读周期，从中断向量中读取入口地址送入 IP。

（7）执行一个总线读周期，从中断向量中读取入口地址送入 CS。

如果为非屏蔽中断或软件中断则跳过第（1）步。

4．中断处理子程序的结构模式

（1）中断处理子程序的开始必须通过一系列堆栈指令来进一步保护中断现场，即保护CPU各个寄存器的值。

（2）一般情况下，IF应用指令置1，允许优先级高的中断进入。

（3）中断处理的具体内容是中断处理子程序的主要部分。

（4）子程序的结尾必须设一系列弹出指令，以恢复第（1）步中保存的寄存器的值。

（5）最后一条指令为中断返回指令RETI。

5．软件中断

软件中断和一般子程序的区别如下：

（1）一般子程序最后一条指令是返回指令，而中断子程序最后一条指令是中断返回指令。

（2）一般子程序返回指令恢复的是IP和CS的值，而中断子程序返回指令恢复的是IP，CS及FR的值。

软件中断特点如下：

（1）用一条指令进入中断处理子程序，中断类型码由指令提供。

（2）进入中断时，不用执行中断响应总线周期，也不从数据总线读取中断类型码。

（3）不受IF影响，但受TF（单步中断标志）影响。

（4）正在执行软件中断时，如有非屏蔽请求，那么CPU结束当前指令给予响应。如有可屏蔽中断请求，而且IF=1时，会在当前指令结束后给予响应。

（5）软件中断无随机性，硬件中断是随机的，因为CPU无法预测外设何时要求中断，而软件中断是由程序指令设的，中断指令放在程序哪个位置，何时执行都是事先知道的。

6.6 8259A可编程中断控制器

6.6.1 8259A的内部结构及工作原理

下面以芯片Intel 8259A可编程中断控制器为例介绍程序中断I/O方式，其内部结构框图如图6.7所示。

图6.7所示为8259A的内部结构框图。从图6.7可知，8259A主要由中断请求寄存器、中断服务寄存器、中断屏蔽寄存器、优先级比较器、中断控制逻辑、数据总线缓冲器、读/写控制电路和级联缓冲器/比较器共8个部分组成。

1．中断请求寄存器IRR

这是一个8位寄存器，用来存放由外部输入的中断请求信号IR_7～IR_0，每一位对应一个I/O设备。当某一个IR_i端出现高电平时，中断请求寄存器IRR的相应位置1，最多允许8个中断请求信号同时进入IRR中，即允许8个外设同时申请中断。

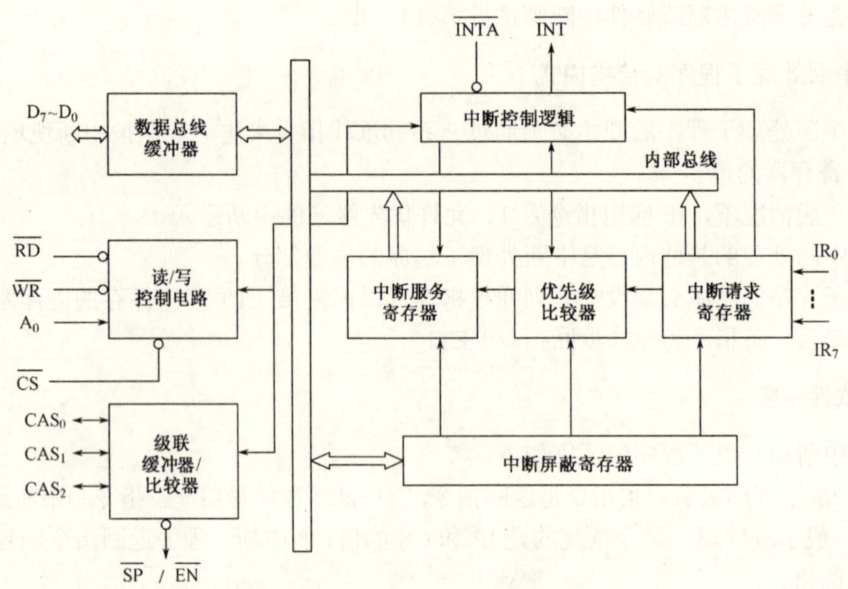

图 6.7 8259A 内部结构框图

2. 中断服务寄存器 ISR

这是一个 8 位寄存器，用来存放正在处理的中断请求。当任何一级中断被响应，则 ISR 寄存器中相应位置 1，并保持到该级中断处理结束为止。当由多重嵌套中断发生时，ISR 寄存器中可有多位置 1。

3. 中断屏蔽寄存器 IMR

中断屏蔽寄存器 IMR 也是一个 8 位寄存器，可以存放对各级中断请求的屏蔽信息。当 IMR 中的某一位置 1 时，该级的中断则被禁止，因此可以实现对各级中断的有选择屏蔽。

4. 优先级比较器 PR

优先级比较器用来识别个中断请求的优先级别。当多个中断请求信号同时产生时，由比较器判定哪一个中断请求具有最高优先级。当出现多级中断时，由优先级比较器 PR 判定是否允许所出现的中断去打断正在处理的中断而被优先处理。

5. 中断控制逻辑

用于向 8259A 内部其他部件发出控制信号，然后再向 CPU 发出 INT 中断请求信号，并接收来自 CPU 的中断响应信号 $\overline{\text{INTA}}$，控制 8259A 进入中断服务状态。中断控制逻辑电路是 8259A 芯片的核心部件，内部的各个部件都是在中断控制逻辑电路的控制下构成一个有机的整体。

6. 数据总线缓冲器

数据总线缓冲器是一个 8 位双向三态缓冲器，是 8259A 与 CPU 之间的数据接口。当

CPU 对 8259A 进行写操作时，由 CPU 向 8259A 内部写入命令控制字；读操作时，用来传输从 8259A 向 CPU 传输的数据或状态信息。

7. 读/写控制电路

读/写控制电路接收来自 CPU 的读/写控制命令和片选控制信息。A_0 用来选择 I/O 端口地址。当 CPU 执行输出指令 OUT 时，A_0 与 $\overline{WR}$ 信号配合，将 CPU 送来的控制命令字写入 8259A 中相应的控制器；CPU 执行输入指令 IN 时，A_0 与 $\overline{RD}$ 信号配合，将 8259A 中相应寄存器的内容送给 CPU。

8. 级联缓冲器/比较器

一片 8259A 最多只能接收 8 级中断，当超过 8 级时，可以使用多片 8259A 级联，构成主从关系。其中一片为主片，其他为从片，最多可级联 64 个从片。主从片的级联信号 CAS_0～CAS_2 对应连在一起。

6.6.2 8259A 的芯片引脚信号

8259A 的芯片引脚如图 6.8 所示。

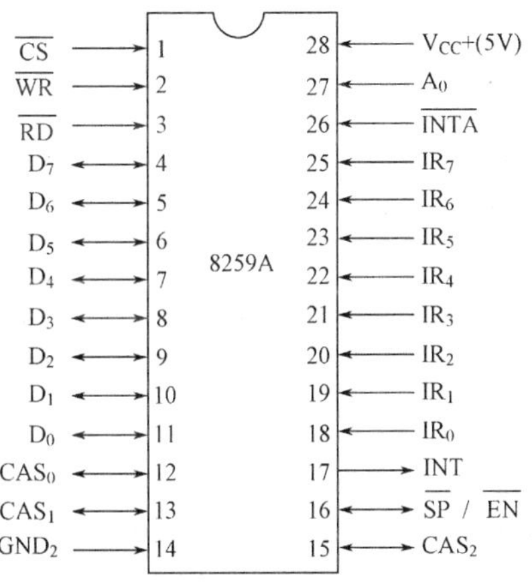

图 6.8 8259A 的芯片引脚

8259A 的芯片引脚作用如下：

- D_7～D_0：8 位双向数据线，可以传输命令控制字、状态字和数据等。
- $\overline{CS}$：片选信号，低电平有效。
- $\overline{RD}$：读引脚信号，低电平有效，控制 8259A 的读操作。
- $\overline{WR}$：写引脚信号，低电平有效，控制 8259A 的写操作。
- $\overline{INTA}$：CPU 发给 8259A 的中断响应输出信号，低电平有效。
- INT：中断请求输入线，高电平有效。
- CAS_0～CAS_2：级联线。采用级联方式时，对于主 8259A 芯片 CAS_0～CAS_2 是输

出信号线，对于从 8259A 芯片 CAS_0～CAS_2 是输入信号线。采用单级时级联线无效。

- A_0：片内地址选择输入线，因为 8259A 有两个端口地址，A_0 作为地址的选择线。
- IR_0～IR_7：外设中断请求输入端，高电平有效。
- $\overline{SP}/\overline{EN}$：双功能信号。当 8259A 处于缓冲状态时，$\overline{EN}$ 有效，表示允许 8259A 通过缓冲器输出；$\overline{EN}$ 无效，表示 CPU 写 8259A。当 8259A 处于非缓冲状态时，$\overline{SP}$ 用做表明主从关系，$\overline{SP}$=1 表示是主 8259A，$\overline{SP}$=0 表示是从 8259A。
- Vcc：+5V 电源输入线。
- GND：地线。

6.6.3 8259A 的工作原理

为了满足用户的不同需求，8259A 设置了两种中断触发方式，即电平触发方式和边沿触发方式，可由软件进行定义。不管用什么方式，必须在中断响应周期的第二个 INTR 信号有效期间，8259A 应将当前被响应的中断类型码 n 通过数据总线 D_7～D_0 送给 CPU。8259A 中断类型码的形成如图 6.9 所示。

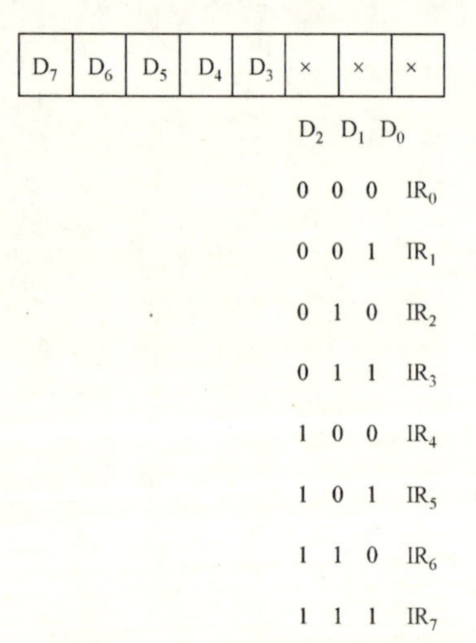

图 6.9 8259A 中断类型码的形成

8259A 具有非常灵活的中断管理方式，可满足使用者的不同要求，而中断优先权的管理则是中断管理的核心。8259A 中对中断优先权的管理，可概括为完全嵌套方式，自动循环方式和中断屏蔽方式。

1. 完全嵌套方式

这种方式为默认方式，各个 IR_i 端引入的中断请求具有固定的中断级别。IR_0 最高。采用这种方式时，ISR 中某位置 1 时，表示 CPU 正处理这一级中断，允许级别更高的进入，最多的时候，ISR 中为 FFH，即有 8 级中断被服务 8259A 在完全嵌套方式下，可采用以下 3 种中断结束方式：

（1）普通 EOI 方式。当任何一级中断服务程序结束时，只给 8259A 传送一个 EOI 结束命令，8259A 收到这个 EOI 命令后，自动将 ISR 寄存器中级别最高的置 1 位清 0。

（2）特殊 EOI 方式。在普通 EOI 方式的基础上，当给 8259A 发 EOI 结束命令同时，当前结束的中断级别也传送给 8259A，然后 8259A 将指定级别的 ISR 位清 0。

（3）自动 EOI 方式。任何一级中断被响应后，ISR 中相应位置 1，CPU 进入中断响应总线周期，在第二个中断响应信号 INTA 结束后，自动清除 ISR 相应位。

2. 自动循环方式

这种方式，每当任何一级中断被处理完，它的优先级别就被改变为最低级，而将最高优先级别赋给原来比它低一级的中断请求，这种方式有如下 3 种不同的做法：

（1）普通 EOI 循环方式。当任何一级中断被处理完后，CPU 回送 8259A EOI 命令，8259A 将 ISR 优先级最高的置 1 位清 0，并付给最低优先级，最高优先级赋给原来比它低一级的中断请求。例如，系统中原 IR_0 为最高优先级，IR_7 为最低级，当前正在处理 IR_2 和 IR_6 引入的中断请求，ISR 中第 2 位，第 6 位置 1，当第 2 级中断处理完，CPU 向 8259A 回送普通 EOI 命令，8259A 将 ISR 中第 2 位清 0，即将第 2 位降为第 7 位，将最高级赋给原来的第 3 级，依此类推。

（2）自动 EOI 循环方式。任何一级中断响应后，在中断响应总线周期中，由第 2 位中断响应信号 INTA 的后沿自动将 ISR 中相应位清 0，并立即改变各级中断级别。

（3）特殊 EOI 循环方式。与前两者不同，它可根据用户要求将最低优先级赋给指定中断源。例如，某一时间，8259A 中 ISR 中的第 2 位和第 6 位置 1，表示正在处理第 2 级和第 6 级中断，假设正在执行第 2 级，这时，将最低优先权给 IR_4，那么 IR_5 便为最高级，但由于原来的第 2 级中断程序没结束，因此，ISR 中的第 2 位和第 6 位仍为 1，只是它们的优先级已被改变为第 5 级和第 1 级。

3. 中断屏蔽方式

CPU 用 CLI 将标志寄存器清 0，所有的中断请求都将被屏蔽，如果使用中断屏蔽寄存器，可以实现对某个或几个级屏蔽。

（1）普通屏蔽方式。将中断屏蔽寄存器 IMR 中的某一位或某几位置 1，就可将相应级的中断请求屏蔽掉。

（2）特殊屏蔽方式。要求仅对本级中断屏蔽，允许其他进入，称为特殊屏蔽方式。用控制寄存器的 SMM 位的置位使 8259A 进入这种方式，例如，当前正在执行 IR_2 中断程序，如果将 IMR 的第 2 位置 1，并将 SMM 位置 1，则标志 8259A 已进入特殊屏蔽方式。

6.6.4　8259A 的级联使用

一片 8259A 可管理 8 级中断，如果多于 8 级，就必须采用级联方式。采用两级级联方式时，最多可连 64 个中断请求。如果有更多的中断，采用多级级联方式。下面以两级方式介绍 8259A 的工作原理，其级联示意图如图 6.10 所示。

8259A 级联使用时，第一级只需一片 8259A 作为主片，第 2 级可以连接 1～8 片 8259A 从片。主 8259A 上没有连接从片的 IR_i 端可以直接连在某个中断源上。工作时，若有一从 8259A 芯片的 IR_i 端接收到一个或几个中断请求时，然后，确定哪个优先级最高，具有最高优先级的先得到响应，然后通过对应的 INT 向主 8259A 发出中断请求，主 8259A 再次优先级是否最高，如果是最高中断请求，则再向 CPU 经 INT 发出中断请求，然后由 CPU 完成相应的处理。如果 CPU 给与响应，则向主 8259A 发两个个 $\overline{INTA}$ 脉冲信号，第一个 $\overline{INTA}$ 有效时，主 8259A 将级联地址经 CAS_0～CAS_2 输出给所有从 8259A；在第二个 $\overline{INTA}$ 有效时，与主 8259A 发出的级联地址相同的从 8259A 芯片将向 CPU 送出相对应的中断类型。

总之，利用程序中断控制方式，可以用编程方式来设置或改变工作方式，使用起来非常方便灵活，是一种普遍采用的 I/O 方式。

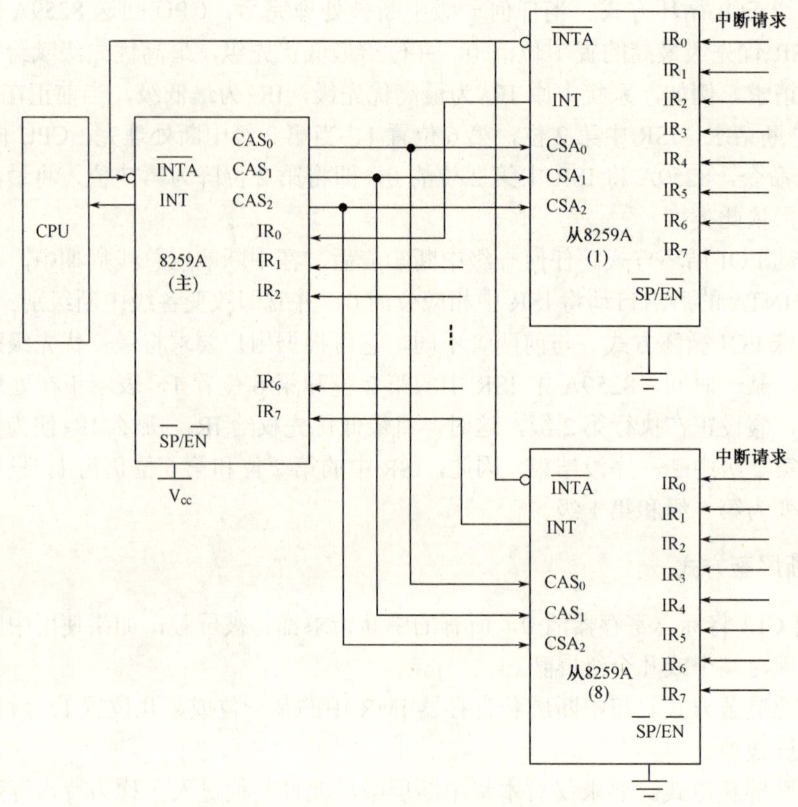

图 6.10　8259A 级联示意图

6.6.5　8259A 编程方法

8259A 是可编程控制器，它根据 CPU 的命令进行工作。通过对控制字的编程控制，来初始化和控制 8259A 工作方式，使其完成规定的功能。CPU 对 8259A 的控制命令分为两类：一类是初始化控制字（ICW），另一类是操作命令字（OCW）。8259A 共有 7 个控制、命令字，其中 4 个是初始化控制字，3 个是操作命令字。

8259A 的编程分为两部分：一是初始化编程，它是通过初始化控制字来完成对 8259A 初始状态的设定，在计算机加电初始化时由 BIOS 完成；二是操作方式的编程，它是通过操作命令字来控制 8259A 的工作方式，操作命令字可在 8259A 初始化后的任何时间写入。

1. 8259A 的初始化控制字及初始化编程

初始化控制字（Initialization Control Word，ICW）是在计算机启动的过程中设定完成的，计算机启动起来后，8259A 就按初始设定的状态工作。

1）8259A 初始化的顺序

8259A 有 4 个初始化控制字，即 ICW_1、ICW_2、ICW_3 和 ICW_4，由于 8259A 只有一根地址线，因此对各个控制字的操作是按照一定的顺序并结合某些数据位来进行寻址设置的。

8259A 初始化的顺序如图 6.11 所示。

2）8259A 各初始化控制字的功能

（1）ICW_1 控制字

ICW_1 控制字的格式如图 6.12 所示。

A_0=0、D_4=1：为 ICW_1 的标志。只要 CPU 向 8259A 发送一条 A_0=0 和 D_4=1 的命令时，这条命令就被译码为对 ICW_1 进行操作。它启动 8259A 的初始化过程，产生下列动作：清除 IMR，把最低优先级分配给 IR_7，把最高优先级分配给 IR_0，将从设备标志置成 7，清除特殊屏蔽方式，设置读 IRR 方式。

A_7～A_5：在 8080(85)CPU 系统中为中断向量地址位，在 8086/8088 系统中不用。

LTIM：中断输入寄存器的触发方式。0 为边沿触发，中断输入信号上升沿时被识别并送入 IRR。1 为电平触发，中断输入信号为高电平即可进入 IRR。这两种触发方式都要求高电平的请求信号在置位 IRR 相应位后一直保持，直到中断被响应为止。

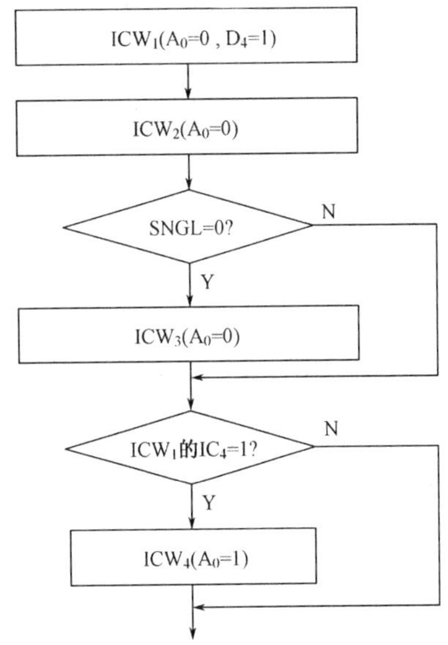

图 6.11　8259A 初始化的顺序

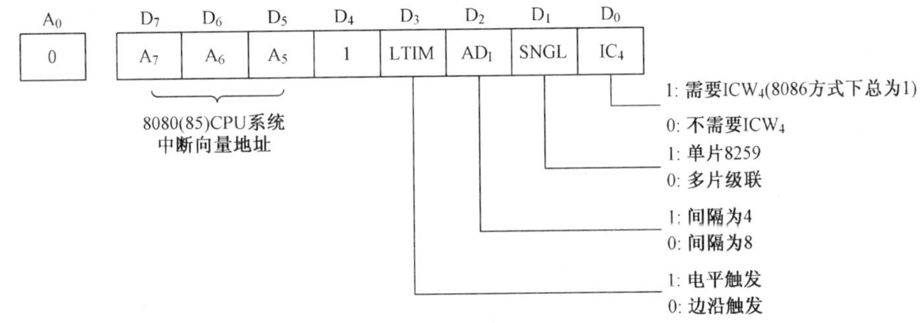

图 6.12　ICW_1 控制字格式

AD_I：设定 8080(85)方式下的中断向量地址间隔的字节数，1 为 4B，0 为 8B。在 8086/8088 方式下此位不用。

SNGL：单个器件/级联方式指示。1 表示系统中只有一个 8259A，0 表示级联方式。

IC_4：该位用于设定有无 ICW_4。1 表示使用 ICW_4，在 8086/8088 方式下，必须使用 ICW_4。0 表示不用 ICW_4，此时 ICW_4 所选择的全部功能位都置 0。

（2）ICW_2 控制字

在 8086/8088 方式下，ICW_2 用于提供 8 个中断源的中断向量码。ICW_2 的高 5 位 T_7～T_3 在初始化编程时设置，初始化低 3 位由 8259A 用中断源的编号填写。在 8080(85)方式下，ICW_2 为中断向量地址的 A_{15}～A_8 位，低位地址在 ICW_1 的 A_7～A_5 中。

ICW_2 控制字格式如图 6.13 所示。

ICW_2 利用 A_0=1 和初始化的次序来寻址。在 8086/8088 系统中，初始化控制字 ICW_2 是比较重要的，它确定了 8259A 外接中断源的起始中断向量码，并实现了每个中断源中断向量码的自动生成。下面举例说明中断向量码的形成情况。

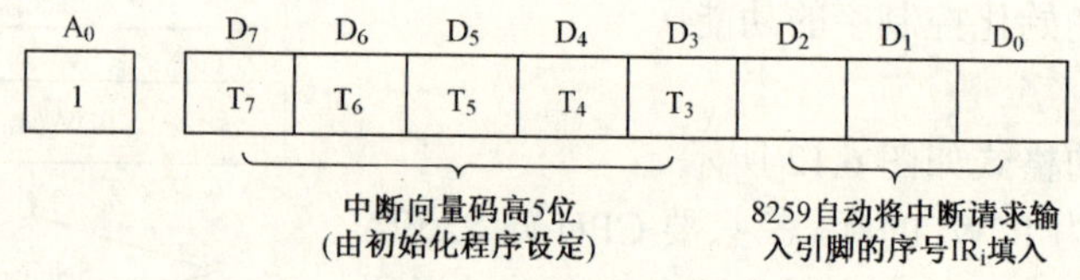

图 6.13 ICW_2控制字格式

在初始化编程时要保持ICW_2的低3位为0，如设定ICW_2为11111000 (F8H)。如果某一中断源IR_i有中断请求，将i填入ICW_2的低3位，与高5位共同组成该中断源的中断向量码，如表6.1所示。

表 6.1 中断向量码的形成情况

ICW_2									
D_7	D_6	D_5	D_4	D_3	D_2	D_1	D_0	中断向量	中断源
1	1	1	1	1	0	0	0	F8H	
1	1	1	1	1	0	0	0	F8H	IR_0
1	1	1	1	1	0	0	1	F9H	IR_1
1	1	1	1	1	0	1	0	FAH	IR_2
1	1	1	1	1	0	1	1	FBH	IR_3
1	1	1	1	1	1	0	0	FCH	IR_4
1	1	1	1	1	1	0	1	FDH	IR_5
1	1	1	1	1	1	1	0	FEH	IR_6
1	1	1	1	1	1	1	1	FFH	IR_7

（3）ICW_3控制字

ICW_3用于 8259A 的级联，若系统中只有一片 8259A，则不用 ICW_3；若 8259A 工作于级联方式，则需要用 ICW_3 设置 8259A 的状态。是否需要 ICW_3，取决于 ICW_1 中的 SNGL 位的状态。在级联方式下，主控 8259A 的 ICW_3 表示 8259A 的级联结构，ICW_3 中被置位的位表示对应的 IR_i 输入端接有从属 8259A，并与从属 8259A 的 INT 输出端相连。在中断响应过程中，如果从属 8259A 发出中断请求的优先级最高，则中断向量由相应的从设备 8259A 发送。主控 8259A 的 ICW_3 控制字格式如图 6.14（a）所示。

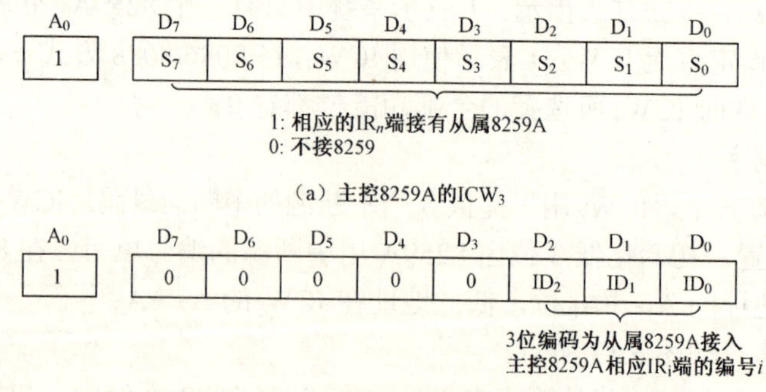

图 6.14 ICW_3控制字格式

对于从属设备 8259A，ICW_3 中低 3 位是从属设备标志代码，它等于主设备对应 IR 输入端的编码。在中断响应过程中，主设备把 IR_i 的编码 i 送上级联线 CAS_2～CAS_0，从属设备把它与自己的从属设备标志进行比较，并把比较结果相等的从属设备的中断向量送到数据总线上。从属设备的 ICW_3 格式如图 6.14（b）所示。

ICW_3 利用 A_0=1 和 ICW_1 中 SNGL=1 及初始化顺序寻址。

（4）ICW_4 控制字

ICW_4 只有在 ICW_1 的 IC_4=1 时才使用，其格式如图 6.15 所示。

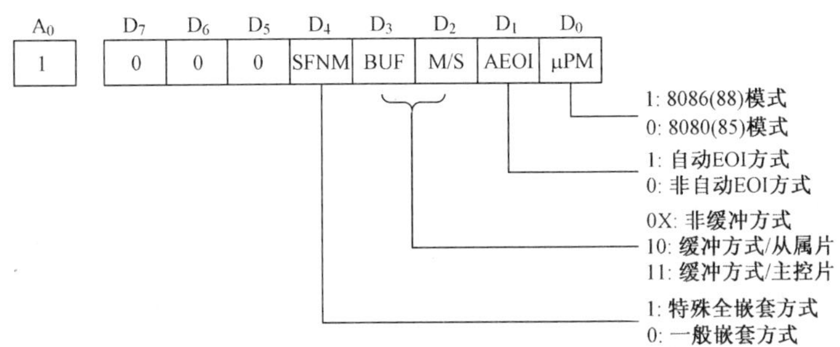

图 6.15　ICW_4 控制字格式

μPM：CPU 类型选择，为 1 时用于 8086/8088 系统中，为 0 时则工作于 8080/8085 系统中。

AEOI：选择是否为自动中断结束方式。为 1 时为自动中断结束方式；为 0 时为非自动中断结束方式，此时必须在中断服务程序中使用 EOI 命令，使 ISR 中最高优先权的位复位。

M/S：在缓冲方式下有效，决定 8259A 作为主设备还是作为从设备工作。当 BUF=1 和 M/S=1 时，8259A 按主设备工作；当 BUF=1 和 M/S=0 时，8259A 按从设备工作。如果在非缓冲方式下，M/S 位不起作用。

BUF：用于指示 8259A 是否工作在缓冲方式，由此决定了 8259A 的 $\overline{SP}/\overline{EN}$ 端的功能。为 1 时，8259A 工作于缓冲方式，SP/EN 用做允许缓冲器接收/发送的输出控制信号 EN；为 0 时，8259A 不工作于缓冲方式，$\overline{SP}/\overline{EN}$ 用做主设备/从设备选择的输入控制信号 SP。

SFNM：这一位用来选择 8259A 在级联方式下是否工作于特殊全嵌套方式。如果主设备编程时设置 SFNM=1，即为特殊全嵌套方式，它可确保从设备的中断输入实现真正的完全嵌套优先权结构。如果 SFNM=0，表示 8259A 工作于一般全嵌套方式。

ICW_4 利用 A_0=1、IC_4=1 和初始化的顺序寻址。

2. 8259A 的操作命令字及操作方式编程

对 8259A 初始化完成后就进入工作状态，准备好接受中断源的中断请求信号。在 8259A 工作期间，可通过操作命令字（Operating Command Word，OCW）来使它按不同的方式进行操作，8259A 操作命令字可在初始化后的任何时刻写入 8259A。操作命令字共有 3 个，即 OCW_1、OCW_2 和 OCW_3。

1）8259A 操作命令字的寻址

当初始化完成后，对 8259A 操作命令字的寻址是通过 8259A 的地址线 A_0 和某些数据位结合来进行的。具体寻址条件如下：

（1）当 A_0=1 时，寻址 OCW_1。

（2）当 A_0=0，D_4=0，D_3=0 时，寻址 OCW_2。

（3）当 A_0=0，D_4=0，D_3=1 时，寻址 OCW_3。

2）8259A 各操作命令字的功能

（1）OCW_1

当 A_0=1 时，可寻址 OCW_1。OCW_1 为中断屏蔽命令字，其格式如图 6.16 所示。

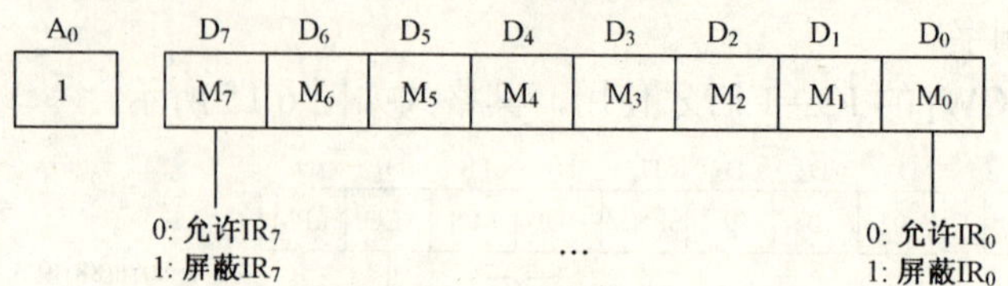

图 6.16　OCW_1 的格式

OCW_1 用来设置 8259A 的屏蔽操作，OCW_1 的每一位对应中断屏蔽寄存器 IMR 的相应屏蔽位，通过 OCW_1 对 IMR 进行置位和复位操作。M_7～M_0 代表 8 个屏蔽位，用来控制 IR 输入的中断请求信号，如果某一位 M=1，它就屏蔽对应的 IR 中断请求（即 M_0=1 屏蔽 IR_0，M_1=1 屏蔽 IR_1 等）。如果 M=0，则清除屏蔽状态，允许对应的 IR 输入信号产生 INT 输出，请求 CPU 进行服务。

（2）OCW_2

当 A_0=0，D_4=D_3=0 时可寻址 OCW_2。OCW_2 用于控制中断结束、优先权循环等操作。OCW_2 命令或方式的选择以位的组合格式来设置，而不是按位设置。OCW_2 的格式和各位的功能如图 6.17 所示。

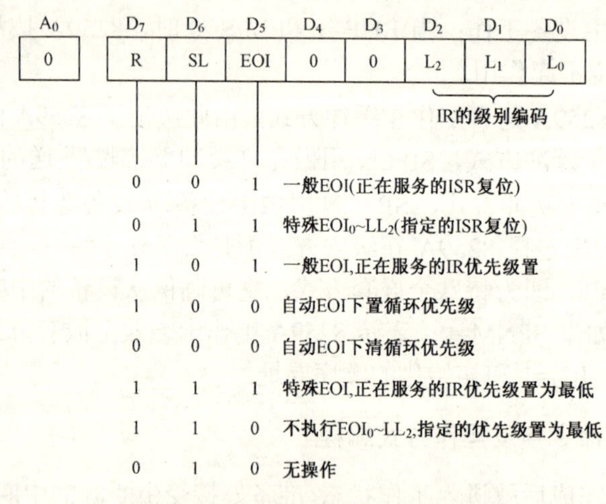

图 6.17　OCW_2 的格式及各位功能

R：优先权循环控制位。R=1 为循环优先权，R=0 为固定优先权。

SL：选择指定的 IR 级别位。SL=1，操作在 L_2～L_0 指定的编码级别上执行；SL=0，L_2～L_0 无效。

EOI：中断结束命令位，在非自动中断结束命令情况下，EOI=1 表示中断结束命令，它使 ISR 中最高优先权位复位；EOI=0 则不起作用。

L_0～L_2：指定操作起作用的 IR 级别码。当 SL=1 时，L_0～L_2 指定的级别编码才起作用。

（3）OCW_3

当 A_0=0，D_4=0，D_3=1 时，寻址 OCW_3。OCW_3 主要控制 8259A 的中断屏蔽、查询和读寄存器等状态。OCW_3 的格式及各位功能如图 6.18 所示。

ESMM：允许或禁止 SMM 位起作用的控制位。ESMM 为 1 时允许 SMM 位起作用，为 0 时禁止 SMM 位起作用。

SMM：设置特殊屏蔽方式选择位。与 ESMM 位共同起作用，如图 6.18 所示。

P：查询命令位。P=1 时，8259A 发送查询命令；P=0 时，不处于查询方式。OCW_3 设置查询方式以后，随后送到 8259A RD 端的读脉冲作为中断响应信号，读出最高优先权的中断请求 IR 级别码。

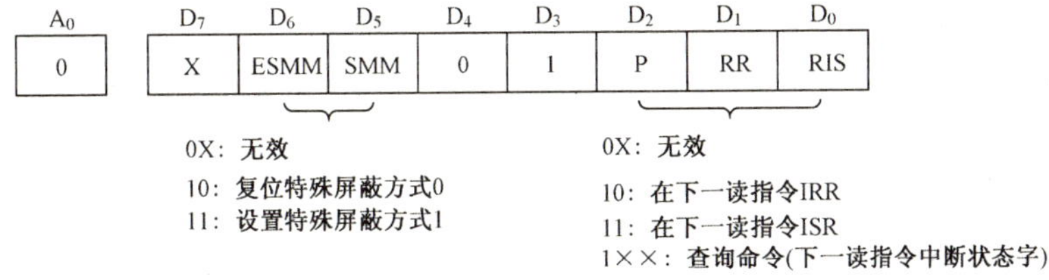

图 6.18　OCW_3 的格式及各位功能

RR：读寄存器命令位。RR=1 时允许读 IRR 或 ISR，RR=0 时禁止读这两个寄存器。

RIS：读 IRR 或 ISR 选择位。

6.6.6　8259A 的应用

1. 中断接口的设计

将单片 8259A 接入 8088 CPU 系统中，设计其端口地址为 FFF0H 和 FFF1H，其具体连接如图 6.19 所示。8259A 由于只有一根地址线，因此它在系统中只占用两个端口地址。8259A 内部的 7 个命令寄存器和 3 个状态寄存器的寻址是将这两个端口地址结合操作命令、特定数据位、严格的写入次序等来实现对 8259A 内部寄存器的寻址，如表 6.2 所示。

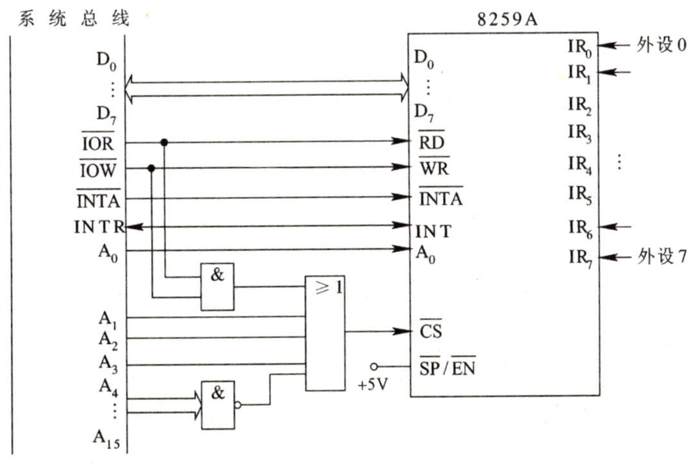

图 6.19　8259A 在系统中的连接

表 6.2 8259A 内部寄存器的寻址控制

A_0	D_4	D_3	$\overline{RD}$	$\overline{WR}$	操 作
0			0	1	读 ISR、ERR 及中断状态寄存器
1			0	1	读 IMR
0	0	0	1	0	写 OCW_2
0	0	1	1	0	写 OCW_3
0	1		1	0	写 ICW_1
1			1	0	写 OCW_1、ICW_2、ICW_3、$IUCW_4$

2. 中断程序的编写

当把 8259A 接入系统后，就需要编写该接口的中断程序。中断程序由两个部分组成：中断接口的初始化程序和中断处理程序。以图 8.19 为例，来说明中断程序的编写。

1）初始化中断控制器 8259A

初始化包括两个方面：一是初始化 8259A 的初始状态；二是完成中断向量表的设置。

（1）初始化 8259A。由于 8259A 的 ICW 有严格的写入次序，因此，编程时必须根据其规定的初始化顺序对 4 个 ICW 进行初始化操作。针对图 6.19，其初始化程序如下：

```
8259A: MOV  DX, 0FFF0H      ; 8259A 口地址, A0=0
       MOV  AL, 13H         ; 初始化字"00010011"送 ICW1
       OUT  DX, AL          ; 单片, 边沿触发, 需要 ICW4
       MOV  DX, 0FFF1H      ; 8259A 口地址, A0=1
       MOV  AL, 0F8H        ; 初始化字 11111000 送 ICW2
       OUT  DX, AL          ; 设置起始中断向量码(IR0)为 F8H
       MOV  AL, 03H         ; 初始化字 00000011 送 ICW4
       OUT  DX, AL          ; 8086/8088 模式, AEOI 非缓冲, 一般全嵌套方式
```

（2）设置中断向量。对 IBM-PC/XT 机，是在计算机启动过程中将中断向量表写入内存的。对用户自行设计的中断接口，当初始化完成后，需要人为设置中断向量表，以使设计的中断向量与相应的中断处理程序建立连接。这样，当 CPU 响应这些中断源的中断请求时，便能根据中断向量找到相应的处理程序，进行相应的中断服务。

假设 8 个中断源对应的中断处理程序在内存中存放的地址标号为 PROG0(IR_0)、PROG1(IR_1)、PROG2(IR_2)、…、PROG7(IR_7)，则中断向量表的设置程序如下：

```
INT_IRO MOV AX, 0              ; 设置 IR0 对应的中断向量表
MOV     DS, AX                 ; 段地址设定在内存的最底端
MOV     SI, 3E0H               ; IR0 的中断向量(F8H)对应的内存地址“4*F8”
MOV     AX, OFFSET PROG0       ; 取得 IR0 中断处理程序的偏移地址
MOV     [SI] , AX              ; 偏移地址写入中断向量对应的“4*F8”地址处
MOV     AX, SEG PROG0          ; 取得 IR0 中断处理程序的段地址
MOV     [SI+2] , AX            ; 段地址写入中断向量对应的“4*F8+2”地址处
```

如果设置 IR_1 对应的中断向量表，根据 ICW_2，IR_1 对应的中断向量为 F9H，只要将上述程序的 F8H 换为 F9H，PROG0 换为 PROG1，即可完成 IR_1 对应中断向量表的设置。

依次类推，IR_7 对应的中断向量表设置程序如下：

```
INT_IR7MOV   AX, 0                ; 设置IR7对应的中断向量表
MOV     DS, AX                    ; 段地址设定在内存的最底端
MOV     SI, 3FCH                  ; IR7的中断向量(FFH)对应的内存地址“4*FF”
MOV     AX, OFFSET PROG7          ; 取得IR7中断处理程序的偏移地址
MOV     [SI] , AX                 ; 偏移地址写入中断向量对应的“4*FF”地址处
MOV     AX, SEG PROG7             ; 取得IR7中断处理程序的段地址
MOV     [SI+2] , AX               ; 段地址写入中断向量对应的“4*FF+2”地址处
```

当然，用户也可以利用 DOS 的 25H 功能调用来设置中断向量表，其调用方法如下：

```
功能号→AH
中断向量→AL
中断处理程序段地址→DS
中断处理程序偏移地址→DX
INT  21H
```

如对 IR0，在 DOS 下设置中断向量表的程序如下：

```
MOV          AH, 25H
MOV          AL, 0F8H
MOV          DX, SEG PROG0
MOV          DS, DX
MOV          DX, OFFSET PROG0
INT          21H
```

2）编写中断处理程序

中断处理程序用来完成对中断源的具体服务，在中断处理程序中，通过对 OCW 的设置，可以使 8259A 在各种方式下工作。为了便于分析，利用 IBM-PX/XT 机的 8259A，并将中断源简化成开关 S，通过 IRQ_7 来申请中断，如图 6.20 所示。

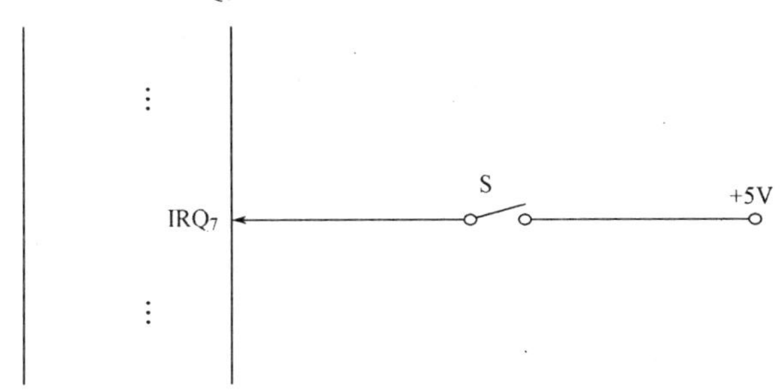

图 6.20 利用开关申请中断

当用户每按下一次开关时，即相当于从 IRQ_7 端向计算机内部的 8259A 发送一次中断请求，该中断的服务是将“THIS IS A IRQ7 INT”显示在屏幕上。在 IBM-PC/XT 系统中 IRQ_7

对应的中断向量为 0FH，中断控制器 8259A 在系统中的地址为 20H 和 21H。

中断程序设计如下：

```
DATA    SEGMENT
MESS    DB      'THIS IS A IRQ7 INT!', 0AH, 0DH, '$'
DATA    ENDS
CODE    SEGMENT
        ASSUME  CS:CODE, DS:DATA
START:  MOV     AX, CS
        MOV     DS, AX
        MOV     DX, OFFSET INT7
        MOV     AX, 250FH           ; 设中断程序 INT7 的类型号为 0FH
        INT     21H                 ; 设置中断向量表
        CLI                         ; 关中断
        IN      AL, 21H             ; 读中断屏蔽寄存器
        AND     AL, 7FH             ; 开放 IRQ7 中断
        OUT     21H, AL             ; 写 OCW1
        MOV     CX, 10              ; 定中断循环次数为 10 次
        STI
    LL: JMP     LL
INT7:   MOV     AX, DATA            ; 中断服务程序
        MOV     DS, AX
        MOV     DX, OFFSET MESS
        MOV     AH, 09              ; 显示每次中断的提示信息
        INT     21H
        MOV     AL, 20H             ; 写 OCW2
        OUT     20H, AL             ; 发出 EOI 结束中断
        LOOP    NEXT
        IN      AL, 21H             ; 读中断屏蔽寄存器
        OR      AL, 80H             ; 关闭 IR7 中断
        OUT     21H, AL             ; 写 OCW1
        STI                         ; 开中断
        MOV     AH, 4CH             ; 返回 DOS
        INT     21H
NEXT:   IRET                        ; 中断返回
CODE    NDS
        END     START
```

习　题

一、填空题

1. 在计算机系统中 I/O 数据传送方式分为（　　　　　）、（　　　　　）和（　　　　　）等。

2. 程序控制方式包括（　　　　　）方式和（　　　　　）方式。

3. I/O 系统由（　　　　　）以及相关软件组成。

4. 接口寄存器的编址方式有（　　　　　）和（　　　　　）两种。

5. 若微处理器系统采用存储器统一编址，那么一条 MOV（传送）指令可以访问的地址空间为（　　　　　）。

6. 程序控制方式中，数据的传送由（　　　　　）进行控制。

7. CPU 响应中断时最先完成的两个步骤是（　　　　）和（　　　　　）。

8. 中断屏蔽寄存器是为每个中断源设置一（　　　　　）实现的，当其为（　　　）时禁止该中断源的中断请求，否则允许通过。

9. DMA 的含义是（　　　　　），用于解决（　　　　　）传送问题。

10. DMA 负责在（　　　　　）总线上进行数据传送，在 DMA 写操作中，数据从（　　　　）传送到外设。

11. 外设接口的主要功能是（　　　　　　）、（　　　　　　）和（　　　　　　）。

12. 统一编址方式是将（　　　　　　）和（　　　　　）统一编址。

13. 按照数据传送的方式分，I/O 接口可分为（　　　　）和（　　　　）两种。

14. 单片 8259A 可管理（　　　）可屏蔽中断，4 片级联可管理（　　）级可屏蔽中断。

15. 8086CPU 的中断系统中共有（　　　　　）个中断类型码，中断向量表的逻辑地址范围为（　　　　　）。

二、选择题

1. 下面叙述中正确的是（　　）。

   A．总线一定要是接口相连　　　　B．接口一定要和总线相连
   C．通道可以代替接口　　　　　　D．总线始终由 CPU 控制和管理

2. 主机和外设不能并行工作的是（　　）。

   A．程序查询方式　　　　B．中断方式　　　　C．通道方式

3. 当采用（　　）对设备进行编址情况下，不需要专门的 I/O 指令组。

   A．统一编址　　　　B．单独编址　　　　C．两者均可

4. 在独立编址方式下，存储单元和 I/O 设备是靠（　　）来区分的。

   A．不同的地址代码　　　　B．不同的地址总线

C．不同的指令或不同的控制信号

5．下述I/O控制方式中，主要由程序实现的是（　　）。

A．DMA方式　　B．中断方式　　C．通道方式

6．下面有关中断的叙述中不正确的是（　　）。

A．为了保证中断服务程序执行完毕以后，能正确返回到被中断的断点出执行程序，必须进行现场保护

B．CPU响应中断时暂停运行当前程序，自动转移到中断服务程序

C．中断方式一般适用于随机出现的服务

D．一旦有中断请求出现，CPU立即停止当前指令的执行，转而去处理中断请求

7．为了实现中断嵌套，现场信息一般送入（　　）中保存。

A．通用寄存器　　B．堆栈　　C．存储器　　D．外存

8．中断向量地址是（　　）。

A．主程序返回地址　　B．子程序入口地址

C．中断服务例行程序入口地址的地址　　D．中断服务例行程序入口地址

9．如果有多个中断申请同时发生，系统将根据中断优先级的高低先响应优先级最高的中断请求。若要调整中断源申请的响应次序，可以利用（　　）。

A．中断响应　　B．中断屏蔽　　C．中断向量　　D．中断嵌套

10．8086CPU响应可屏蔽中断时，CPU（　　）。

A．执行一个中断响应周期

B．执行两个连续的中断响应周期

C．执行两个连续的中断响应周期，中间插入2～3个空闲周期

D．不执行中断响应周期

三、简答题

1．将外设接入计算机系统中应该注意哪些问题？

2．说明程序查询方式和中断方式的特点。

3．中断处理过程包括哪些操作步骤？

4．假设中断类型码为2，则中断向量的地址为多少？

第 7 章　定时器/计数器与 DMA 控制器

7.1　可编程计数器/定时器 8253

在计算机系统中经常需要用到定时功能。例如，在计算机中，需要一个实时时钟来实现计数功能，并且要求以一定的时间间隔对动态 RAM 进行刷新，此外，扬声器的声源也要由定时信号来驱动。在计算机实时控制和处理系统中，要按一定的采样周期对处理对象进行采样，或定时检测某些参数等，都需用到定时功能。此外，在许多微型计算机应用系统中，还要用到计数功能，来对外部事件进行计数。

主要有两种方法来实现定时功能，即软件定时和硬件定时。

软件定时是最简单的定时方法，它不需要硬件支持，只需让机器循环执行某一条或某些指令，这些指令并没有具体的执行目的，但由于执行指令需要一定的时间，循环执行这些指令就会占用一段固定的时间，以此实现延时的目的。用这种方法定时，完全由软件编程来控制，灵活方便，节省费用。但这种方法的缺点是 CPU 利用率太低，在定时循环期间，CPU 不能再去做其他的工作，而仅仅是等待预定的定时时间的到来。软件定时方法只适用于延时时间较小而重复次数又有限的应用程序中。为了提高 CPU 的利用率，常采用硬件方法来实现定时。

硬件定时是用可编程计数器/定时器。定时时，首先要根据预定的定时时间，用指令对计数器/定时器芯片设置定时初值，之后启动芯片进行工作，当计到确定值时，便自动产生一个定时输出。计数器一旦开始工作后，CPU 就可以去做别的工作了，等计数器计到预定的时间，便自动产生一个输出信号，该信号向 CPU 提出中断请求，通知 CPU 定时时间已到，使 CPU 作相应的处理。或者直接利用输出信号去启动设备工作。这种方法不但显著提高了 CPU 的利用率，而且定时时间由软件设置，使用起来十分灵活方便，加上定时时间又很精确，所以获得了广泛的应用。

下面主要介绍计数器/定时器 8253 芯片（以下简称 8253，类同）的基本工作原理和使用方法，并给出一些应用实例。

7.1.1　8253 芯片内部结构及引脚信号

8253 内部包含数据总线缓冲存储器、读/写控制电路、控制字寄存器及 3 个结构完全相同的计数器，其内部结构流程图如图 7.1 所示。8253 有 24 个引脚，其引脚信号如图 7.2 所示。

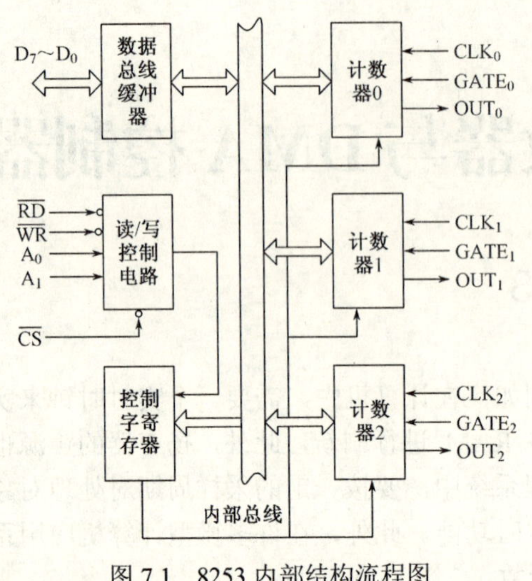

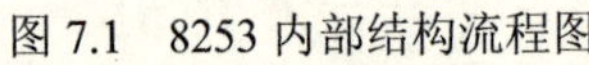
图 7.1　8253 内部结构流程图

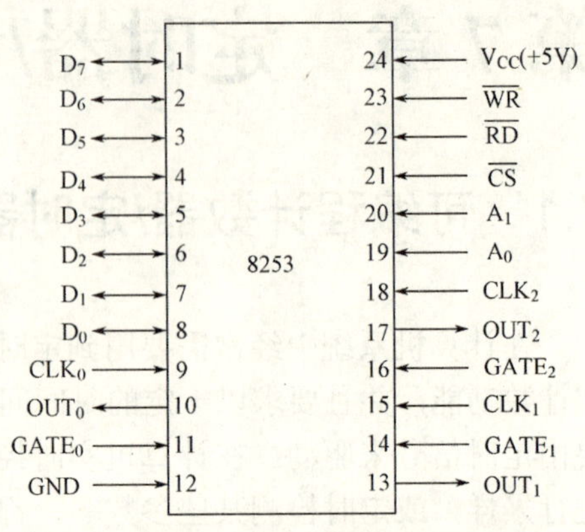

图 7.2　8253 引脚图

1. 数据总线缓冲器

数据总线缓冲器是 8253 与 CPU 之间的数据接口，它由 8 位双向三态缓冲存储器构成，CPU 用 I/O 指令对 8253 进行读/写操作的信息，都由 8 位数据总线传送。这些信息包括：CPU 向计数器设置计数初值、从计数器读取计数值、向控制寄存器写入的控制字。

2. 读/写控制电路

读/写控制电路接收 CPU 送入的读/写输入信号，经过组合后，形成对各部分操作的控制信号。8253 可接收的控制信号如下：

（1）A_1A_0 端口选择信号，由 CPU 输入。在 8253 内部有 3 个独立的计数器通道和一个控制字寄存器端口。可由系统控制总线向 3 个计数器通道输入控制信号来完成读/写操作，向控制字寄存器端口输入控制信号来实现写操作。8253 用两位地址码 A_1A_0 来选择这 4 个端口地址，如表 7.1 所示。

表 7.1　A_1A_0 的定义

A_1	A_0	端　口
0	0	计数器 0
0	1	计数器 1
1	0	计数器 2
1	1	控制字寄存器

（2）$\overline{CS}$ 片选信号，由 CPU 输入，通常由端口地址的高位地址译码形成。当 $\overline{CS}$ 为低电平时，CPU 才能对 8253 进行读/写操作。

（3）$\overline{RD}$、$\overline{WR}$ 读/写控制信号，由 CPU 输入。当 $\overline{RD}$、$\overline{WR}$ 为低电平时才有效。$\overline{RD}$

为低电平时，表示 CPU 正在读取由 A_1A_0 所选定的计数器通道中的内容。$\overline{WR}$ 为低电平时，表示CPU正在将计数初值写入各个计数器中，或者将方式控制字写入控制字寄存器中。CPU对 8253 的读/写操作如表 7-2 所示。

表 7.2　8253 的读/写操作

$\overline{CS}$	$\overline{RD}$	$\overline{WR}$	A_1A_0	功　能
0	1	0	0　0	写入计数器 0
0	1	0	0　1	写入计数器 1
0	1	0	1　0	写入计数器 2
0	1	0	1　1	写入控制字寄存器
0	0	1	0　0	读计数器 0
0	0	1	0　1	读计数器 1
0	0	1	1　0	读计数器 2
0	0	1	1　1	无操作
1	×	×	×　×	禁止使用
0	1	1	×　×	无操作

3. 计数器

在 8253 内部包含 3 个功能完全相同的计数器通道，而且对 3 个通道的操作完全是独立的。每个计数器通道设有一个 16 位预置寄存器、一个 16 位减 1 计数器和一个 16 位输出锁存器。在工作前需要对预置寄存器设定初始值；减 1 计数器的作用是接收预置寄存器送来的初始值，并且对初值进行减 1 的操作；输出锁存器的作用是锁存减 1 计数器的内容，必要时 CPU 可对它执行读操作，以了解某个时刻计数器的瞬时值。计数通道内部结构如图 7.3 所示。

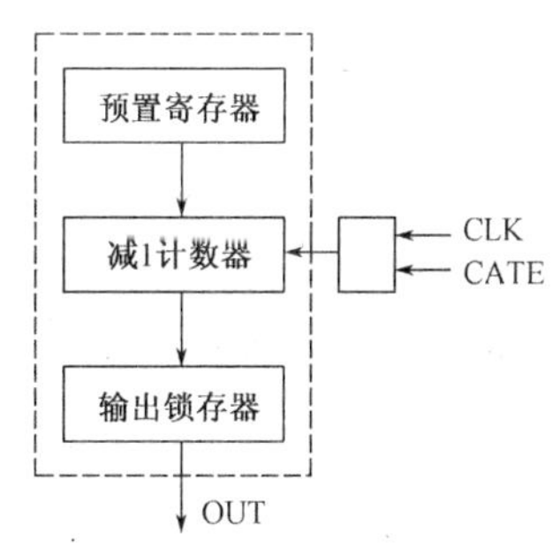

图 7.3　8253 计数通道内部结构

如果选定某一通道用来作计数器使用时，首先应将需要计数的初始值预置到预置寄存器中，当所要计数的事件发生后，计数脉冲从 CLK_i 端输入，每输入一个计数脉冲，计数器的值相应地减 1，直到计数器的值计到 0，这时 OUT_i 端将有输出，表示计数次数已经达到了初始值。

如果选定某一通道用来作定时器使用时，应将一定频率的时钟脉冲输入到 CLK_i 端。计数的初始值根据要求定时的时间来确定，并把计数初值预置到预置寄存器中，CLK_i 端每接收到一个时钟脉冲，计数器的值相应地减 1，直到计数器的值计到 0，这时 OUT_i 端将有输出，表示定时时间已经达到了设定值。CLK_i 端可接收的时钟频率范围在 1～2MHz。因此，选择计数器通道后，可以当做计数器用，也可以作定时器用，而且它们的内部操作完全相同，区别仅在于计数器是由计数脉冲执行减 1 计数，而定时器是由时钟脉冲执行减 1 计数。当做计数器使用时，计数的次数可直接作为计数器的初始值预置到预置寄存器中。当做定时器使用时，计数器的初值即定时系数应根据要求定时的时间进行运算，即

$$定时系数=\frac{要求定时的时间}{时钟脉冲的周期}$$

4. 控制字寄存器及初始化编程

1）8253 控制字格式

控制字寄存器是一种只写寄存器，通过 CPU 用输出指令向它写入控制字，以此来选定各计数器通道的工作方式。在计数器/定时器工作之前，必须要先设定控制字，才能保证计数器/定时器正确工作。8253 控制字格式如图 7.4 所示。

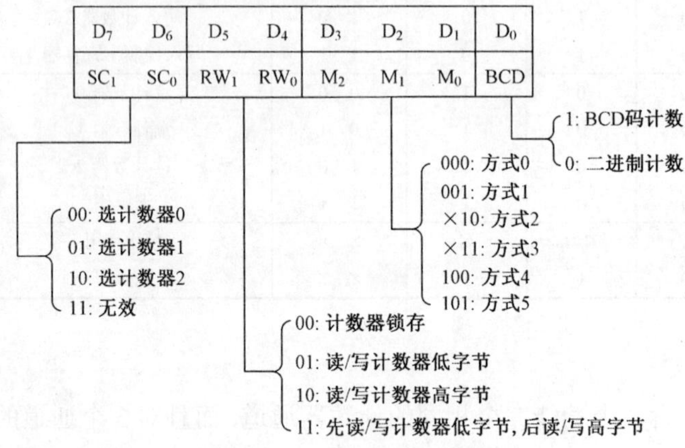

图 7.4　8253 控制字格式

图中：

（1）SC_1，SC_0 位：选择计数器位。8253 的 3 个计数器是相互独立的，所以，在设置控制方式时，要通过预置 SC_1，SC_0 位的值，来选定是对哪一个计数器通道设置的。

（2）RW_1，RW_0 位：读/写操作方式。

00：完成计数器的锁存操作，输出锁存器把当前计数值锁定，以便读出。

01：读/写低 8 位字节。

10：读/写高 8 位字节。

11：先读/写低 8 位字节，后读/写高 8 位字节。

（3）M_2，M_1，M_0 位：工作方式选择位。8253 工作时有 6 种方式可供选择，当前工作于哪种方式，由这 3 位来选择。

（4）BCD 位：计数方式选择位。当该位为 1 时，采用 BCD 码计数，写入计数器的初值用 BCD 码表示，最大记数值是 9999。当 BCD 位为 0 时，则采用二进制格式计数，写入计数器的初值用二进制数表示，最大记数值为 0FFFFH。

2）8253 的初始化编程步骤

刚接通电源时，8253 可编程外围接口芯片通常处于未定义状态，在使用之前，必须用程序把它们初始化为所需的特定模式，这个过程称为初始化编程。对 8253 初始化编程时，有两项内容进行：

（1）用输出指令向控制字寄存器写入一个控制字，以便选定计数器通道，规定该寄存器工作方式和计数方式以及计数初值的长度和装入顺序。写入控制字还可以起到复位作用，

使输出端 OUT_i 变为规定的初始状态，并使计数器清 0。

（2）用输出指令向选中的计数器端口地址中写入一个计数初值，初值设置时要符合控制字中有关格式的规定。若是 8 位数，只要用一条输出指令就可完成初值的设置。若是 16 位数，必须要用两条输出指令来完成，并且规定先送低 8 位数据，后送高 8 位数据。

由于 3 个计数器分别具有独立的编程地址，因此，对 3 个计数器的编程没有先后顺序的规定，可任意选定某一个计数器通道进行初始化编程，只要遵循先写入控制字，后写入计数初值的规定即可。

【例 7.1】 在某微型计算机系统中，8253 的 3 个计数器的端口地址分别为 3F0H、3F2H 和 3F4H，控制字寄存器的端口地址为 3F6H，要求 8253 的记数通道 0 工作于方式 3，并已知对它写入的计数初值 n=1234H，则初始化程序如下：

```
MOV   AL,    00110111B      ；控制字：选择记数器 0，先读/写低字节，后读/写高字节，方
                            ；式 3，BCD 计数
MOV   DX,    3F6H           ；指向控制口
OUT   DX,    AL             ；送控制字
MOV   AL,    34H            ；计数值低字节
MOV   DX,    3F0H           ；指向计数器 0 端口
OUT   DX,    AL             ；先写入低字节
MOV   AL,    12H            ；计数值高字节
OUT   DX,    AL             ；后写入高字节
```

在计数初值写入 8253 后，还要经过一个时钟脉冲的上升沿和下降沿，才能将计数初值装入实际的计数器，然后在门控信号 GATE 的控制下，对从 CLK 引脚输入的脉冲进行递减计数。

7.1.2 8253 芯片的工作方式

8253 中各通道可有 6 中可供选择的工作方式，以完成定时、计数或脉冲发生器等多种功能。

1. 方式 0——计数结束中断方式

方式 0 的定时波形如图 7.5 所示。当对 8253 的任一通道写入控制字，被定义为工作方式 0 时，OUT_i 输出为低电平；若门控信号 GATE 为高电平，当 CPU 利用输出指令向该通道写入计数值 $\overline{WR}$ 信号有效时，在 $\overline{WR}$ 信号上升沿之后的下一个 CLK_i 脉冲的下降沿时，才将计数值写入计数值寄存器，然后计数器开始减 1 计数，直到计数值为 0，此时 OUT_i 由低电平跳变成高电平，它可通过 8259A 向 CPU 发送中断请求信号。OUT_i 端输出的高电平一直维持到下一次再写入计数值为止。

在计数过程中，GATE 用来控制计数器减 1 操作是否进行。当 GATE=1 时，允许减 1 计数；GATE=0 时，禁止减 1 计数；计数值将保持 GATE 有效时的计数值不变，待 GATE 重新有效后，计数器又继续计数。

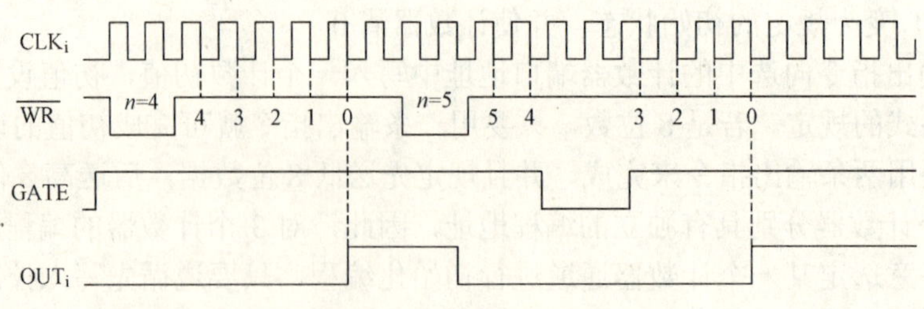

图 7.5　方式 0 定时波形

显然，利用此工作方式可完成计数和定时两种功能。使用计数功能时，应将计数的次数写入计数寄存器中，计数的事件以脉冲方式从 CLK_i 端输入，每遇到一个 CLK_i 端脉冲，计数器减 1，直到减到 0 为止，此刻 OUT_i 输出正跳变，表示计数次数到。使用定时功能时，应根据要求定时的时间和 CLK_i 的周期计算出定时系数，预置到计数器中。从 CLK_i 端输入相应的时钟脉冲，由它对计数器进行减 1 计数，定时时间从写入计数值开始，到计数值计到 0 为止，这时 OUT_i 输出正跳变，表示定时时间到。

需要说明的是，任一通道工作在方式 0 时，计数初值只一次有效，经过一次计数或定时后，如果需要继续进行计数或定时功能，必须重新写入计数器的初值。

2. 方式 1——可编程单脉冲发生器

方式 1 的定时波形如图 7.6 所示。这种工作方式在计数器装入计数值 n 后，OUT_i 输出高电平，不管此时 GATE 端是高电平还是低电平，都不进行减 1 计数，直到 GATE 由低电平向高电平跳变形成一个上升沿后，在下一个时钟脉冲的下降沿，计数过程才会开始。与此同时，OUT_i 输出由高电平向低电平跳变，形成输出单脉冲的前沿，待计数完成到 0 时，OUT_i 输出由低电平向高电平跳变，形成输出单脉冲的后沿。因此，由方式 1 所能输出的单脉冲的宽度为 OUT_i 周期的 n 倍。

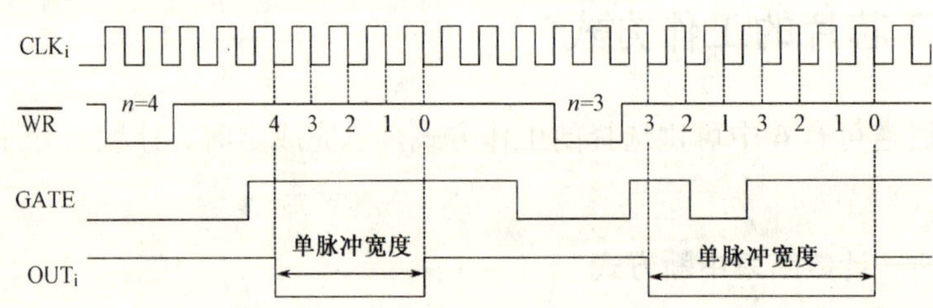

图 7.6　方式 1 定时波形

如果在减 1 计数过程中，GATE 由高电平变为低电平，这并不影响计数过程，仍继续计数；但若重新遇到 GATE 的上升沿，则从初值开始重新计数，其效果会使输出的单脉冲加宽，如图中的第二个单脉冲。

在方式 1 下，计数值也是一次有效，每输入一次计数值，只产生一个负极性单脉冲。

3. 方式 2——速率波发生器

方式 2 的定时波形如图 7.7 所示。在这种工作方式中，OUT_i 输出高电平。在写入计数初值 n 后，如果 GATE 为高电平，则立即开始计数，OUT_i 保持为高电平不变；待计数值减到 1 和 0 之间，OUT_i 将输出宽度为一个 CLK_i 周期宽度的负脉冲，计数值为 0 时，自动重新装入计数初值 n，实现循环计数，OUT_i 又将输出和上次一样的负脉冲。这样每隔 n 个时钟脉冲就产生一个负脉冲，其宽度固定为一个 CLK_i 周期。

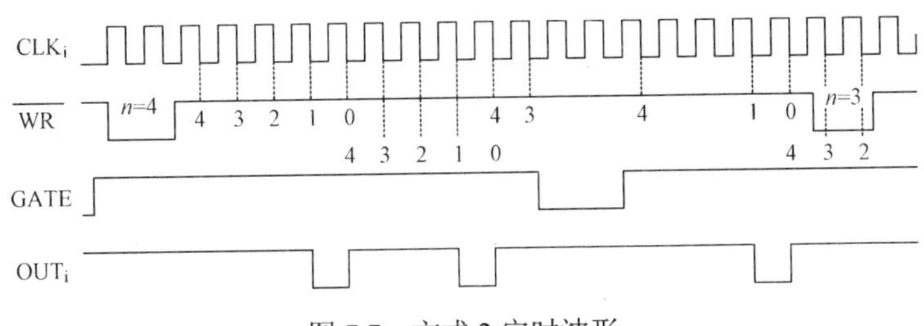

图 7.7　方式 2 定时波形

如果在减 1 计数过程中，GATE 变为低电平，则暂停减 1 计数，待 GATE 恢复高电平后，从初值 n 重新开始计数。这样会改变输出脉冲的速率。

如果在操作过程中要求改变输出脉冲的速率，CPU 可在任何时候，重新写入新的计数值，它不会影响正在进行的减 1 计数过程，而是从下一次计数操作周期开始按新的计数值改变输出脉冲的速率。

4. 方式 3——方波发生器

方式 3 的定时波形如图 7.8 所示。被选通的通道工作在方式 3，只有计数值 n 为偶数时，OUT_i 才会输出重复周期为 n、占空比为 1∶1 的方波。

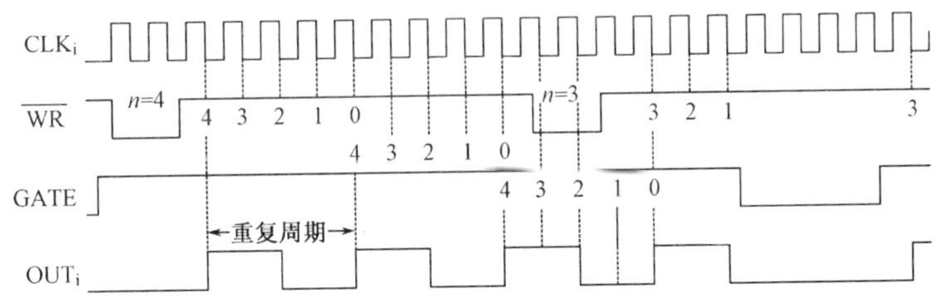

图 7.8　方式 3 定时波形

进入工作方式 3，OUT_i 输出低电平，且在装入计数初值 n 后，OUT_i 立即跳变为高电平。如果当前 GATE 为高电平，则立即开始减 1 计数，开始时 OUT_i 保持为高电平，若 n 为偶数，在计数值减到 $n/2$ 时，计数器改变输出的状态，即 OUT_i 跳变为低电平，一直保持到计数值减为 0，系统才自动重新装入计数值 n，实现循环计数。这时 OUT_i 端输出的周期为 $n\times CLK_i$ 周期，占空比为 1∶1 的方波序列；若 n 为奇数，则 OUT_i 端输出周期为 $n\times CLK_i$ 周期，占空比为 $\frac{n+1}{2}\Big/\frac{n-1}{2}$ 的近似方波序列。

在计数过程中，GATE 变为低电平，则暂停减 1 计数过程，待 GATE 恢复高电平后，重新从初值 n 开始减 1 计数。

如果要求改变输出方波的周期，则可在任何时候重新装入新的计数初值 n，并从下一次计数操作周期开始改变输出方波的速率。

5. 方式 4——软件触发方式

方式 4 的定时波形如图 7.9 所示。进入工作方式 4，OUT_i 输出高电平。在装入计数值 *n* 后，如果 GATE 为高电平，则立即开始减 1 计数，直到计数值减到 0 为止，OUT_i 输出宽度为一个 CLK_i 周期的负脉冲。由软件装入的计数值是一次性有效，必须重新置入计数值 *n* 才能重新开始计数。如果在操作过程中，GATE 变为低电平，则停止减 1 计数，到 GATE 再次变为高电平时，重新从初值开始减 1 计数。

显然，利用此工作方式可完成定时功能。定时时间从装入计数值 *n* 开始，则 OUT_i 输出负脉冲（表示定时时间到），其定时时间为 $n\times CLK_i$ 周期。此工作方式也可完成计数功能，它要求计数的事件以脉冲的方式从 CLK_i 端输入，在装入计数初值后，由 CLK_i 端输入的计数脉冲控制进行减 1 计数，直到计数值减为 0，由 OUT_i 端输出负脉冲（表示计数次数到）。当然它也可通过 8259A 向 CPU 发送中断请求信号。因此工作方式 4 和工作方式 0 很相似，只是方式 0 在 OUT_i 端输出正阶跃信号、方式 4 在 OUT_i 端输出负脉冲信号。

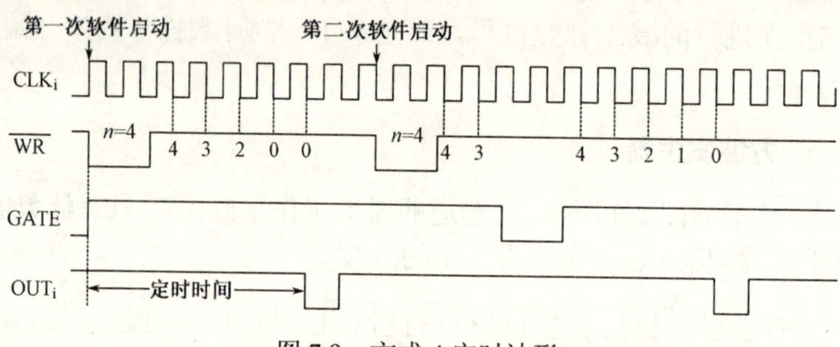

图 7.9 方式 4 定时波形

6. 方式 5——硬件触发方式

方式 5 的定时波形如图 7.10 所示。进入工作方式 5，OUT_i 输出高电平。硬件触发信号由 GATE 端引入。开始时 GATE 端应为低电平，在装入计数初值 *n* 后，减 1 计数并不工作，一定要等到硬件触发信号在 GATE 端引入一个上升沿信号，减 1 计数才会开始，待计数值计到 0，OUT_i 将输出负脉冲，其宽度固定为一个 CLK_i 周期，表示定时时间到或计数次数到。

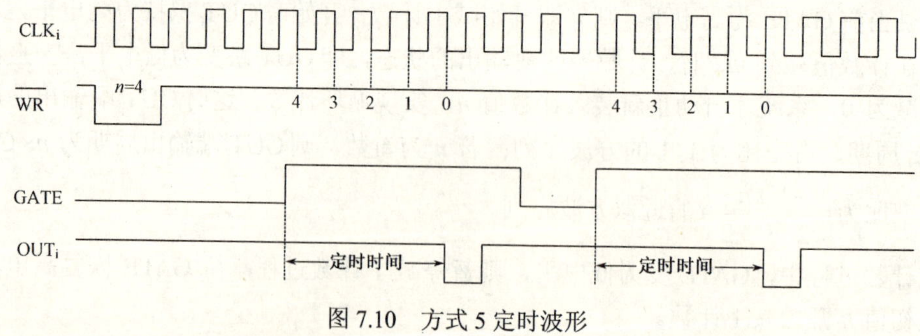

图 7.10 方式 5 定时波形

在计数过程中，当计数值计到 0 后，系统将自动重新装入计数值 *n*，但并不开始计数，一定要有 GATE 端一个上升沿信号，才会开始进行减 1 计数，因此这是一种完全由 GATE

端的触发信号控制的计数或定时功能。如果在 CLK_i 端输入是一定频率的时钟脉冲，那么可完成定时功能，定时时间从 GATE 上升沿开始，到 OUT_i 端输出负脉冲结束。如果从 CLK_i 端输入的是要求计数的事件，则可完成计数功能，计数过程从 GATE 上升沿开始，到 OUT_i 输出负脉冲结束。GATE 可由外部电路或控制现场产生，故硬件触发方式由此得名。

如果需要改变计数初值，可在任何时候装入新的计数初值 n，它不影响正在进行的操作过程，而是到下一个计数操作周期才会按新的计数值进行操作。

从上述 6 种方式可看出，GATE 作为门控信号，对于各种不同的工作方式，它所起的作用各不相同。在 8253 的应用中，必须正确使用 GATE 信号，才能保证各记数通道的正常操作。GATE 信号的功能如表 7.3 所示。

表 7.3　GATE 信号的功能

工 作 方 式	GATE=0 及下降沿	GATE 上升沿	GATE=1
方式 0	停止计数	无意义	允许计数
方式 1	无意义	从初值开始重新计数	无意义
方式 2	停止计数	从初值开始重新计数	允许计数
方式 3	停止计数	从初值开始重新计数	允许计数
方式 4	停止计数	从初值开始重新计数	允许计数
方式 5	无意义	硬件触发信号	无意义

7.1.3　8253 芯片的应用

【例 7.2】　假设 8253 的计数器 0 工作在方式 5，按二进制计数，计数初值为 46H；计数器 1 工作在方式 1，按 BCD 码计数，计数初值为 4000H；计数器 2 工作在方式 2，按二进制计数，计数初值为 0304H。请写出以上 3 种情况的初始化程序。8253 占用地址 04C0H、04C2H、04C4H、04C6H。

程序段如下：

```
MOV     AL, 00011010B       ; 二进制, 方式 5, 写低字节, 计数器 0
MOV     DX,   04C6H         ; 设置 8253 控制口地址
OUT     DX, AL              ; 写入工作方式控制字
MOV     AL, 46H             ; 计数值的低字节
MOV     DX, 04C0H           ; 设置 8253 计数器 0 地址
OUT     DX, AL              ; 写入计数值的低字节
MOV     AL, 01110011B       ;BCD 码, 方式 1, 写 16 位数, 计数器 1
MOV     DX, 04C6H           ; 设置 8253 控制口地址
OUT     DX, AL              ; 写入工作方式控制字
MOV     AL, 00H             ; 计数值的低字节
MOV     DX, 04C2H           ; 设置 8253 计数器 1 地址
OUT     DX, AL              ; 写入计数值的低字节
```

```
        MOV     AL, 40H             ; 计数值的高字节
        OUT     DX, AL              ; 写入计数值的高字节
        MOV     AL, 10110100B       ; 二进制, 方式 2, 写 16 位数, 计时器 2
        MOV     DX, 04C6H           ; 控制口地址
        OUT     DX, AL              ; 写入工作方式控制字
        MOV     AL, 04H             ; 计数值的低字节
        MOV     DX, 04C4H           ; 设置 8253 计数器 2 地址
        OUT     DX, AL              ; 写入计数值的低字节
        MOV     AL, 03H             ; 计数值的高字节
        OUT     DX, AL              ; 写入计数值的高字节
```

【例 7.3】 用 8253 为 A/D 子系统提供可编程的采样信号，采样时钟的系统连接图如图 7.11 所示。

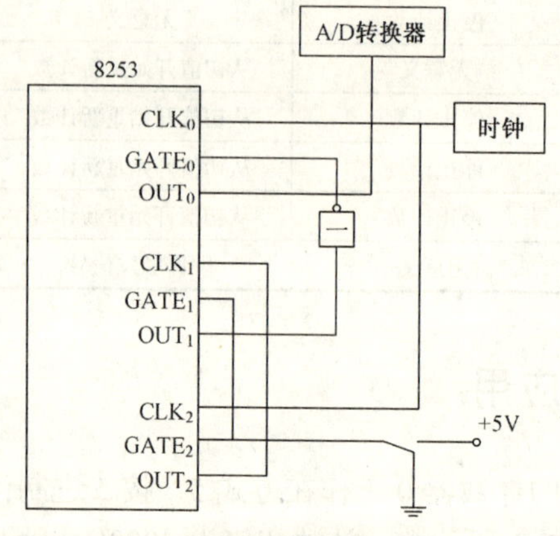

图 7.11　8253 为 A/D 提供采样时钟的系统连接图

将 8253 的 3 个计数器全部用上后，不但可以设置采样率，而且可以决定采样信号的持续宽度。让计数器 0 工作在方式 2，计数器 1 工作在方式 1，计数器 2 工作在方式 3，这 3 个计数器的初始计数值分别为 L、M、N。设时钟频率为 F。

由于将计数器 2 的输出作为计数器 1 的时钟，所以，计数器 1 的时钟 CLK 的频率为 F/N，计数器 1 工作在方式 1 可重复触发的单稳方式，它的输出 OUT_1 的脉冲周期为 MN/F，而计数器 0 工作在方式 2 即分频器方式，它的输出 OUT_0 的脉冲频率为 F/L，此处计数器 0 的门控输入又受到 OUT_1 的控制。

将 OUT_0 和 A/D 转换器相连，当开关合上，A/D 转换器便按 F/L 的采样率工作，每次采样的持续时间为 MN/F，采样信号经过 A/D 转换后送到 8255A。

设 8253 的地址为 70H～73H，为了便于阅读，将初始值 L、M、N 分别用符号 LCNT、MCNT、NCNT 表示，其中 L、N 为二进制数，并且都小于 256，M 为 BCD 码。此程序段设置了计数器的模式，并设置了计数初值。

程序段如下：

```
        ; 计数器 0 的编程
```

```
        MOV     AL, 14H
        OUT     73H, AL         ; 将计数器 0 设置为方式 2
        MOV     AL, LCNT
        OUT     70H, AL         ; 对计数器 0 设置计数初始值 L(二进制)
; 计数器 1 的编程
        MOV     AL, 73H
        OUT     73H, AL         ; 将计数器 1 设置为方式 1
        MOV     AX, MCNT
        OUT     72H, AL
        MOV     AL, AH          ; 对计数器 1 设置计数初始值 M(BCD 码)
        OUT     72H, AL
; 计数器 2 的编程
        MOV     AL, 96H
        OUT     76H, AL         ; 将计数器 2 设置为方式 3
        MOV     AL, NCNT
        OUT     74H, AL         ; 对计数器 2 设置计数初始值 N(二进制)
```

7.2　8237A DMA 控制器

7.2.1　DMA 传送的特点

在一般的程序控制传送方式（包括查询与中断方式）下，数据从外设送到存储器，或从存储器送到外设，都必须使用 CPU 的累加器中转，再加上修改内存地址以及检查是否传送完毕等操作都由程序控制，要花费不少时间。采用 DMA 传送方式是让存储器与外设之间，或外设与外设之间直接进行数据交换，不需要使用累加器，减少了中间环节，并由硬件完成内存地址的修改和传送完毕的结束报告，大大提高了数据传输速度。

DMA 传送主要用于需要高速大批量数据传送的系统中，以提高数据的吞吐量。如应用在图像处理，磁盘存取，同步通信中的收/发信号，高速数据采集系统等方面。

DMA 传送方式的优点是以增加系统硬件的复杂性和成本为代价的，因为它和程序控制方式相比，是用硬件控制代替了软件控制。另外，DMA 传送期间 CPU 被挂起，部分或完全失去对系统总线的控制，这可能会影响 CPU 对中断请求的及时响应与处理。因此，在一些小系统或速度要求不高、数据传输量不大的系统中，一般并不采用 DMA 方式传送数据。

DMA 传送虽然脱离 CPU 的控制，但并不是说它不需要进行控制和管理。通常是采用 DMA 控制器来取代 CPU，负责 DMA 传送的全部过程控制。目前，DMA 控制器都是可编程的大规模集成芯片，种类很多，如 8237、Intel8257、Z-80 DMA 等。由于 DMA 控制器是实现 DMA 传送的核心器件，对它的工作原理、外部特性以及编程使用方法等方面的学习，就成为掌握 DMA 技术的重要内容。本节只讨论可编程 8237A DMA 控制器。

7.2.2 8237A 芯片概述

8237A DMA 控制器是 Intel 86 系列微处理器的配套芯片。它必须与一个 8 位锁存器（8212 或其他代用芯片）配套使用，才可形成完整的 4 通道 DMA 控制器。各通道可分别完成 3 种不同的操作。

（1）DMA 读操作：读存储器数据送到外设。

（2）DMA 写操作：读外设数据写到存储器。

（3）DMA 校验操作：通道不进行数据传送，只是完成校验功能。任一通道进入 DMA 校验方式时，不产生对存储器和外设的读/写控制信号，但是仍保持对总线的控制权，并且每一个 DMA 周期都将响应外设的 DMA 请求，发出 $\overline{DACK_i}$ 信号，外设可使用这一信号对所得到的数据进行某种校验操作。因此，DMA 校验操作并不能由芯片 8237A 本身来完成。

8237A 存在两种不同的工作状态。在 8237A 未取得总线控制权以前，CPU 处于主控状态，而 8237A 处于从属状态。一旦 8237A 取得总线控制权后，它便处于主控状态，完全在它控制下完成存储器和外设之间的数据传送功能，CPU 不参与数据传送的操作。

7.2.3 8237A 芯片内部结构

8237A 控制器由时序控制逻辑，优先级编码逻辑，数据、地址缓冲器组，命令控制逻辑，4 个 DMA 通道及各种内部寄存器组成，内部结构如图 7.12 所示，8237A 芯片有 40 个引脚，采用双列直插式封装，其引脚信号功能如图 7.13 所示。

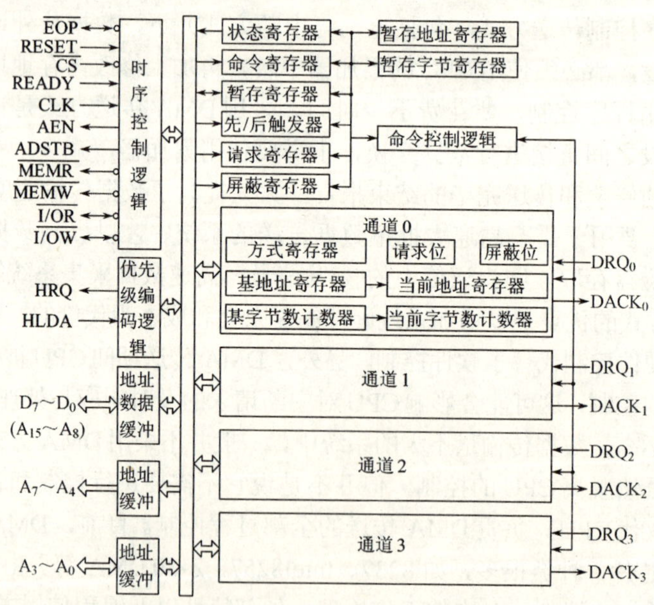

图 7.12 8237A 内部结构图

1. 时序控制逻辑

它用来接收外部时钟及片选信号，根据编程设定的 DMA 控制器的工作模式，产生芯片内部时序控制、读/写控制信号和地址输出信号。

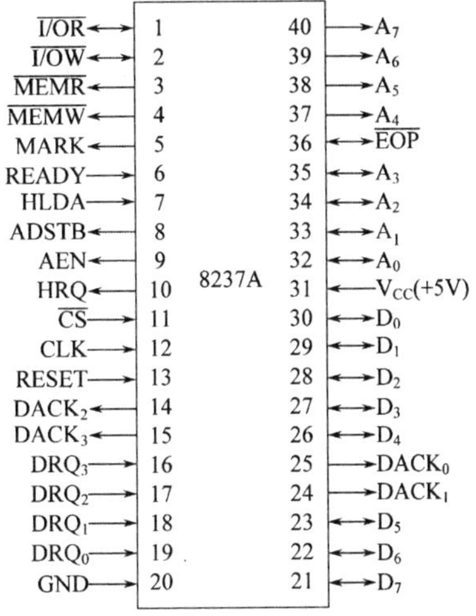

图 7.13 8237A 引脚信号

（1）CLK：时钟信号，输入，用来确定 8237A 的工作速率。

（2）$\overline{CS}$：选片输入信号，低电平有效。

（3）RESET：复位信号，输入，高电平有效。RESET 有效时，清除所有寄存器的内容，控制线浮空，并禁止 DMA 操作。复位之后，必须重新初始化，8237A 才能工作。

（4）READY：准备就绪信号，输入，高电平有效。8237A 在主控状态下进行 DMA 的操作过程中，如果存储器或外设来不及完成读/写操作，要求延长读/写操作周期，可使 READY 无效，8237A 将在 DMA 周期中增设等待周期，直到 READY 有效为止。

（5）MARK：模 128 标记，输出，高电平有效。MARK 有效可用来通知被选的外部设备，当前是上一次输出 MARK 有效后的第 128 个 DMA 周期。MARK 总是在距数据块结束每隔 128 周期产生。至于第一个 MARK 距数据块开始是多少周期，取决于数据块的长度。如果数据块总字节数能被 128 整除，那么 MARK 可用来供外部设备记录已传送的字节数。

（6）ADSTB：地址选通信号，输出，高电平有效。ADSTB 有效时，表示 8237A 输出的存储器地址的高 8 位（A_{15}～A_8）从双向数据总线（D_7～D_0）锁存到外部地址锁存器内，可用做锁存器的选通信号。

（7）AEN：地址允许信号，输出，高电平有效。AEN 有效时，表示在传送地址过程中，可用做锁存器的选择信号，同时可用它去封锁 CPU 使用低 8 位数据总线和控制总线。

（8）$\overline{MEMR}$ 和 $\overline{MEMW}$：读/写存储器控制信号，三态输出，低电平有效。这是 8237A 处于主控状态时，向存储器输出的读/写控制信号。$\overline{MEMR}$ 有效时，$\overline{I/OW}$ 必有效，完成从存储器向外设的数据传送。反之，$\overline{MEMW}$ 有效时，$\overline{I/OR}$ 必有效，完成读外设写入存储器的数据传送。

（9）$\overline{I/OR}$：I/O 读信号，双向三态，低电平有效。当 8237A 处于从属状态时，$\overline{I/OR}$ 为输入线，CPU 使用它向 8237A 发出读命令，可读取 8237A 中某个通道内某个寄存器的内容。当 8237A 处于主控状态时，$\overline{I/OR}$ 为输出线，是 8237A 向外设发出的读命令，可读取外设中的数据。

（10）$\overline{I/OW}$：I/O 写控制信号，双向三态，低电平有效。当 8237A 处于从属状态时，$\overline{I/OW}$ 为输入线，CPU 使用它向 8237A 发出写命令，可对 8237A 写入控制字或通道数据。当 8237A 处于主控状态时，$\overline{I/OW}$ 为输出线，是 8237A 向外设发出的写命令，可向外设写入数据。

（11）$\overline{EOP}$：双向过程计数结束信号，低电平有效。在 DMA 传送时，当字节数计数器减到 0 时，产生一个有效的 $\overline{EOP}$ 脉冲信号。也可由外部输入一个有效的 $\overline{EOP}$ 信号。不论是由内部还是外部产生的有效 $\overline{EOP}$ 信号，都会终止当前的 DMA 传送，且复位 8237A 的内部寄存器。若编程允许自动初始化，就会把基地址和基字节数寄存器的内容传送到相应的现行寄存器中。为防止干扰信号的引入，$\overline{EOP}$ 引脚需连接一上拉电阻接到高电平上。

2．优先级编码逻辑

该逻辑对同时提出的 DMA 请求的多个通道进行优先级排队。8237A 有两种优先级编码：固定优先级编码和循环优先级编码，且均可通过软件编程选定。

固定优先级编码设定 4 个通道的优先级是固定的，通道优先级的顺序从低到高，即通道 0，1，2，3。

循环优先级编码设定当前服务的通道在下次循环中变成最低优先级，其他通道的优先级依次轮流顺序循环。

不论哪种优先级编码，当某个通道在服务时，其他的通道无论优先级的高低，都被禁止，直到当前通道服务结束为止。

（1）HRQ（Hold Request）：保持请求信号，向 CPU 输出，高电平有效。当任一通道收到外设的 DMA 请求时，8237A 立即向 CPU 发出 HRQ，请求使用总线。

（2）HLDA（Hold Acknowledge）：保持响应信号，由 CPU 输入，高电平有效。CPU 收到 HRQ 信号后，待当前总线周期执行完，向 8237A 回送 HLDA 信号，表示将总线控制权交给 8237A　DMA 控制器。此后，该控制器进入主控状态，可开始 DMA 操作。

3．数据、地址缓冲器组

（1）$D_7 \sim D_0$：双向数据线。它存在一个双向三态 8 位缓冲器，是与系统数据总线的接口，当 8237A 处于从属状态时，CPU 通过这个缓冲器对 8237A 进行读/写操作。当 8237A 处于主控状态时，在 DMA 周期内，8237A 将所选通道的地址寄存器的高 8 位地址码（$A_{15} \sim A_8$）经过这个缓冲器锁存到锁存器中，然后该缓冲存储器浮空。

（2）$A_3 \sim A_0$：I/O 地址线。当 8237A 处于从属状态时，为由 CPU 向 8237A 输入的低 4 位地址码，用来寻址 8237A 中的某个端口。当 8237A 处于主控状态时，为 8237A 向存储器输出的低 4 位地址码。

（3）$A_7 \sim A_4$：地址输出线。8237A 处于主控状态时，在 DMA 周期中通过这 4 条线输出的是 16 位存储器地址的 $A_7 \sim A_4$ 位。

4．DMA 通道 0～通道 3

作为 8237A 的主体是 4 个结构完全相同的 DMA 通道。每个通道内包含两个 16 位寄存器：基址寄存器和当前地址寄存器，两个 16 位计数器：基字节数计数器和当前字节数计数器。还有一个 6 位的方式寄存器。

每个通道各有一个 DMA 请求线和一条 DMA 认可线。DMA 请求线 $DRQ_0 \sim DRQ_3$，由请求传送数据的外设输入，高电平有效；DMA 认可线 $DACK_0 \sim DACK_3$，由 8237A 取得总线控制权后向发出请求的外设输出，它的有效电平可由编程设定，它实际上是 DRQ_i 的应答信号。

5. 命令控制逻辑

该逻辑对 CPU 送来的编程命令进行译码。在芯片处于空闲周期时，通过 I/O 地址缓冲器输出的地址 $A_3 \sim A_0$ 分别对内部寄存器进行预置。在芯片有效周期，对方式控制字的 D_1D_0 进行译码，以确定 DMA 的操作类型。

7.2.4　8237A 芯片的工作时序

8237A DMA 操作周期正常时序图如图 7.14 所示。从图中可知其内部操作可分为 7 个状态：S_I、S_0、S_1、S_2、S_3、S_4 和等待状态 S_W。这 7 个状态又可分为 3 类：空闲状态 S_I、准备状态 S_0、数据传送状态 $S_1 \sim S_4$ 及 S_W。8237A 处于从属状态时保持为空闲状态 S_I。当任一通道检测到一个 DMA 请求时，8237A 将在下一个 S_I 状态向 CPU 发出总线请求信号 HRQ，于是 8237A 进入准备状态 S_0。CPU 在当前总线周期结束时，向 8237A 回送总线认可信号 HLDA，将总线控制权交给该 8237A，使其进入主控状态。DMA 周期从 S_1 状态开始，在正常时序方式下，至少包含 4 个状态 $S_1 \sim S_4$，必要时可在 S_3 和 S_4 之间插入 S_W。而在压缩时序方式下，只包括状态 S_1、S_2、S_4。在 S_1 状态期间，通过数据总线 $D_7 \sim D_0$ 将高 8 位地址线锁存到锁存器中，低 8 位地址直接从 $A_7 \sim A_0$ 输出，形成访问存储器的 16 位地址码。正常时序下，到 S_3 状态期间发出读存储器（$\overline{MEMR}$）或读外设（$\overline{I/OR}$）命令，可将需要传送的数据读出。在随后产生的写外设（$\overline{I/OW}$）或写存储器（$\overline{MEMW}$）命令控制下可完成传送一个数据字节的功能，传送多少个字节，就需要执行多少个 DMA 周期。待整个数据块的传送结束，在最后一个 DMA 周期的 S_4 状态上升沿，8237A 的总线请求 HRQ 将置为无效，同时 CPU 也将 HLDA 置成无效，收回总线控制权，8237A 重新回到空闲状态 S_I。

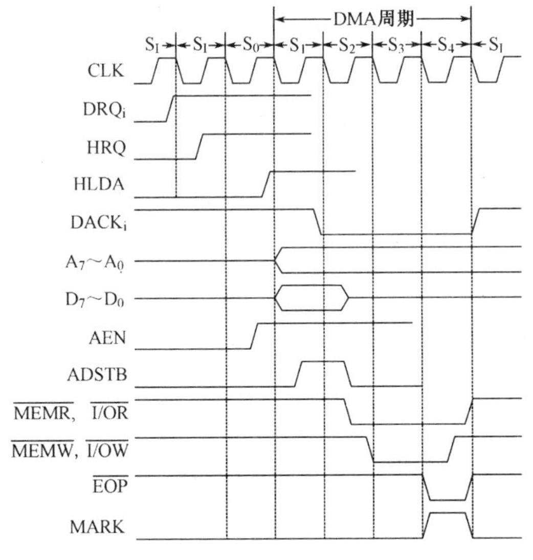

图 7.14　8237A DMA 操作周期时序图

8237A 在每一个 DMA 周期的 S_4 状态查询 DRQ_i，如果同时有多个 DRQ_i 有效，8237A 将为优先级最高的通道服务，而且允许高级的请求打断低级的请求。只要较低优先级的通道能保持它的请求信号有效，待较高优先级的通道传送结束后，控制将自动转到较低优先级的通道上。8237A 的整个操作流程可用图 7.15 来描述。

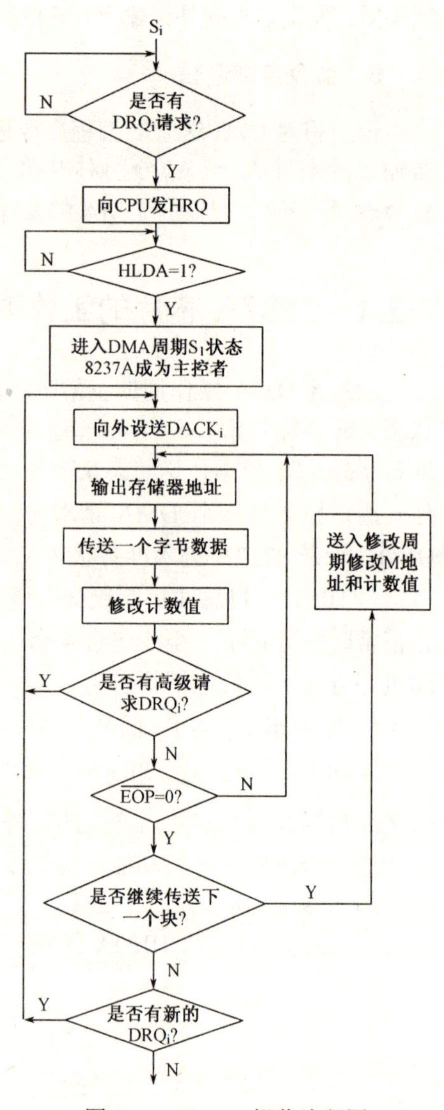

图 7.15　8237A 操作流程图

7.2.5　8237A 芯片的寄存器与编程

8237A 内部共有 12 种寄存器，它们的类型和数量如表 7.4 所示。

表 7.4　8237A 内部寄存器

寄 存 器 名	容量/位	数　量
基地址寄存器	16	4
基字节数计数器	16	4
当前地址寄存器	16	4
当前字节数计数器	16	4
地址暂存寄存器	16	1
字节数暂存寄存器	16	1
方式寄存器	6	4
命令寄存器	8	1
请求寄存器	4	1
屏蔽寄存器	4	1
状态寄存器	8	1
暂存寄存器	8	1

1. 基地址寄存器

该寄存器寄存相应通道当前地址寄存器的初值。当 CPU 对 8237A 编程时，它与当前地址寄存器同时被写入，即和当前地址寄存器有相同的写入端口地址，但不能被 CPU 读出。在自动初始化条件下，可使当前地址寄存器恢复初值。

2. 基字节数计数器

该计数器寄存相应通道当前字节数寄存器的初值（初值比实际传送的字节数要少 1）。在 CPU 对 8237A 编程时，它与当前字节数寄存器同时被写入，即和当前字节数计数器有相同的写入端口地址，但不能被 CPU 读出。在自动初始化条件下，可使当前字节数计数器恢复初值。

3. 当前地址寄存器

该寄存器寄存 DMA 传送期间的地址值。在每次传送后，地址自动加或减 1。CPU 可连续两次对该寄存器写入或读出。若芯片编程设置为自动初始化，则在 $\overline{EOP}$ 有效时，使当前地址寄存器恢复初值。

4. 当前字节数计数器

该计数器寄存当前字节数。每传送一个字节后自动减 1。当该计数器的值减到 0 时，产生计数结束信号 $\overline{EOP}$。它也可由 CPU 连续两次写入或读出。若芯片编程设置为自动初始化，则在 $\overline{EOP}$ 有效时，计数器恢复初值。

5. 方式寄存器

该寄存器寄存相应通道的方式控制字，它规定了相应通道的操作方式，8237A 方式字格式如图 7.16 所示。

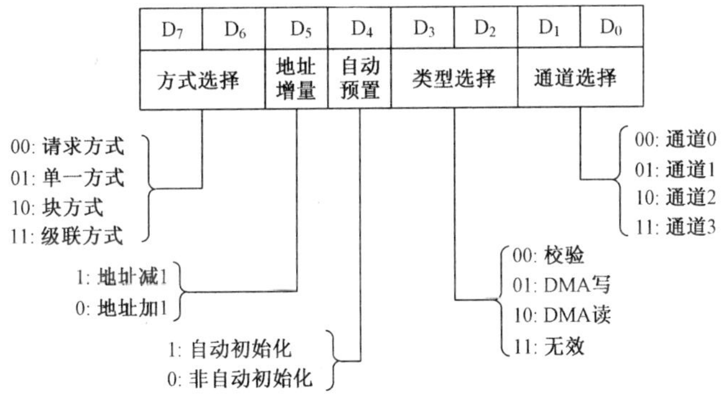

图 7.16　8237A 方式字格式

（1）D_1D_0：用于选择 DMA 通道。当 CPU 对其编程时，根据 D_1D_0 的值写入到相应通道的 6 位方式寄存器中（D_1D_0 不写入）。

（2）D_3D_2：用来设置数据传送类型。8237A 提供了 4 种类型。

① 读操作（DMA 读）：数据从内存读出，写到 I/O 设备。

② 写操作（DMA 写）：数据从 I/O 设备读入，写到内存。

③ 校验：是一种伪传送，仅对数据块内部的每个字节进行某种校验，而对存储器与 I/O 接口的读/写控制信号均被禁止。但是在每一 DMA 周期后，地址增 1 或减 1，字节计数器减 1，直至产生 $\overline{EOP}$，校验过程结束。

④ 存储器到存储器：为数据块传送而设置。这种操作占用通道 0 与通道 1，通道 0 作为源，通道 1 作为目的。从以通道 0 的当前地址寄存器的内容指定的内存单元中读出数据，先存入 8237A 的暂存器中，然后，从暂存寄存器取出数据，写到以通道 1 的当前地址寄存器的内容指定的内存单元中去。每传送一个字节，双方内存地址加 1 或减 1，通道 1 的当前字节计数器减 1，直到为 0 时，产生 $\overline{EOP}$ 信号而终止传送。这种操作是采用软件请求的方法来启动 DMA 服务的，它是为进行数据块传送而设置的。由于 PC 有很强的块传送指令，故未使用此种操作。

（3）D_4：用来设置是否允许自动初始化。若设置为自动初始化方式，则每当产生$\overline{EOP}$信号时，当前地址寄存器和字节数计数器分别装入基地址寄存器和基字节数计数器的初值，为相应通道进行下一次 DMA 传送做好准备。若设置某个通道为自动初始化方式，其相应的屏蔽位不能置位。

（4）D_5：用于设定地址是递增或递减。设定每传送一个字节后存储器地址是加 1 或减 1。D_5=0，地址加 1；D_5=1，地址减 1。

（5）D_7D_6：用于设定 DMA 的操作方式。DMA 控制器共有 4 种操作方式。

① 单一字节传送方式：在这种方式下，通道启动一次只传送一个字节数据，传送之后就让出系统总线并交还给 CPU。每次传送后，当前地址寄存器的内容增 1 或减 1（由 D_5 位决定）。当前字节计数器内容减 1，当字节计数器减 1 至 0 时，送出$\overline{EOP}$信号，表示传送过程结束。这种传送方式的特点是：一次 DMA 请求只传送一个数据，占用一个总线周期，然后让出总线。因此，这种方式又称为总线周期窃取方式，每次总是窃取一个总线周期完成一个字节的传送之后立即归还总线。

② 块字节传送方式：在这种方式下，通道启动一次可把整个数据块传送完。当进入 DMA 周期，开始传送数据，就一直到整个数据块传送完为止。也就是说，只有当前字节计数器内容减 1 到 0 时，或由外部输入$\overline{EOP}$信号才结束 DMA 传送过程，并释放系统总线，这也就是连续方式。这种方式下，进行传送期间，CPU 失去总线控制权，因此，别的 DMA 请求也就被禁止，因而在 PC 中不采用。

③ 请求传送方式：这种方式与块字节传送方式类似，其不同点在于每传送一个字节之后要检测（询问）DRQ 引脚是否有效，若无效，暂停传送，让出总线控制权，但仍对 DRQ 引脚进行检测。当恢复有效时，又重新申请 CPU 让出总线，CPU 让出总线后，则继续传送，直到当前计数器减 1 至 0，或由外部在$\overline{EOP}$引脚施加负脉冲为止。

④ 级联方式：这种方式不是数据传送方式，而是表示 8237A 用于多片连接方式，以扩展系统的 DMA 传送的通道数。第一级芯片为主片，第二级芯片为从片。当第一级编程为级联方式时，它的 DRQ_i 和 $DACK_i$ 引脚分别和第二级芯片的 HRQ 和 HLDA 引脚相连。主片在响应从片的 DMA 请求时，它不输出地址和读/写控制信号，避免与从片中有效通道的输出信号相冲突。利用这种两级级联方式可扩充到 15 个 DMA 通道。

6．命令寄存器

该寄存器用来控制 8237A 芯片的工作方式，8237A 命令字格式如图 7.17 所示。

（1）D_0：为 1 时，是存储器到存储器的传送。为了实现把一个数据块从内存某一区域传送到另一个区域，就要把源区的数据先送到 8237A 的暂存寄存器，然后再将它送到目的区。用通道 0 的地址寄存器存放源地址，而用通道 1 的地址寄存器和字节数计数器存放目的地址和计数值。

（2）D_1：为 1 时，允许保存通道 0 地址；为 0 时，不保存。

（3）D_2：为 0 时，启动 8237A 工作：为 1 时，停止 8237A 工作。

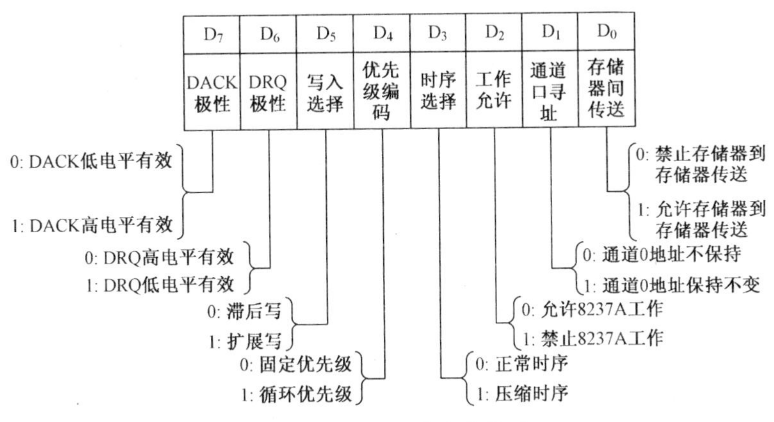

图 7.17　8237A 命令字格式

（4）D_3：为 0 时，正常时序。每进行一次 DMA 传送，一般用 3 个时钟周期（S_2，S_3，S_4），如果外设速度较慢，则由硬件通过 READY 信号插入 S_W 状态。为 1 时，压缩时序。每进行一次 DMA 传送，只用两个时钟周期（S_2，S_4）。如果系统各部分的速度较高，便可采用压缩时序，以提高 DMA 传送的数据吞吐量。

（5）D_4：为 0 时，采取固定优先级，通道 0 最高，通道 3 最低；为 1 时，采取循环优先级，使各通道优先级依次循环。

（6）D_5：为 0 时，滞后写信号（写入周期滞后读周期）；为 1 时，扩展写信号（写入周期与读周期同时）。当 D_3=0，并处在正常时序，且外设速度较慢时，有些外设用 8237A 送出的 $\overline{I/OW}$ 和 $\overline{MEMW}$ 信号的下降沿产生 READY 信号。为提高传送速率，能使 READY 信号早一些。因此，需将 $\overline{I/OW}$ 和 $\overline{MEMW}$ 信号加宽，以使它们提前到来。因此通过置 D_5=1，使 $\overline{I/OW}$ 和 $\overline{MEMW}$ 信号扩展两个时钟周期提前到来。

（7）D_6：选择 DRQ_i 的有效电平（PC 为高电平有效）。

（8）D_7：选择 $DACK_i$ 的有效电平（PC 为低电平有效）。

7．请求寄存器

8237A 有一个 4 位请求寄存器，每一位对应一个通道的请求位。因此，除由外设通过硬件由引脚 DRQ_i 产生外，也可以通过软件直接对请求寄存器编程而产生，其请求字格式如图 7.18 所示。

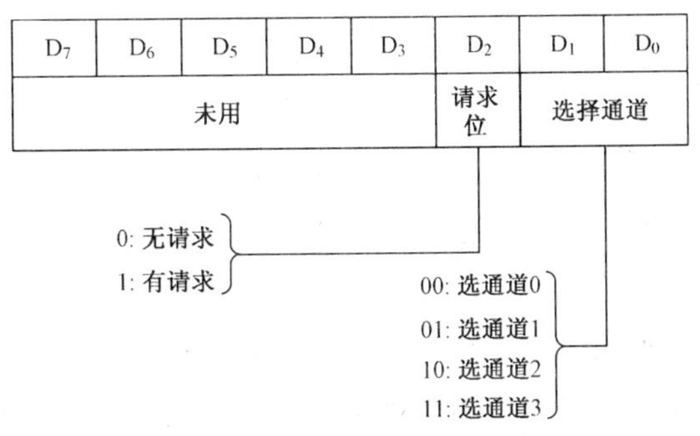

图 7.18　8237A 请求字格式

（1）D_1D_0：选择通道。

（2）D_2：决定选择的通道是否有DMA请求。

这种软件DMA请求只能工作在块传送方式下，且当DMA传送结束，产生$\overline{EOP}$有效信号的同时，相应通道的请求位被复位，即每执行一次软件DMA请求块传送操作，都要对相应的通道进行请求编程。软件DMA请求的通道是不可屏蔽的。当用于存储器到存储器块传送时，通道0必须用软件请求来启动DMA传送过程。RESET信号可使请求寄存器复位。

8．屏蔽寄存器

8237A有一个4位屏蔽寄存器，每一位对应一个通道的DMA请求屏蔽标志位。DMA屏蔽标志可通过屏蔽寄存器编程来设定，其屏蔽字格式如图7.19所示。

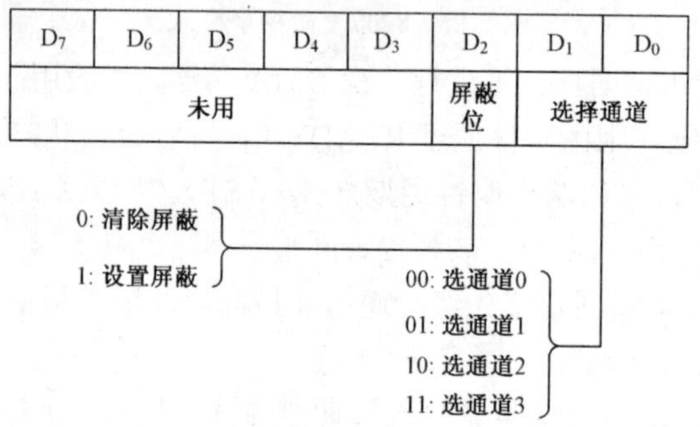

图7.19　8237A屏蔽字格式

（1）D_1D_0：选择相应的通道，可把该屏蔽字称为单个通道屏蔽字。

（2）D_2：设置选择的通道是否屏蔽。也可以对综合屏蔽寄存器编程，使4个通道一起置位/复位屏蔽位，其置位/复位格式如图7.20所示。

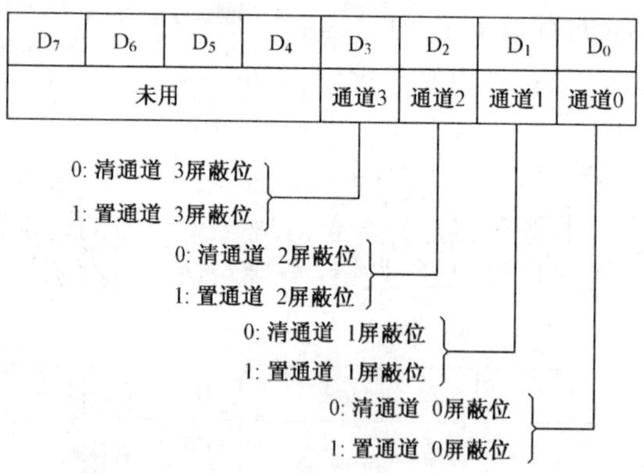

图7.20　8237A屏蔽寄存器置位/复位格式

$D_3 \sim D_0$位为1时，表示相应通道屏蔽DMA请求；置0时，表示相应通道开放DMA请求。

在系统复位后，4个通道全处于屏蔽状态。因此，必须根据需要对相应通道进行屏蔽位复位。当某一通道工作在非自动初始化状态时，则在一次DMA传送结束时，这个通道的屏蔽位置位，必须再次编程复位该屏蔽位，才能进行下一次DMA传送。

9．状态寄存器

它是一个 8 位寄存器，该寄存器的状态信息可由 CPU 检测，如图 7.21 所示。

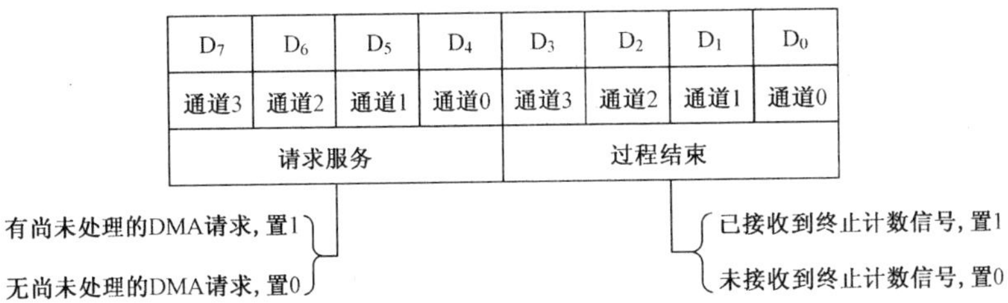

图 7.21　8237A 状态寄存器状态信息

其中：低 4 位表示在读命令瞬间每个通道的字节数是否已减到 0；高 4 位表示每个通道是否还有未处理的 DMA 请求。这些状态位在系统复位或被读取后，均被复位。

10．暂存寄存器

该寄存器为 8 位，仅用于存储器到存储器的传送，暂存从源单元读出的数据，又从它写入到目的单元。在传送完成时，它暂存传送的最后一个字节。它可由 CPU 读取。在 8237A 复位时被复位。

11．地址暂存寄存器和字节数暂存寄存器

它们是两个 16 位的暂存当前地址的地址暂存寄存器和暂存当前字节数计数器值的字节数暂存寄存器，都不能被 CPU 读取，仅供芯片内部使用。

12．先/后触发器

先/后触发器是用来控制 DMA 通道中地址寄存器和字节数计数器的初值设置的。8237A 只有 8 位数据线，一次只能读或写一个字节，先低字节后高字节，所以要利用先/后触发器，当其为状态 0 时，进行低字节操作，然后先/后触发器会自动置 1，再进行高字节操作，然后先/后触发器又自动复位为 0。为了保证能正确设置初值，应预先发出清除先/后触发器命令。

7.2.6　8237A 芯片各寄存器的端口地址

8237A 的编程命令是通过对内部寄存器的写操作来进行的，而状态寄存器中的状态字和暂存器中的内容是通过读操作来进行的。

8237A 的寄存器分为以下两大类。

第一类是每个通道独立使用的寄存器。它们是方式字寄存器、基地址寄存器和当前地址寄存器、基字节数计数器和当前字节数计数器。

第二类是 4 个通道共用的寄存器。它们是命令寄存器、状态寄存器、请求寄存器、屏蔽寄存器、暂存寄存器、地址暂存寄存器和字节数暂存寄存器。

这些寄存器的端口地址如表 7.5 和表 7.6 所示。

表 7.5　8237A 各通道寄存器的端口地址

通　道	寄 存 器	先/后触发器	$\overline{CS}$	$\overline{I/OR}$	$\overline{I/OW}$	A_3	A_2	A_1	A_0	端 口 地 址
0	基和当前地址	0 1	0	1	0	0	0	0	0	DMA+0
	当前地址	0 1	0	0	1	0	0	0	0	DMA+0
	基和当前字节数	0 1	0	1	0	0	0	0	1	DMA+1
	当前字节数	0 1	0	0	1	0	0	0	1	DMA+1
1	基和当前地址	0 1	0	1	0	0	0	1	0	DMA+2
	当前地址	0 1	0	0	1	0	0	1	0	DMA+2
	基和当前字节数	0 1	0	1	0	0	0	1	1	DMA+3
	当前字节数	0 1	0	0	1	0	0	1	1	DMA+3
2	基和当前地址	0 1	0	1	0	0	1	0	0	DMA+4
	当前地址	0 1	0	0	1	0	1	0	0	DMA+4
	基和当前字节数	0 1	0	1	0	0	1	0	1	DMA+5
	当前字节数	0 1	0	0	1	0	1	0	1	DMA+5
3	基和当前地址	0 1	0	1	0	0	1	1	0	DMA+6
	当前地址	0 1	0	0	1	0	1	1	0	DMA+6
	基和当前字节数	0 1	0	1	0	0	1	1	1	DMA+7
	当前字节数	0 1	0	0	1	0	1	1	1	DMA+7

表 7.6　控制和状态寄存器的端口地址

$\overline{CS}$	$\overline{I/OR}$	$\overline{I/OW}$	A_3	A_2	A_1	A_0	功　能	端口地址
0	0	1	1	0	0	0	读状态寄存器	DMA+8
1	0	0	1	0	0	0	写命令寄存器	DMA+8
1	0	0	1	0	0	1	写请求寄存器	DMA+9

续表

$\overline{CS}$	$\overline{I/OR}$	$\overline{I/OW}$	A_3	A_2	A_1	A_0	功　能	端口地址
1	0	0	1	0	1	0	写屏蔽寄存器	DMA+A
1	0	0	1	0	1	1	写方式寄存器	DMA+B
1	0	0	1	1	0	0	清先/后触发器	DMA+C
0	0	1	1	1	0	1	读暂存寄存器	DMA+D
1	0	0	1	1	0	1	复位命令	DMA+D
1	0	0	1	1	1	0	清屏蔽寄存器	DMA+E
1	0	0	1	1	1	1	写综合屏蔽寄存器	DMA+F

如表 7.5 所示，各通道的寄存器通过 $\overline{CS}$ 和地址线 $A_3 \sim A_0$ 规定不同的地址，高低字节由先/后触发器来决定。其中有的寄存器是可写可读的，而有的寄存器是只可写的。

如表 7.6 所示，由 $\overline{CS}$ 和 $A_3 \sim A_0$ 确定寄存器的地址，而利用 $\overline{I/OW}$ 或 $\overline{I/OR}$ 有效来对其进行写或读。其中，每个通道都有一个 6 位方式寄存器，而写方式寄存器只有一个地址，通过其 D_1 和 D_0 编码来选定相应通道的方式寄存器。

7.2.7 8237A 芯片的编程与应用

1. 编程步骤

8237A 芯片的编程步骤如下：

（1）利用硬件设备产生 RESET 信号，或用软件复位命令对 8237A 芯片复位，使芯片进入空闲状态（使屏蔽寄存器置位，并清除其他寄存器）。

（2）写入基和当前地址寄存器。

（3）写入基和当前字节数寄存器。

（4）写入方式寄存器。

（5）写入屏蔽寄存器。

（6）写入命令寄存器。

（7）写入请求寄存器，若无软件请求，则由通道的 DRQ_i 启动 DMA 传送。

2. 编程举例

对 8237A 的 4 个通道的基和当前地址寄存器、基和当前字节数寄存器进行测试检查，先写入 FFFFH 再读出比较，检测读/写操作是否正确。若正确，则再写入 0000H 同样读出进行检验。若仍正确，则认为 8237A 工作正常，可以开始对芯片初始化；若错误，则执行暂停指令。

程序中用标号 DMA 表示首地址 0000H。

程序段如下：

```
MOV AL, 04H
OUT DMA+08H, AL        ; 禁止 DMA 工作
```

```
      OUT DMA+0DH, AL       ; 送复位命令
      MOV AL, 0FFH
C16:  MOV BL, AL
      MOV BH, AL
      MOV CX, 8
      MOV DX, DMA
C17:  OUT DX, AL            ; 写入低字节
      OUT DX, AL            ; 写入高字节
      IN AL, DX             ; 读出低字节
      MOV AH, AL
      IN AL, DX             ; 读出高字节
      CMP BX, AX
      JE C18
      HLT
C18:  INC DX                ; 端口地址加 1，指向下一个寄存器
      LOOP C17
      INC AL                ; 使 AL=0，再一次循环
      JZ C16
```

3．应用举例

在 8086 微型计算机系统中，利用 8237A DMA 控制器的 0 通道为某台外设与存储器之间构成直接数据传送通道的系统配置结构图，如图 7.22 所示。

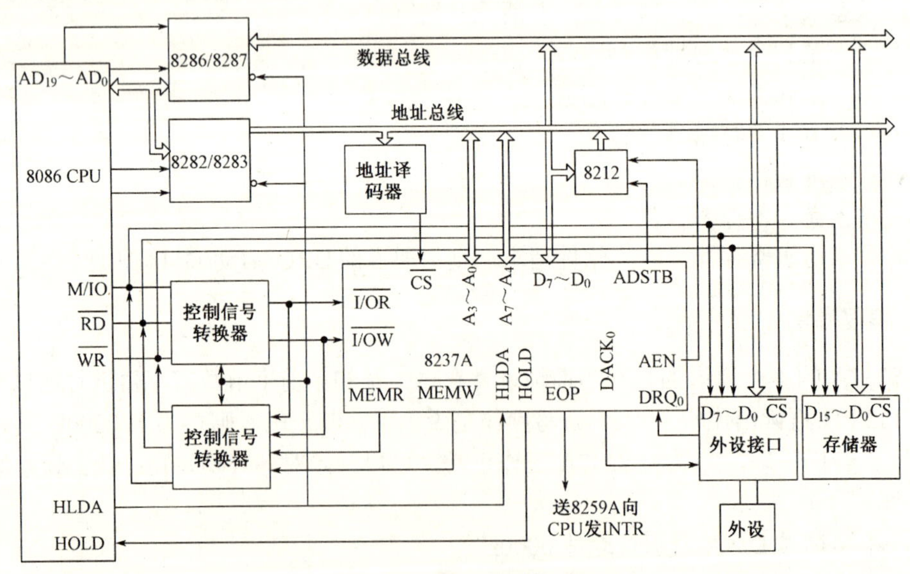

图 7.22　8237A 与 8086 CPU 连接

如果要求从外设输入 1000H 字节的数据到存储器当前数据段中，从 0300H 单元开始的连续地址存放，初始化程序段如下：

```
ST25: MOV    DX,方式寄存器端口
      MOV    AL, 41H
      OUT    DX, AL
      MOV    DX, 通道 0 地址寄存器端口
      MOV    AX, 0300H
      OUT    DX, AL
      MOV    AL, AH
      OUT    DX, AL
      MOV    DX, 通道 0 计数器端口
      MOV    AX, 1000H
      OUT    DX, AL
      MOV    AL, AH
      OUT    DX, AL
```

待外设发出 DMA 请求，DRQ_0 置为 1，系统将在 8237A 芯片控制下完成数据传送。在此期间，CPU 处于保持状态，不能进行总线操作，但可进行不使用总线的内部操作。如果利用 8237A 的终点计数信号 $\overline{EOP}$ 向 CPU 发中断请求，那么 CPU 响应中断后，可对该批数据进行处理或使用。

8237A 控制器具有很高的数据传输速率，若 CLK 采用 5MHz 主时钟，每 4 个时钟周期可传送 1 个字节，那么芯片的数据传输速率可达到 1.25MB/s。

习　　题

1．定时器/计数器在微型计算机系统中起何作用？

2．8253 有哪些基本功能？

3．8253 每个计数器中 3 个信号 CLK、OUT、GATE 的功能是什么？

4．有一个计数器，外部脉冲输入，实现减法计数，当减至 0 时就输出相应信号。怎样把计数器作为定时器使用？如何确定定时值？

5．8253 工作时有什么基本规则？

6．定时方法有哪几种？

7．8253 计数器 0 工作于定时方式下，定时时间为 2ms，系统时钟为 1MHz，十进制计数，试问该计数器的工作方式控制字和计数初值是什么？

8．学习 8253 的 6 种工作方式时应注意什么？

9．设 8253 计数器 2 在工作方式 3，计数初值为 4，按二进制计数，端口地址分别为 00E0H、00E2H、00E4H、00E6H，应如何编写初始化程序？

10．设 8253 计数器 1 在工作方式 4，计数初值为 3，按二进制计数，端口地址分别为 00E0H、00E2H、00E4H、00E6H，应如何编写初始化程序？

11．采用 DMA 方式为什么能实现高速传送？

12．DMA 控制器 8237A 的主要功能是什么？

13．8237A 只有 8 位数据线，为什么能完成 16 位数据的 DMA 传送？

14．8237A 的地址线为什么是双向的？

15．可编程 DMA 控制器 8237A 的操作功能由它的寄存器内容来体现，请指出它有哪些寄存器，其功能如何？

16．采用 DMA 方式在内存与 I/O 设备之间传送数据时，DMA 控制器 8237A 怎样实现对 I/O 设备的寻址？

17．8237A 选择存储器到存储器的传送模式必须具备那些条件?

18．为了在每次软盘读/写操作时，进行 DMA 初始化，都必须开放通道 2，以便响应软盘的 DMA 请求，可采用哪两种方法来实现？

19．PC 中的 8237A，按如下要求工作：禁止储存器到存储器传送，正常时序，滞后写入，固定优先级，允许 8237A 工作，DRQ 信号高电平有效，DACK 信号低电平有效，命令字为 00000000B=00H。请写出命令口的程序段？

20．PC 系列软盘读/写操作选择 DMA 通道 2，单字节传送，地址增 1，不用自动预置，其读/写/校验操作的方式字如下：

写操作：01000110B=46H；读盘（DMA 写）。

读操作：01001010B=4AH；写盘（DMA 读）。

校验操作：01000010B=42H；校验盘（DMA 校验）。

因此，若采用上述方式从软盘上读出的数据存放到内存区，则方式字应为什么？如果从内存取出数据写到软盘上，则方式字为什么？

21．在系统上电期间，通常要对 DMA 芯片进行检测，只有在芯片检测通过后，方可继续 DMA 初始化，实现 DMA 传送。检测内容是对所有通道的 16 位寄存器进行读/写测试，当写入和读出的结果相等，则判断芯片正确可用，否则，视为致命性错误，令系统停机。请写出这样一段测试程序。

22．在初始化的编程过程中，所有通道的工作方式寄存器都要加载。一般对不使用的通道可用 40H、41H、42H 和 43H 写入通道 0～3 的工作方式寄存器，表示按单字节方式进行 DMA 校验操作。如果在加载过程中，把它们当做没有启用来看待，请编写出加载程序。

23．8237A 可以进行级连而构成主从式 DMA 系统。现给出 CPU 相关连接引脚和 8237A 相关连接引脚示意图（图 7.23），请用它们组成两级 3 片的 DMA 系统。

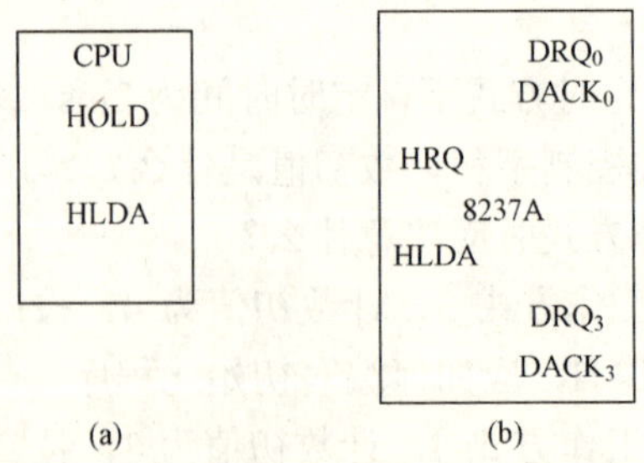

图 7.23　CPU 与 8237A 相关连接引脚示意图

24. 8237A与I/O设备及存储器之间的信号线情况比较复杂，图7.24为8237A与存储器的连接图，但是缺少具体连接到8237A上的引脚。请把以下8237A的引脚DRQ_i、$DACK_i$、$\overline{I/OW}$、$\overline{I/OR}$和D_0～D_7补充到图中。（DMA申请允许信号DMAEN，由软盘接口电路中的数据输出寄存器（接口地址为03F2H）的D_3位控制；μPD765为软盘控制器）。

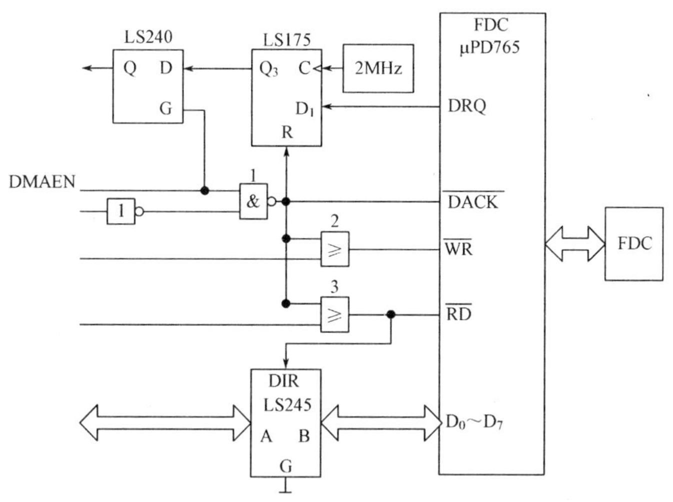

图7.24　8237A与存储器的连接图

25. 在题24的基础上，编写8237A程序。这个程序被软盘的读/写/校验等操作调用。调用前要提供入口参数：

（1）DMA工作方式的命令代码应放入AL。

（2）DMA传送的内存首地址的段地址：段内偏移量以“ES：BX”表示。

（3）要传送的扇段数放入寄存器DH。为了将扇段数换算成总字节数，还要将存于磁盘基值区DISK-BASE的第03号单元中的字节数/段的代码取出（0：128B/段，2：512B/段，3：1024B/段）。

DMA-SETUP

入口：AL=DMA工作方式命令字有3种方式命令：

4AH：选通道2，DMA读（写软盘），单一传送，非自动预置，地址加1。

46H：选通道2，DMA写（读软盘），单一传送，非自动预置，地址加1。

42H：选通道2，DMA校验（软盘校验），单一传送，非自动预置，地址加1。

ES：BX=内存地址。

DH=传送的扇段数。

出口：AX被破坏。

C_Y=1，DMA设置不成功。

C_Y=0，DMA设置成功。

第 8 章　并行接口与串行接口

任何一个微型计算机应用系统的研制和开发，实际上主要就是微型计算机接口的研制和设计，需要设计的硬件就是接口电路，所要编写的软件就是控制这些接口电路按要求工作的启动程序。为适应微型计算机广泛应用的需要，生产厂商已经设计并生产出了多种面向系统的通用接口芯片，其特点是具有多种功能，可通过编程来设定其工作方式、状态或功能，并能动态地改变工作方式和状态。所以，通常把这样的接口芯片称为可编程接口芯片。本章重点介绍常用的可编程并行接口芯片 8255A 和可编程串行接口芯片 8251A。

8.1　可编程并行接口芯片 8255A

计算机与外部设备的信息交换称为通信，基本的通信方式有两种，即并行通信与串行通信。8255A 是一种可编程的并行接口芯片。CPU 可以通过 8255A 与外部设备进行数据交换，采用的通信方式为并行通信。

8.1.1　并行通信

并行通信是把一个数据的各位用几条数据线同时进行传输，传输速度快，信息率高。但它比串行通信所用的电缆多。例如，CPU 通过 8255A 与外部设备进行数据交换，就采用并行通信方式。如果要并行传送一个 8 位数据，需要用 8 根数据线，此外还要加上一些控制信号线。随着传输数据的增加，通信线成本增加，而且传输的可靠性随着距离的增加而下降。因此，并行通信常用在传输距离较短（几米至几十米）和数据传输速率较高的场合。

8.1.2　并行接口

1. 并行接口概述

实现并行通信的接口就是并行接口，是计算机上数据以并行方式传递的端口，也就是说至少应该有两根连接线用于传递数据。与只使用一根线传递数据（这里没有包括用于接地、控制等的连接线）的串行接口相比，并行接口在相同的数据传输速率下，可以更快地传输数据。所以在需要较大传输速率的地方，例如，打印机，并行接口得到广泛使用。一个并行接口可设计为只作为输出接口，如一个并行接口连接一台打印机；也可设计为只作为输入接口，如一个并行接口连接读卡器。另外，还可以设计为双向的 I/O 接口，即进行双向的数据通信，这种方式下的通信可以是同步的也可以是异步的。

2. 并行接口的工作过程

并行通信分两个过程，即输入过程和输出过程。图 8.1 为典型的并行接口与外设的连接示意图。

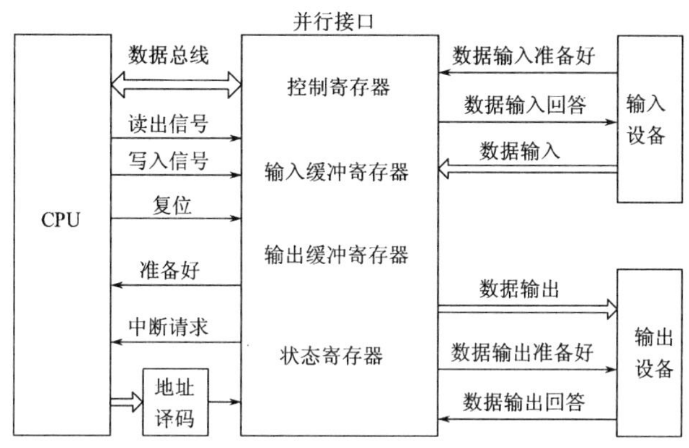

图 8.1 典型的并行接口与外设的连接示意图

在并行接口的输入过程中，当外设把数据送到数据输入线上时，状态线“数据输入准备好”置 1，通知接口取数。数据通过数据接口线锁存到数据缓冲寄存器中，同时把状态线“数据输入回答”置 1，用来通知外设输入缓冲器数据“满”，禁止外设再送数据。同时把内部状态寄存器中“数据输入准备好”状态位置 1，以便 CPU 对其进行查询，或向 CPU 申请中断。当 CPU 将缓冲寄存器中的内容读取后，接口自动清除状态线“数据输入准备好”和“数据输入回答”信号，以便外设再次传送数据。

在并行接口的输出过程中，当外设从接口取走一个数据后，接口将状态寄存器中的“数据输出准备好”状态位置 1，以表示 CPU 当前可以往接口中输出数据，这个状态位可供 CPU 进行查询。并且接口可以向 CPU 申请中断，这样 CPU 既可以用软件查询方式，也可以用中断方式设法往接口中输出一个数据。数据通过输出线送到外设，同时，由“数据输出准备好”信号线通知外设取数据。当外设接收到一个数据时，返回一个“数据输出回答”信号，通知接口准备下一次输出数据。接口将撤销“数据输出准备好”信号并再次将“数据输出准备好”状态位置 1，以便 CPU 输出下一个数据。

8.1.3 并行接口芯片 8255A

8255A 是一种通用的可编程并行 I/O 接口芯片，可由程序来改变其功能，通用性强、使用灵活、价格低廉，是应用最广泛的并行 I/O 接口芯片。

1. 8255A 内部结构及引脚功能

1）引脚功能

Intel 8255A 是一种通用的可编程的并行接口芯片，引脚如图 8.2 所示。

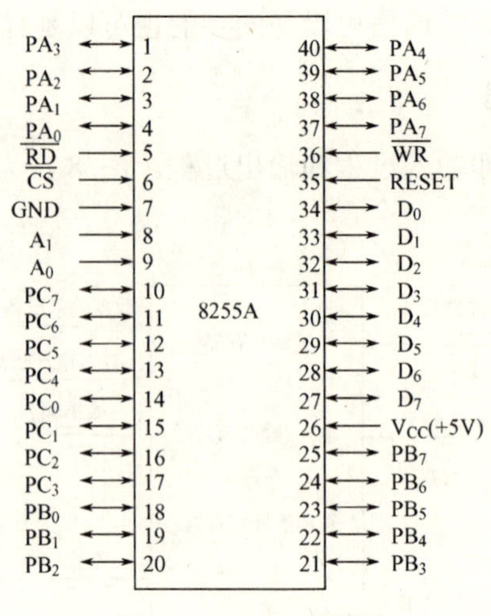

图 8.2　8255A 引脚图

引脚信号可分为两部分：一部分是面向 CPU 的引脚信号；另一部分是面向外设的引脚信号。

（1）面向 CPU 的引脚信号及功能

$D_7 \sim D_0$ 共 8 位，双向，三态数据线，用来与系统数据总线相连。

RESET 复位信号，高电平有效，输入，用来清除 8255A 的内部寄存器，并置端口 A、端口 B、端口 C 均为输入方式。

$\overline{CS}$ 片选信号，输入，用来决定芯片是否被选中，$\overline{CS}$ 为低电平时，才能对 8255A 进行读/写操作。

$\overline{RD}$ 读信号，输入，控制将数据或状态信息从 8255A 读到 CPU。

$\overline{WR}$ 写信号，输入，控制 CPU 将数据或状态信息写（送）到 8255A。

A_1 A_0 内部端口地址的选址，输入。这个两个引脚上的信息组合决定对 8255A 内部的哪一个端口或寄存器进行操作。

当 A_1 A_0=00，选择端口 A；

当 A_1 A_0=01，选择端口 B；

当 A_1 A_0=10，选择端口 C；

当 A_1 A_0=11，选择控制端口。

（2）面向外设的引脚信号及功能

$PA_7 \sim PA_0$ 端口 A 的 I/O 引脚，用来连接外设。

$PB_7 \sim PB_0$ 端口 B 的 I/O 引脚，用来连接外设。

$PC_7 \sim PC_0$ 端口 C 的 I/O 引脚，用来连接外设或者作为控制信号。

2）内部结构

8255A 内部结构分为 4 个部分，包括并行 I/O 端口 A、B、C、A 组和 B 组控制部件，数据总线缓冲存储器及读/写控制逻辑电路。图 8.3 为 8255A 内部结构示意图。

（1）3 个独立的 8 位 I/O 数据端口 A、B、C。端口 A 含有一个 8 位数据输出锁存/缓冲器和一个 8 位数据输入锁存器。端口 B 含有一个 8 位数据 I/O 锁存/缓冲器和一个 8 位数据输入缓冲器。端口 C 含有一个 8 位数据输出锁存/缓冲器和一个 8 位数据输入缓冲器。通常将端口 A 和端口 B 定义为 I/O 的数据端口，而端口 C 可分为两个 4 位端口，分别与端口 A 和端口 B 配合工作。端口 C 可作为状态或控制信息的传送端口。

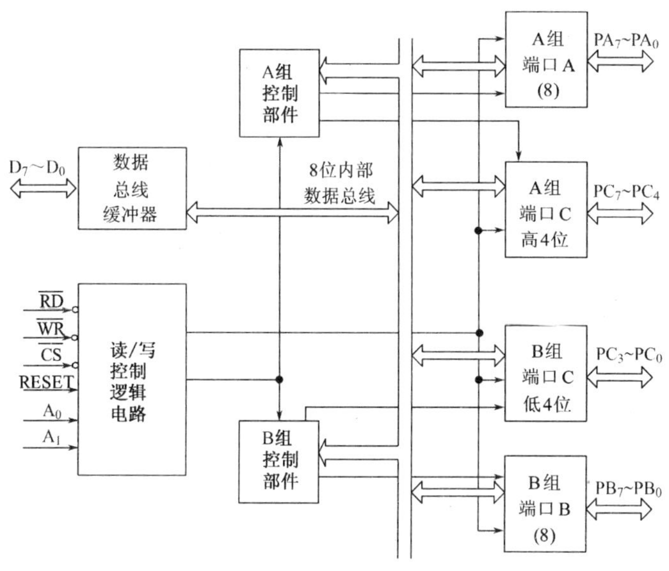

图 8.3　8255A 内部结构示意图

（2）A 组和 B 组控制部件。端口 A 和端口 C 的高 4 位构成 A 组，端口 B 和端口 C 的低 4 位构成 B 组，由它们的控制寄存器接收 CPU 输出的方式控制命令字，还接收读/写控制逻辑电路的读/写命令，根据控制命令决定 A 组和 B 组的工作方式和读/写操作。

A 组控制电路控制 A 组，B 组控制电路控制 B 组。

（3）数据总线缓冲器。它是一个三态双向 8 位数据缓冲存储器，是 8255A 与 CPU 之间的数据接口。CPU 执行输出指令时，可将控制字或数据通过数据总线缓冲存储器传送给 8255A。CPU 执行输入指令时，8255A 可将状态信息或数据通过总线缓冲存储器向 CPU 输入。CPU 与 8255A 之间交换信息都将经过该数据总线缓冲器。

（4）读/写控制逻辑电路。读/写控制逻辑电路的功能是用于管理数据、控制字或状态字的传输。它接收来自系统地址总线的信号 A_1、A_0 和控制总线的信号 RESET、$\overline{RD}$、$\overline{WR}$，将这些信号组合后，得到对 A 组控制部件和 B 组控制部件的控制命令，并将命令发送给这两个部件，以完成对数据、控制信息和状态信息的传输。

由端口地址 A_1、A_0 和相应的控制信号组合起来定义各端口的操作方式，如表 8.1 所示。

表 8.1　8255A 的读/写控制操作

A_1	A_0	$\overline{RD}$	$\overline{CS}$	$\overline{WR}$	执 行 操 作
0	0	0	0	1	端口 A 到 CPU
0	1	0	0	1	端口 B 到 CPU

续表

A_1	A_0	$\overline{RD}$	$\overline{CS}$	$\overline{WR}$	执 行 操 作
1	0	0	0	1	端口 C 到 CPU
1	1	1	0	0	CPU 到控制寄存器
0	0	1	0	0	CPU 到端口 A
0	1	1	0	0	CPU 到端口 B
1	0	1	0	0	CPU 到端口 C
×	×	1	0	1	数据总线浮空
1	1	0	0	1	非法操作
×	×	×	×	1	未选择 8255A，数据总线浮空

2．8255A 的控制字

8255A 有 3 种基本工作方式：工作方式 0、工作方式 1 和工作方式 2。工作方式 0 为基本 I/O 方式；工作方式 1 为选通 I/O 方式；工作方式 2 为双向传送方式。其中，端口 A 可工作于 3 种方式中的任何一种，端口 B 只可工作于工作方式 0 和工作方式 1，端口 C 常被分成高 4 位和低 4 位两部分，可以分别用来传送数据或者控制信息。

可以通过指令在控制端口中设置控制字来决定 8255A 的工作方式。

8255A 有两个控制字：方式选择控制字和端口 C 按位置位/复位控制字。

工作方式选择控制字的第 7 位总是 1，而端口 C 按位置位/复位控制字的第 7 位总是 0。因此，第 7 位称为两个控制字的标识位。

1）工作方式选择控制字

工作方式选择控制字的格式如图 8.4 所示。通过对工作方式控制字的定义可将 3 个端口分别定义为 3 种不同工作方式的组合，当端口 A 被定义为工作方式 1 或工作方式 2 或端口 B 被定义为工作方式 1 时，要求使用端口 C 的某些位起控制作用，这时就需要使用一个专门的置位/复位控制字来对端口 C 的各位分别进行置位/复位操作。

从图 8.4 可以看到，归在同一组内的两个端口可分别作为输入端口或输出端口，不要求同为输入或输出。

2）端口 C 按位置位/复位控制字

端口 C 按位置位/复位控制字的作用，是使端口 C 的某一位作为控制或应答信号。端口 C 按位置位/复位控制字尽管是对端口 C 进行操作，但其必须写入控制口，而不是写入端口 C，其控制字格式如图 8.5 所示。

3．8255A 的工作方式

8255A 有 3 种工作方式，用户可以通过编程来设置其工作在任何一种工作方式。工作方式的选择可以通过向控制端口写入不同的控制字来实现。

1）工作方式 0

在工作方式 0 下，端口 A、B、C 之间没有规定固定的应答联络信号，任何一个端口可以通过工作方式选择控制字设定为输入端口或输出端口。各端口的输入或输出，可以有 16 种不同的组合方式，如表 8.2 所示。

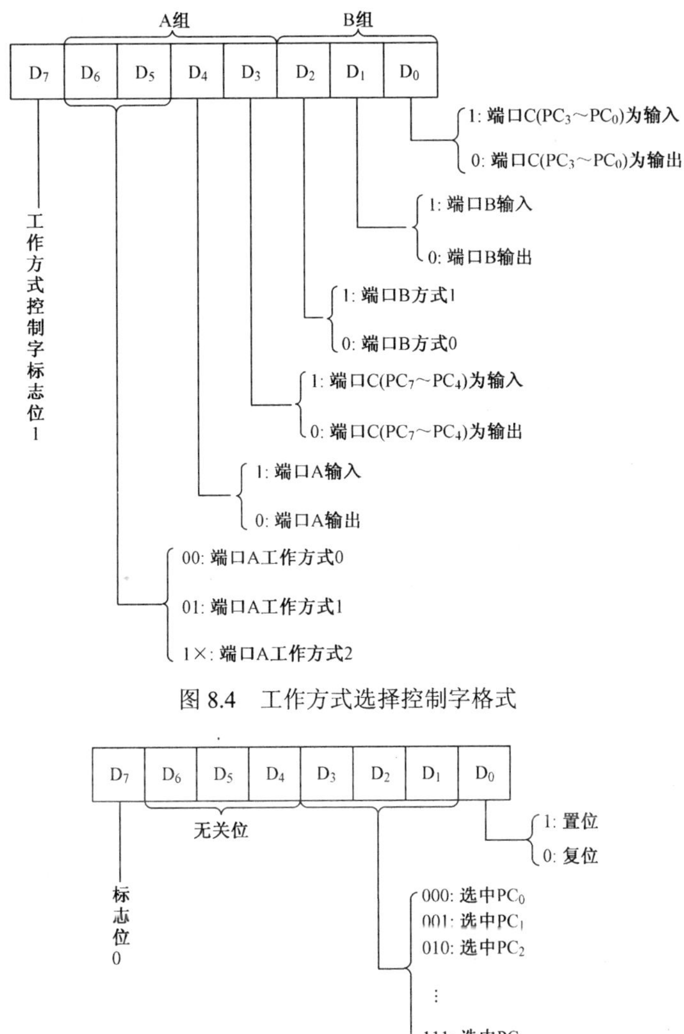

图 8.4　工作方式选择控制字格式

图 8.5　端口 C 置位/复位控制字格式

表 8.2　方式 0 下的 I/O 组合

控制字 $D_7 \sim D_0$	A 组		B 组	
	端口 A	端口 C（$PC_7 \sim PC_4$）	端口 B	端口 C（$PC_3 \sim PC_0$）
10000000	出	出	出	出
10000001	出	出	出	入
10000010	出	出	入	出
10000011	出	出	入	入
10001000	出	入	出	出
10001001	出	入	出	入
10001010	出	入	入	出

续表

控制字 $D_7 \sim D_0$	A组		B组	
	端口A	端口C（$PC_7 \sim PC_4$）	端口B	端口C（$PC_3 \sim PC_0$）
10001011	出	入	入	入
10010000	入	出	出	出
10010001	入	出	出	入
10010010	入	出	入	出
10010011	入	出	入	入
10011000	入	入	出	出
10011001	入	入	出	入
10011010	入	入	入	出
10011011	入	入	入	入

工作方式 0 可以用做同步传送方式或查询传送方式。同步传送方式时，收发双方不需要联络信号，而查询方式时需要有应答信号。一般将端口 A 和端口 B 作为数据端口，而将端口 C 的某些位用做联络信号，配合端口 A 和端口 B 的 I/O 操作。工作方式 0 控制字的具体格式应如图 8.6 所示。

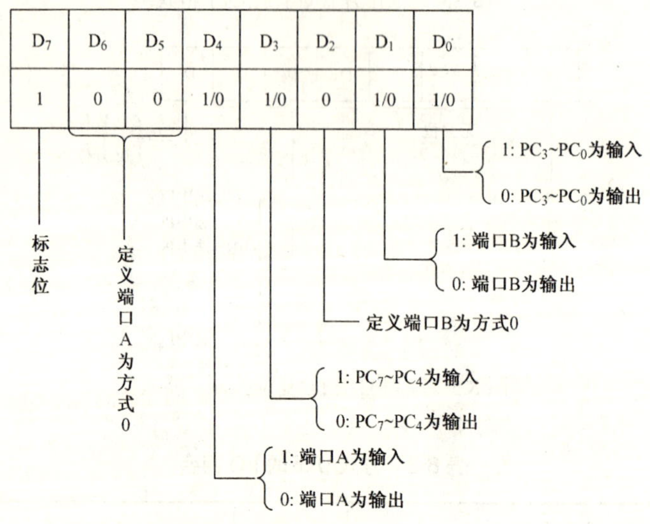

图 8.6　8255A 工作方式 0 控制字

2）工作方式 1

和工作方式 0 相比，工作方式 1 是选通的 I/O 方式，端口 A 和端口 B 用工作方式 1 进行 I/O 传送时，要利用端口 C 提供的选通信号和应答信号，而这些信号与端口 C 的数位之间有固定的对应关系。

（1）端口 A、B 在工作方式 1 输入。图 8.7 为端口 A、B 在工作方式 1 下作为输入端口时的各控制信号示意图和方式选择控制字图。

对各控制信号的说明如下。

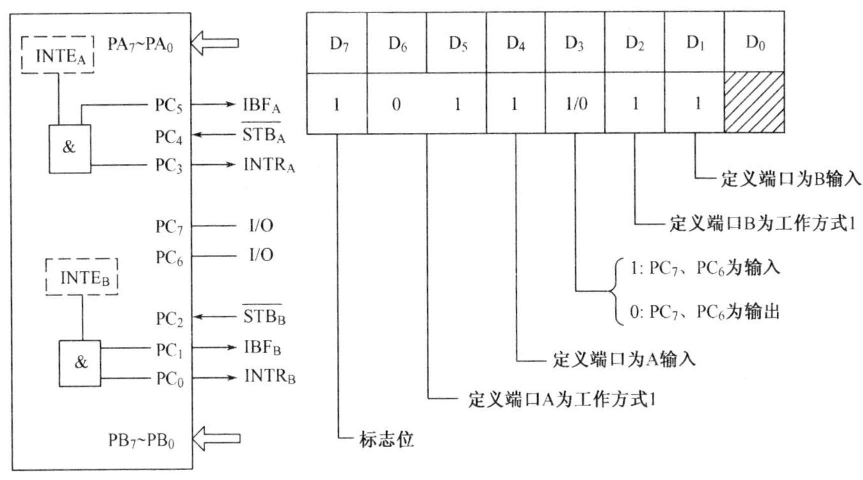

图 8.7　端口 A、B 工作方式 1 输入的状态及控制字

$\overline{\text{STB}}$（Strobe）：选通信号，低电平有效。由外设送信号给 8255A，当其有效时，8255A 接收外设送来的一个 8 位数据，从而将其锁存到所选端口的输入锁存器中。

IBF（Input Buffer Full）：缓冲器满信号，高电平有效。为 8255A 的输出状态信号，IBF 为高电平时，表示有一个新的数据在输入到缓冲器中，此信号一般供 CPU 查询。由 $\overline{\text{STB}}$ 信号置位 IBF 信号，而由 $\overline{\text{RD}}$ 信号上升沿复位 IBF 信号。

INTR（Interrupt Request）：中断请求信号，向 CPU 输出，高电平有效。其在 $\overline{\text{STB}}$、IBF 均为高时有效，即当选通信号结束，已将一个数据送进输入缓冲器中，在输入缓冲器满信号有效时，8255A 会向 CPU 发出中断请求信号，将 INTR 置为高电平。在 CPU 响应中断并读取输入缓冲器数据后，由 $\overline{\text{RD}}$ 信号的下降沿将 INTR 降为低电平。

INTE（Interrupt Enable）：中断允许信号。并没有外部的引出端，它是由软件通过对端口 C 的置 1 指令或置 0 指令来实现对中断的控制。对 PC_4 置 1 或者置 0，可使端口 A 处于中断允许状态或中断屏蔽状态；对 PC_2 置 1 或者置 0，可使端口 B 处于中断允许状态或中断屏蔽状态。

（2）端口 A、B 在工作方式 1 输出。图 8.8 为端口 A、B 在工作方式 1 下作为输出端口的各控制信号示意图和方式选择控制字图。

对各控制信号的说明如下：

$\overline{\text{OBF}}$（Output Buffer Full）：输出缓冲器满信号，低电平有效。由 8255A 送给外设，有效时，表示 CPU 已向设定的端口输出了数据。由 $\overline{\text{WR}}$ 上升沿将 $\overline{\text{OBF}}$ 置为低电平即有效状态，而由 $\overline{\text{ACK}}$ 的有效信号将它恢复为高电平。

$\overline{\text{ACK}}$（Acknowledge）：外设响应信号，低电平有效。由外设送给 8255A，$\overline{\text{ACK}}$ 有效时，说明 CPU 通过 8255A 输出的数据已送到外设。

INTR（Interrupt Request）：中断请求信号，高电平有效，向 CPU 输出。当外设从 8255A 端口中取走数据后，发出 $\overline{\text{ACK}}$ 有效信号，8255A 便向 CPU 发出新的中断请求信号，以便 CPU 再次输出数据。当 $\overline{\text{ACK}}$、$\overline{\text{OBF}}$ 均为高电平时，INTR 变为高电平即有效，当写信号 $\overline{\text{WR}}$ 的下降沿到来时，INTR 变为低电平即被复位。

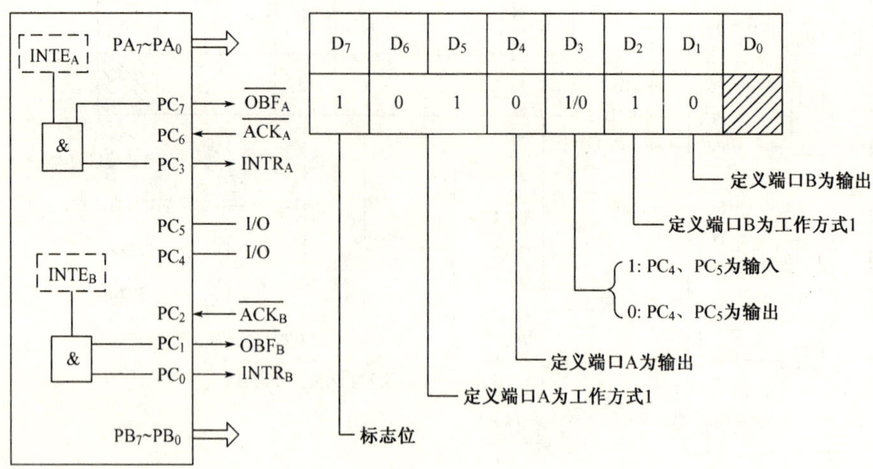

图 8.8　端口 A、B 工作方式 1 输出的状态及控制字

INTE（Interrupt Enable）：中断允许信号。没有外部引脚，由软件来设定。INTE 被设置为 1 时端口处于中断允许状态，而 INTE 被设置为 0 时端口处于中断屏蔽状态。PC_6 为 1 时端口 A 的 INTE 被设置为 1；PC_6 为 0 时端口 A 的 INTE 被设置为 0。PC_2 为 1 时端口 B 的 INTE 被设置为 1，PC_2 为 0 时端口 B 的 INTE 被设置为 0。

在许多采用中断方式进行 I/O 的场合，如果外部设备能为 8255A 提供选通信号或者数据接收应答信号，常使 8255A 的端口在工作方式 1 的情况。

3）工作方式 2

8255A 只有端口 A 可以在工作方式 2。在工作方式 2 下，在 8 位数据线上可实现两台处理机的双向并行通信，即外设可以从 CPU 发送数据也可以从 CPU 接收数据。端口 C 在端口 A 在工作方式 2 时自动提供相应的 5 个控制信号。

图 8.9 为端口 A 在工作方式 2 下的各控制信号示意图和方式选择控制字图。

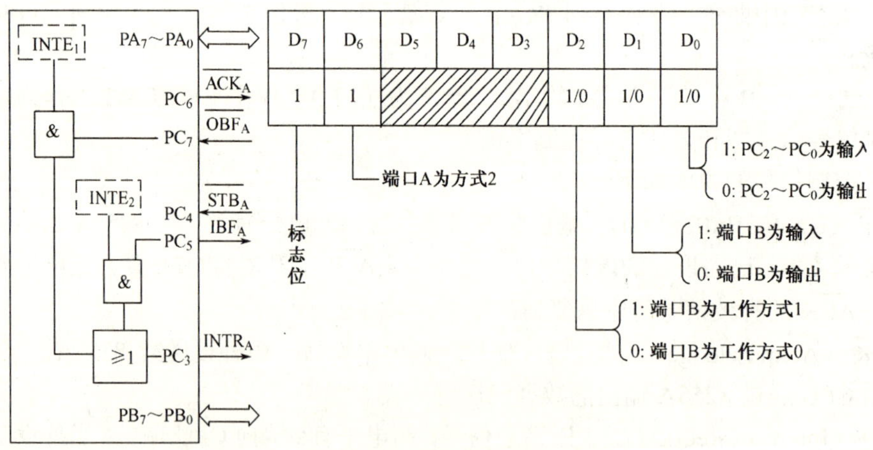

图 8.9　8255A 的端口 A 在工作方式 2 的状态及控制字

对各控制信号的说明如下：

$\overline{OBF_A}$：输出缓冲器满信号，低电平有效。由 8255A 向外设输出状态信号的引脚，表

示当前已经有一个数据写入了端口 A 中，通知外设将数据取走。

$\overline{ACK_A}$：外设对 $\overline{OBF_A}$ 信号的响应信号，低电平有效。它使 8255A 的端口 A 的输出缓冲器开启，送出数据。如果它为高电平（无效），则输出缓冲器处于高阻状态。

IBF_A：输入缓冲器满信号。是 8255A 送往 CPU 的状态信号，有效时表示当前已经有一个新的数据送到输入缓冲器中，等待 CPU 取走数据。

$\overline{STB_A}$：数据选通信号，低电平有效，由外部输入。此信号有效时，将外部输入的数据锁存到数据输入锁存器中。

INTR：中断请求信号。在 I/O 方式下，向 CPU 发出中断请求信号。

$INTE_1$：与输出缓冲器相关的中断允许信号。由软件通过对 PC_6 的置 1 或置 0 来确定。

$INTE_2$：与输入缓冲器相关的中断允许信号。由软件通过对 PC_4 的置 1 或置 0 来确定。

8255A 中端口 A 工作在工作方式 2 时，允许端口 B 工作在工作方式 0 或工作方式 1，而且，端口 B 既可作为输入口也可作为输出口。在各种组合下，端口 C 都用一定的数位配合工作。

8.1.4　8255A 芯片的应用

【例 8.1】　通过 8255A 将 CPU 中的数据输出到打印机上，图 8.10 为查询式打印机接口。设端口 A 地址为 PORTA，端口 C 地址为 PORTC，控制口地址为 PORTCTR，输出 500 个字符。写出相应的程序。

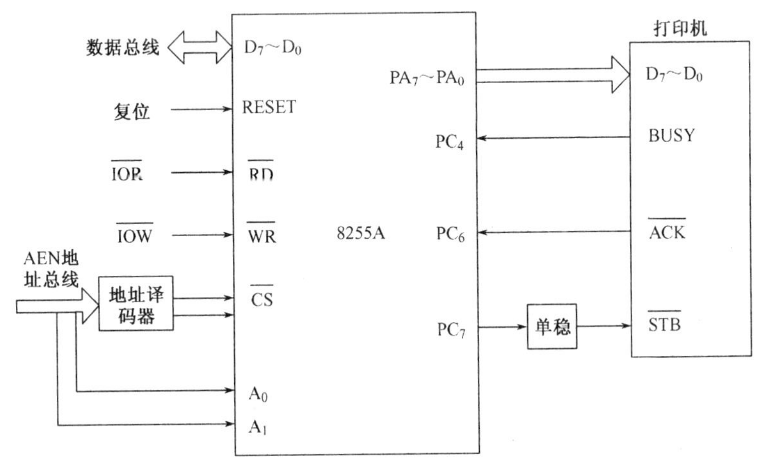

图 8.10　8255A 与打印机的接口

解：程序如下：

```
        MOV     AL, 0A8H            ; 端口 A 方式 1 输出, PC4 输入
        MOV     DX, PORTCTR         ; 控制口送 DX
        OUT     DX, AL              ; 输出控制字
        MOV     CX, 500             ; 设置字符长度
        MOV     DI, BUFFER          ; 送字符缓冲区首地址
LOOP1:  MOV  AL, [DI]               ; 从缓冲区取一个字符
```

```
        MOV     DX, PORTA                  ; 端口 A 地址送 DX
        OUT     DX, AL                     ; 从端口 A 输出一个字符
        MOV     DX, PORTC                  ; 端口 C 地址送 DX
NEXT:   IN    AL, DX                       ; 从端口 C 读入打印机状态
TEST:   AL, 10H                            ; 测试 BUSY 信号
        JNZ     NEXT                       ; 如果打印机忙，等待
        INC     DI                         ; 缓冲区地址加 1
        LOOP    LOOP1                      ; 继续输出下一个字符
```

【例 8.2】 在两台单片机之间利用 8255A 的端口 A 实现并行传送数据。两机之间的连接如图 8.11 所示。

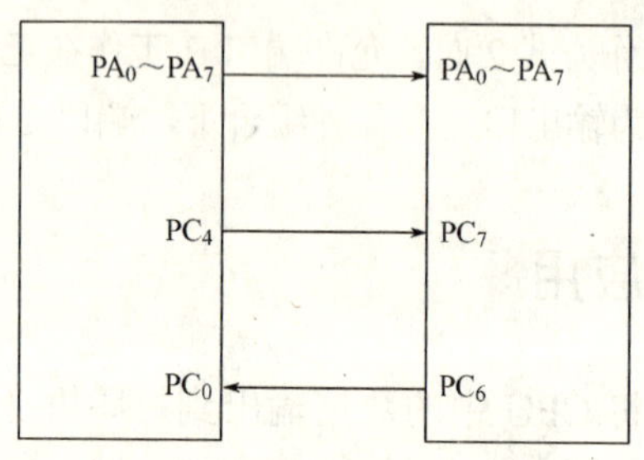

图 8.11　两机并行通信接口

其中甲机采用工作方式 1 发送数据，乙机采用工作方式 0 接收数据，两机的 CPU 与接口之间均采用查询方式交换数据，假设其端口地址为 240H～243H。

解:

甲机初始化程序如下：

```
        MOV     DX,  243H
        MOV     AL, 0A0H
        OUT     DX, AL                     ; 工作方式字：端口 A 工作方式 1 输出
        MOV     AL,  0DH                   ; 使 PC6（INTEA）=1，允许中断
        OUT DX, AL
```

甲机的发送程序如下：

```
SEND:   MOV     DX, 242H
        IN      AL, DX         ; 查询 PC3（INTEA）=1？
        AND     AL,  08H
        JZ      SEND
        MOV     DX,  240H      ; 发送数据
        MOV     AL,  AH
        OUT     DX, AL
```

乙机的初始化程序如下：

```
        MOV     DX,  243H
```

```
MOV     AL,  98H
OUT     DX, AL                    ; 工作方式字：端口 A 工作方式 0 输入
MOV     AL,  01H                  ; 使 PC0（ACK）=1，因尚未收到数据
OUT     DX, AL
```

乙机的查询接收程序如下：

```
RECEIVE:    MOVDX,  242 H
            IN   AL, DX           ; 查询 PC4（OBF）=0?
            ANDAL,  10H
            JNZ  RECEIVE
            MOVDX,  240H          ; 接收数据
            IN   AL, DX
            MOVAH, AL
```

乙机接收响应程序如下：

```
MOV     DX,  243H
MOV     AL,  00H                  ; 使 PC0（ACK）=0
OUT     DX, AL
NOP                               ; 适当延时，产生一定宽度的低脉冲
NOP
MOV     AL,  01H                  ; 使 PC0（ACK）=1
OUT     DX, AL                    ; 产生低脉冲 ACK 信号
```

8.2　可编程串行接口芯片 8251A

8.2.1　串行通信的基本概念

串行通信就是用一根信号线将数据依次一位一位地传送，每一位数据占据一个固定的时间长度。

在串行通信时，要传送的数据或信息，必须按一定的格式编码，然后在单根信号线上按位进行传送。在接收数据时，每次从单根信号线上按位接收信息，再把接收到的信息组合成一个字符后，送入 CPU 作进一步处理。当微型计算机与远距离的中央处理器或远程终端交换数据时，都采用串行通信方式。串行传输速率比并行传输速率要慢，但它具有需要的通信线少和传输距离远的优点，所以，一般在远距离通信时，采用串行通信的方式。

下面介绍串行通信的一些基本概念。

1．数据传送的方向

在串行通信时，数据在两个站 A 与 B 之间传送，按数据传送的方向主要分为单工通信、半双工通信、全双工通信 3 种基本传送方式。

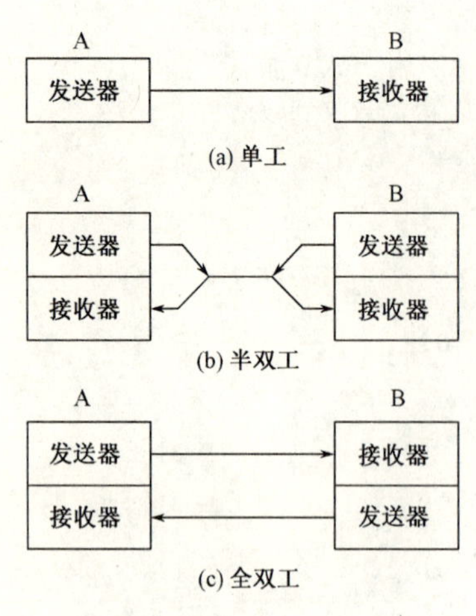

图 8.12　串行通信传输方式

（1）单工通信。两个站之间进行通信时，数据只能在一个方向上传输，发送端只能发送数据，接收端只能接收数据，不能反方向传输数据，如图 8.12（a）所示。

（2）半双工通信。在半双工通信方式中，可允许两个站之间相互传输数据，但由于两站之间只有一根传输线相连，所以，同一时间内只能在一个方向上传输数据，不能同时收发而是分时收发数据，如图 8.12（b）所示。如无线电对讲机就是一个半双工通信的例子，当一个人在讲话时，另一个人只能听着。

（3）全双工通信。如果在一个通信系统中，对数据的接收和发送，采用两个不同的传输通道，系统就可以工作在全双工通信方式。采用全双工通信方式的系统，通信双方可以同时进行发送和接收数据。为实现全双工通信的功能，系统的两个站必须都具有独立的发送器和接收器，从 A 到 B 和从 B 到 A 的数据通道也必须完全分开（至少在逻辑上是分开的）。如图 8.12（c）所示，电话系统就是全双工通信的例子。

2. 可编程串行接口

串行接口的种类有很多，典型的串行接口结构如图 8.13 所示。它包含 4 个主要寄存器：状态寄存器、控制寄存器、数据输入寄存器及数据输出寄存器。

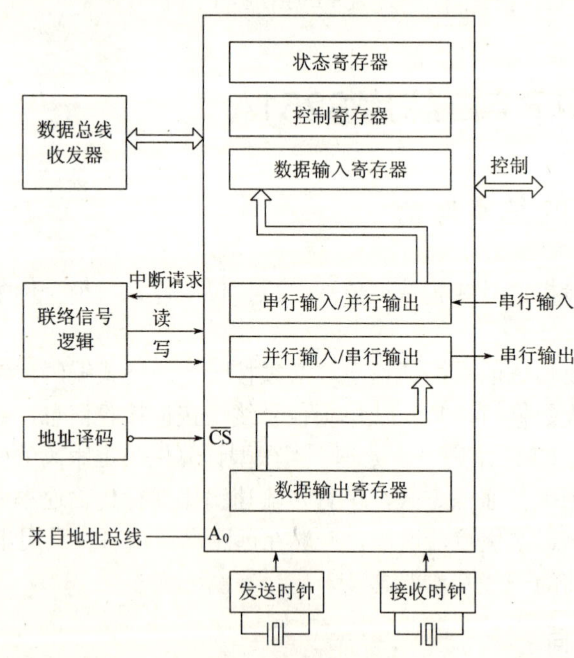

图 8.13　串行接口典型结构

控制寄存器用来接收 CPU 送给此接口的各种控制信息，而控制信息决定接口的工作方式。状态寄存器的各位称为状态位，每一个状态位都可以用来指示传输过程中的某一种错误或者当前传输状态。数据输入寄存器总是和串行输入/并行输出移位寄存器配对使用。在输入过程中，数据一位一位从外部设备进入接口的移位寄存器，当接收完一个字符以后，数据就从移位寄存器送到数据输入寄存器，再等待 CPU 来取走。输出的情况和输入过程类似，在输出过程中，数据输出寄存器和并行输入/串行输出移位寄存器配对使用。当 CPU 往数据输出寄存器中输出一个数据后，数据便传输到移位寄存器，然后一位一位地通过输出线送到外部设备。

CPU 可以访问串行接口中的 4 个主要寄存器。从原则上说，对这 4 个寄存器可以通过不同的地址来访问，不过，因为控制寄存器和数据输出寄存器是只写的，状态寄存器和数据输入寄存器是只读的，所以，可以用读信号和写信号来区分这两组寄存器，再用一位地址来区分两个只读寄存器或两个只写寄存器。

由于这种串行接口控制寄存器的参数是可以用程序来修改的，所以称为可编程串行接口。

3. 串行通信数据的收发方式

在串行通信中，数据的收发有两种基本工作方式：异步通信方式和同步通信方式。

1）异步通信方式

异步通信方式的数据收发格式如图 8.14 所示。

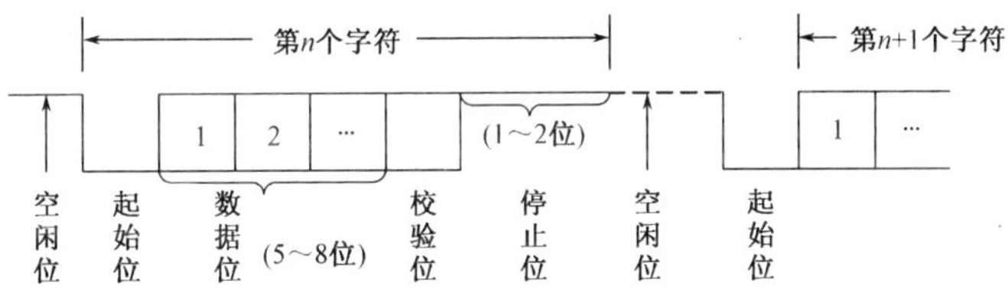

图 8.14 异步通信方式的数据收发格式

不发送数据时，数据信号线总是呈高电平，此时称为空闲状态。当要发送数据时，数据信号线应变为低电平，并持续一位的时间，为了表示字符的开始，此位称为起始位。起始位之后，在信号线上将出现待发送的字符数据，最低有效位 D_0 最先出现，因此它被最早发送出去。每个字符数据位数可由 5～8 位组成，以高电平为 1，低电平为 0，字符数据位数取决于不同的编码方案。在数据位的后面也可有一个奇偶校验位，使字符中“1”的个数为奇数（进行奇校验时）或偶数（进行偶校验时）。最后至少有一位高电平表示停止位，以此表示字符的结束。停止位的宽度可以是 1 位、1.5 位或 2 位，在两个字符数据之间可以有空闲位，采用高电平。

2）同步通信方式

同步通信方式使用的数据格式根据控制规程分为面向字符型和面向比特型两种。

（1）面向字符型同步通信的数据格式。面向字符型的数据格式分为单同步、双同步和外同步 3 种数据格式，如图 8.15 所示。

为了表示数据传送的开始，在传送数据前先传送一个同步字符的方式称为单同步，先传送两个同步字符的方式称为双同步。接收端检测到该同步字符后开始接收数据。如果在通信的数据格式中没有同步字符，而是用一根专用控制线传送同步字符，使接收方和发送端实现同步，此种方式称为外同步。这 3 种同步方式最后都以两个字节的校验码 CRC 结束。

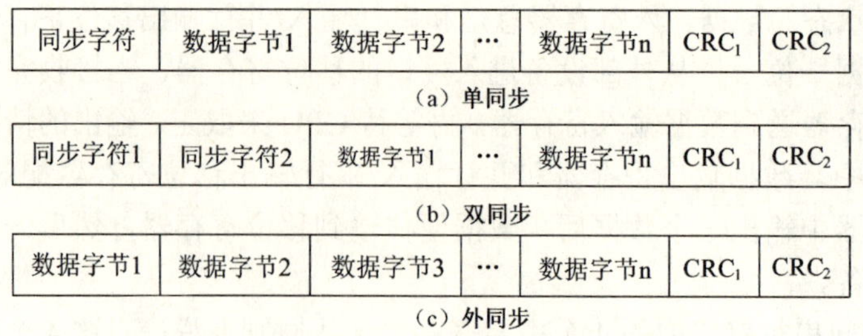

图 8.15　面向字符型同步通信的数据格式

（2）面向比特型同步通信的数据格式。根据同步通信的数据链路控制规程 SDLC，面向比特型的数据格式由 6 个部分组成。第一部分为开始标志 7EH；第二部分是一个字节的地址场；第三部分是一个字节的控制场；第四部分是需要传送的数据；第五部分是两个字节的校验码 CRC；第六部分又是“7EH”，为结束标志。面向比特型同步通信的数据格式如图 8.16 所示。

图 8.16　面向比特型同步通信的数据格式

在控制规程 SDLC 中，不允许在第四部分和第五部分出现 6 个 1，否则会误认为是结束标志。因此，需要在发送端进行校验，当连续出现 5 个 1，则立即插入一个 0，到接收端要将这个插入的 0 去掉，恢复原来的数据，确保通信的正常进行。

同步通信不再需要起始位及停止位了，这样与异步通信相比，其数据的传输速率有明显地提高。因此，同步通信适用于传输信息量大，要求传输速率很高的系统中。

4．串行传送速率

在串行通信中，用波特率来表示数据传输的速率。波特率就是指每秒内传输数据的位数，单位为波特，如 1 波特=1b/s。例如，在异步通信中，若一个串行字符由一个起始位，5 个数据位，一个奇偶校验位和一个停止位构成，每秒钟传送 300 个字符，则数据传送的波特率为

8b/字符×300 字符/s=2400b/s=2400 波特

传送每位信息所占用时间为 1s/2400=0.417ms。

串行通信中常用的波特率为 110 波特、300 波特、600 波特、1200 波特、2400 波特、4800 波特、9600 波特和 19200 波特，这也是国际上规定的标准波特率。同步通信的波特率一般高于异步通信方式，可达到 64000 波特。

5．串行通信的检错和纠错

在串行通信的传输过程中，由于噪声的干扰使传输信息很可能出现错误，因此为保证通信系统的可靠性，常采用检错和纠错的方法来对传输信息进行校正。

在基本通信规程中常采用奇偶校验来检错，以反馈重发方式纠错，而在高级通信规程中常采用校验码 CRC 来检错，以自动纠错方法来纠错。

（1）奇偶校验。发送数据时，在数据位后面发送器会根据数据位的结构，自动在校验位上加上一位奇/偶校验位（校验位取值为 1 或 0），用来保证每个字符中 1 的总个数（包括校验位）是奇数或偶数。而接收器在接收数据时，对接收到的信息会进行含一个数的奇偶性检验，如果发现有错就建立出错状态标志，以供 CPU 进行查询和纠错。

（2）CRC 校验。CRC 校验是用编码原理，对传送的数据代码按照某种规则生成校验码，并将校验码放在数据代码之后，然后将新的编码序列发送出去。在接收时，根据信息码与校验码间所符合的某种规则进行检测，从而检测出传送过程中是否出错。

6. 信号的调制与解调

串行通信传送的数据是以 0、1 序列组成的数字信号。其包含了从低频到高频极其丰富的谐波信号，所以，它要求具有宽频带的传输线。但在远距离通信时，考虑到成本因素，通信线路常通过公用电话网络进行传送，而电话线只能传送 300～3400kHz 的音频模拟信号，对高次谐波的衰减很厉害，数字信号到了接收端会发生严重的失真。因此，在传送数字信号时常采用调制解调技术。在发送端使用调制器把传送的数字信号转换为适合在电话线上传输的音频模拟信号；接收端则使用解调器把收到的模拟信号还原为数字信号。

7. 串行接口标准

计算机与外设或终端进行串行通信时，双方必须按照统一的物理接口标准来连接，例如，信号电平、信号定义、连接电缆、特性等。目前，采用的接口标准很多，如 RS-232C、RS-422、RS-423、RS-449、RS-485 等。

8.2.2 8251A 芯片内部结构及功能

8251A 由 5 个部分组成：发送器、接收器、数据总线缓冲器、读/写控制电路和调制/解调控制电路，其内部结构如图 8.17 所示，外部引脚图如图 8.18 所示。

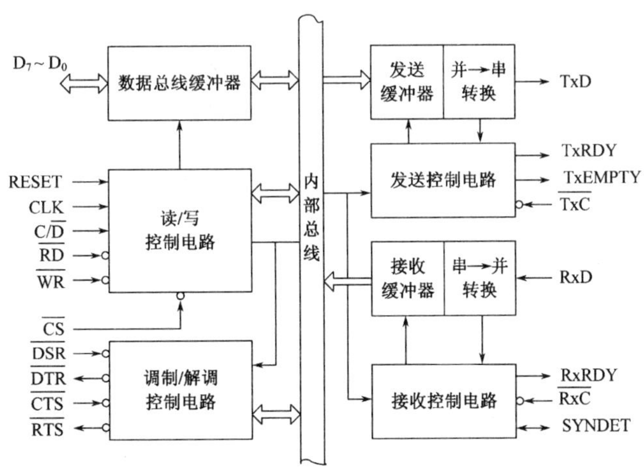

图 8.17 8251A 内部结构图

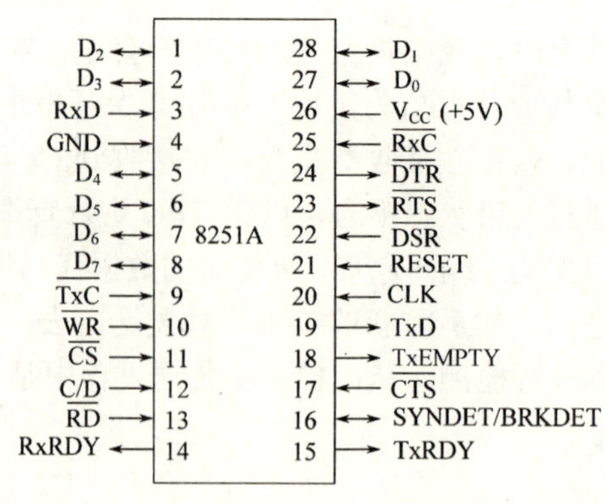

图 8.18　8251A 引脚图

1. 发送器

发送器包括发送缓冲器、并/串转换电路（发送移位寄存器）和发送控制电路 3 部分。

当 CPU 发送数据时，先用 OUT 指令将需要发送的数据经发送数据缓冲器并行输入，并把数据锁存到发送缓冲器中，然后由发送移位寄存器将并行数据转换成串行数据，之后由 TxD 引脚串行发送出去。

如果采用异步发送方式时，发送控制器会按程序规定的字符格式，给发送的数据加上起始位、奇偶校验位和停止位，之后从起始位开始，通过移位寄存器移位后，使数据从数据输出线 TxD 逐位发送出去。其发送速率由 $\overline{\text{TxC}}$ 引脚上接的发送时钟频率决定。

如果采用同步发送方式时，在发送数据之前，发送器先发送一个或两个同步字符，之后逐位输出串行数据。同步发送时，字符之间不允许存在空隙，如果在某种情况下（如出现更高优先级的中断）迫使 CPU 在发送过程中停止发送字符，此时同步字符将被 8251A 不断自动地插入，直到新的字符送来后，再重新输出数据。同步传送时，数据传输速率等于 $\overline{\text{TxC}}$ 的时钟频率。

与发送器有关的引脚信号如下：

（1）TxD（Transmitter Data）：用来发送数据，输出串行数据。

（2）TxRDY（Transmitter Ready 或 TxR）：发送器已准备好，输出信号线，高电平有效，表示 8251A 的发送数据缓冲存储器已空。当 TxE=1 及 $\overline{\text{CTS}}$ 端有效时才能发送数据，这时 CPU 就可以向 8251A 写入待发数据。此引脚还可用做中断请求信号。当 CPU 向 8251A 输出一个并行数据后，TxRDY 端被清为低电平。

（3）TxEMPTY（Transmitter Empty 或 TxE）：表示发送移位寄存器已空，输出信号线，高电平有效。如果 TxE=1，此时 CPU 可向 8251A 的发送缓冲器写入数据。

TxR 和 TxE 两信号表示的发送器状态如表 8.3 所示。

表 8.3　发送器状态

TxR	TxE	发送器状态
0	0	发送缓冲存储器满，发送移位寄存器满
1	0	发送缓冲存储器空，发送移位寄存器满
1	1	发送缓冲存储器空，发送移位寄存器空
0	1	不可能出现

（4）$\overline{\mathrm{TxC}}$（Transmitter Clock）：发送器时钟，外部输入。$\overline{\mathrm{TxC}}$ 确定 8251A 的发送速率。在同步方式时，$\overline{\mathrm{TxC}}$ 输入的时钟频率应等于发送数据的波特率；在异步方式时，可由软件定义发送的时钟是波特率的 1 倍、16 倍或 64 倍。

2．接收器

接收器包括接收缓冲器、串/并转换电路（接收移位寄存器）和接收控制电路 3 部分。

在时钟脉冲的控制下，接收器逐个接收从 RxD 引脚输入的串行数据，并将其送入接收移位寄存器，等到接收到一个字符数据后，通过串/并转换电路，将接收移位寄存器中的串行数据转换成并行数据，然后通过内部总线送到接收数据缓冲器中。接收数据的速率由送到接收时钟端 $\overline{\mathrm{RxC}}$ 的时钟频率决定。

与接收器有关的引脚信号如下：

（1）RxD（Receiver Data）：接收数据，输入串行数据。

（2）RxRDY（Receiver Ready 或 RxR）：高电平时有效，表示接收数据已准备好，等待输出。当信号有效时，表示接收数据缓冲器已接收到一个数据符号，可以将其输入到 CPU 中去。若 8251A 与 CPU 间采用中断方式交换数据时，则 RxRDY 可用做向 CPU 发送中断请求信号。若 CPU 从接收数据缓冲器中读取数据后，则 RxRDY 复位为低电平，直到再接收到一个新数据符号后，才又会变为高电平。

（3）SYNDET/BRKDET（Sync Detect/Break Detect）：双功能检测信号，高电平有效。

如果采用同步方式时，其可用于同步检测，复位时此引脚变为低电平。若是内同步方式，当在 RxD 端检测到一个（单同步）或两个（双同步）同步字符时，SYNDET 输出高电平，表明已达到同步状态，之后接收到的就是有效数据。若是外同步方式，SYNDET 为输入信号，当引脚由低电平变为高电平时，在下一个 $\overline{\mathrm{RxC}}$ 的上升沿 8251A 开始接收有效数据，一旦达到同步时，SYNDET 端的高电平可以去除。

如果采用异步方式时，该引脚用于断点检测，BRKDET 是输出信号。当 RxD 端连续收到 8 个 0 信号时，该引脚变为高电平，表示当前线路上无数据可读，而当 RxD 端收到一个 1 信号或 8251A 复位时，BRKDET 才复位，变成低电平。

（4）$\overline{\mathrm{RxC}}$（Receiver Clock）：接收器时钟，由外部输入。输入到 $\overline{\mathrm{RxC}}$ 端的时钟频率决定 8251A 接收数据的速率。如果采用同步方式时，接收数据的波特率等于输入的时钟频率；如果采用异步方式时，接收数据的波特率可用软件来定义，情况与发送器时钟 $\overline{\mathrm{TxC}}$ 相似。

3．数据总线缓冲器

数据总线缓冲器用做实现 8251A 与系统数据总线之间信息交换的通道。其内部包含 3 个三态双向 8 位缓冲器，它们分别是状态缓冲器、接收数据缓冲器和发送数据/命令缓冲器。状态缓冲器用于存放 8251A 的状态信息，接收数据缓冲器用于存放它所接收的数据，当 CPU 执行 IN 指令时，便从这两个缓冲器中读取状态字和数据字。发送数据/命令缓冲器用于存放 CPU 用 OUT 指令向 8251A 写入的数据或命令（控制）字。

与数据总线缓冲器有关的引脚有数据线 $D_7 \sim D_0$，它们与系统数据总线相连，即用来在 8251A 与 CPU 间传送数据，还用来传送 CPU 对 8251A 的编程命令和 8251A 送给 CPU 的状态信息。

4. 读/写控制电路

读/写控制电路用于接收 CPU 的控制信号，由这些控制信号决定 8251A 的工作状态，并向 8251A 内部各功能部件发送相应的控制信号。

由 CPU 发送到读/写控制电路的控制信号如下：

（1）RESET：复位信号，输入，高电平有效。当 RESET 有效时，8251A 中各寄存器处于复位状态，并且收、发线路也处于空闲状态，等待对芯片进行初始化编程。

（2）CLK：主时钟，输入。此时钟信号用于产生 8251A 内部的定时信号。对于同步方式，CLK 的时钟频率必须比发送时钟（$\overline{TxC}$）和接收时钟（$\overline{RxC}$）频率大 30 倍；对于异步方式，CLK 的时钟频率必须比发送时钟和接收时钟频率大 4.5 倍。8251A 还规定 CLK 的时钟频率要在 0.74～3.1MHz 范围内。

（3）$\overline{RD}$ 和 $\overline{WR}$：读和写控制信号，低电平有效。当 $\overline{RD}$ 为低电平时，表示 CPU 正在读出 8251A 内的数据或状态信息。当 $\overline{WR}$ 为低电平时，表示 CPU 正向 8251A 写入数据或控制字。

（4）$\overline{CS}$：片选信号，低电平有效。当 $\overline{CS}$ 为低电平时，表示 8251A 芯片被选中，可以对它进行读/写操作。$\overline{CS}$ 由地址译码电路产生。

（5）C/$\overline{D}$：控制/数据信号。当 C/$\overline{D}$=1 时，指当前通过数据总线传送的是控制字或状态信息；当 C/$\overline{D}$=0 时，指当前通过数据总线传送的是数据信息。

$\overline{CS}$、C/$\overline{D}$、$\overline{RD}$ 和 $\overline{WR}$ 组合起来可确定 8251A 的读/写操作，如表 8.4 所示。

表 8.4　8251A 读/写操作表

$\overline{CS}$	C/$\overline{D}$	$\overline{RD}$	$\overline{WR}$	操　作
0	0	0	1	CPU 从 8251A 读数据
0	1	0	1	CPU 读取 8251A 的状态字
0	0	1	0	CPU 向 8251A 写数据
0	1	1	0	CPU 向 8251A 写入控制字
0	×	1	1	数据总线浮空
1	×	×	×	数据总线浮空

5. 调制/解调控制电路

为了实现 8251A 的远距离串行通信，8251A 的输出数据须经调制器将数字信号转换为模拟信号，在接收端收到的是需要经解调器将模拟信号转换为数字信号。8251A 与调制/解调器接口的 4 条信号线如下：

（1）$\overline{DTR}$（Data Terminal Ready）：数据终端准备好信号，输出，低电平有效。若终端电源接通，做好接收数据的准备工作后，就可向调制/解调器发出有效的 $\overline{DTR}$ 信号，告诉调制/解调器数据终端已准备好。它可采用软件定义，只需把控制字中的 DTR 位置 1，$\overline{DTR}$ 引脚就能产生有效的低电平信号。

（2）$\overline{DSR}$（Data Set Ready）：数据装置准备好，由调制/解调器输入，低电平有效。当 $\overline{DSR}$ 有效时，表示调制/解调器已准备好了数据，实际上它是对 $\overline{DTR}$ 的回答信号，CPU 可采用 IN 指令读入 8251A 状态寄存器中 DSR 位的内容，以便检测 $\overline{DSR}$ 的状态，当 DSR=1 时，表示 $\overline{DSR}$ 引脚产生了有效的低电平。

（3）$\overline{RTS}$（Request To Send）：请求发送信号，向调制/解调器输出，低电平有效。当 $\overline{RTS}$ 有效时，表示计算机或终端已准备好了数据，等待发送，该信号向调制/解调器发出请求发送信号。它可由软件定义，使命令字中 RTS 位置 1，则 $\overline{RTS}$ 引脚将产生有效的低电平信号。

（4）$\overline{CTS}$（Clear To Send）：清除发送信号，由调制/解调器输入，低电平有效。有效时，表示调制/解调器已经做好接收数据的准备。若调制/解调器接收到 $\overline{RTS}$ 命令，发送串行数据的准备做好之后，就会向终端传送 $\overline{CTS}$ 低电平信号。这时，只要命令字中 TxEN =1，发送器就可以发送串行数据。$\overline{CTS}$ 实际是对 $\overline{RTS}$ 的回答信号。当终端发送完所有字符后，$\overline{CTS}$ 变为高电平，发送过程结束。如果在数据发送过程中 $\overline{CTS}$ 无效或者 TxEN =0，发送器将正在发送的字符发送完后就停止继续发送。

8.2.3 8251A 芯片的控制字及工作方式

在使用 8251A 之前，必须向它写入方式选择控制字和操作命令控制字，对其进行初始化编程后，才可以收发数据。使用中可以利用状态控制字来了解 8251A 的状态。用方式选择控制字来确定 8251A 的工作方式，如 8251A 工作于同步还是异步方式、传送速率、数据格式等。用操作命令控制字控制 8251A 按方式字所规定的方式进行工作，如允许或禁止 8251A 收发数据、启动搜索同步字符、迫使 8251A 内部复位等。可使用的控制字分别介绍如下：

1. 方式选择控制字

方式选择控制字的使用格式如图 8.19 所示。用 B_2B_1 位来确定 8251A 的工作方式是异步方式还是同步方式，若是异步方式可由 B_2B_1 的取值来确定传送速率。×1 表示输入的时钟频率与波特率相同，允许接收和发送的波特率不同，$\overline{RxC}$ 和 $\overline{TxC}$ 也可以不相同，但它们的波特率系数必须相同。×16 和×64 分别表示时钟频率是波特率的 16 倍和 64 倍。所以，一般称 1、16 和 64 为波特率系数，它们之间的关系如下：

发送/接收时钟频率=发送/接收波特率×波特率系数

L_1 L_2 位是用来定义数据字符长度的，可以为 5 位，6 位，7 位或 8 位。

PEN 位是用来定义是否带奇偶校验的。当 PEN =1 时，由 EP 位定义是使用奇校验还是偶校验。

S_2S_1 位是用来定义异步方式的停止位长度是 1 位，1.5 位或 2 位的。若是同步方式，当 S_1=1 时定义了外同步，当 S_1=0 时定义了内同步，当 S_2 =1 时定义了单同步，当 S_2 =0 时定义了双同步。

2. 操作命令控制字

操作命令控制字的使用格式如图 8.20 所示。

TxEN 位是允许发送位。当 TxEN =1 时，才允许由发送器通过 TxD 引脚向外发送数据。

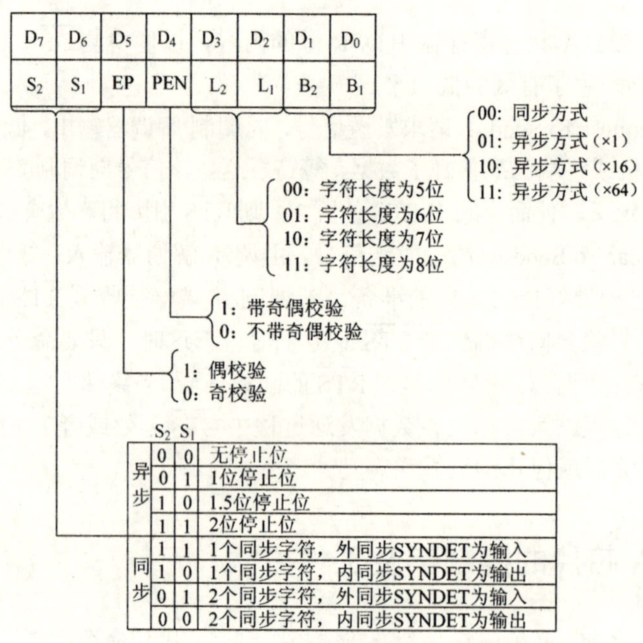

图 8.19　8251A 方式选择控制字的使用格式

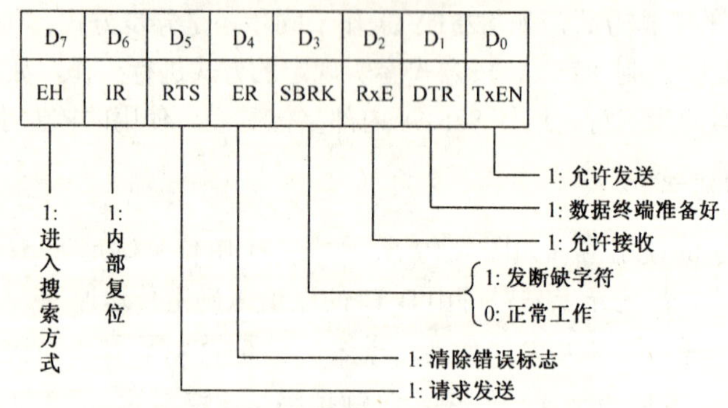

图 8.20　8251A 操作命令控制字使用格式

RxE 位是允许接收位。当 RxE =1 时，从外部发送过来的串行数据才允许由接收器通过 RxD 引脚接收。

DTR 位是数据终端准备好位。当 DTR =1 时，$\overline{DTR}$ 引脚将输出有效的低电平，以便通知调制/解调器，数据终端已经准备好接收数据。

RTS 位是请求发送位。当 RTS =1 时，$\overline{RTS}$ 引脚将输出有效的低电平，表示 CPU 已准备好发送数据，用该信号向调制/解调器或外部设备请求发送数据。

ER 位是清除错误标志位。8251A 可以设置 3 个出错标志，它们分别是奇偶校验错标志 PE、溢出标志 OE、帧校验错标志 FE。当 ER=1 时，PE、OE、FE 这 3 个标志位将同时被清 0。

SBRK（Send Break Character）位是发送空白字符（断缺字符）位。在正常工作状态下，SBRK 位应保持为 0，当 SBRK =1 时，TxD 将变为低电平，即一直在发送空白字符（全 0）。

IR 位为内部复位信号。当 IR=1 时，8251A 内部就会复位，此时 8251A 将回到接收方式选择控制字的状态。在此状态下，只有再向控制口写入一个新的方式选择控制字，重新对芯片进行初始化编程后，8251A 才可以正常工作。

EH 位为外部搜索方式位。EH 位只对内同步方式有效。当 EH=1 时，8251A 会从 RxD 引脚输入的串行信息中搜索特定的同步字符，如果找到了同步字符，SYNDET 引脚就会输出高电平。以后所有写入 8251A 的控制字都是操作命令控制字。只有外部复位命令 RESET=1 或内部复位命令 IR=1 时，才能使 8251A 回到接收方式选择控制字的状态。

3. 状态控制字

在 8251A 的工作过程中，常常要了解其工作状态，所以 8251A 内部设置了状态寄存器，CPU 随时可以用 IN 指令读取状态寄存器的内容。在 CPU 读状态时，8251A 将自动禁止改变状态。状态控制字的格式如图 8.21 所示。

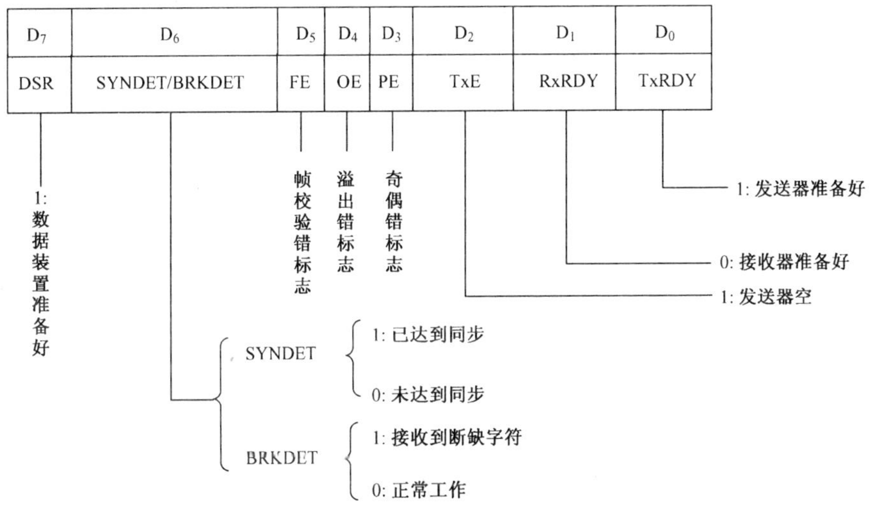

图 8.21 8251A 状态控制字格式

RxRDY、TxE、SYNDET/BRKDET 位的意义与同名引脚的功能完全相同，可供 CPU 查询。

TxRDY 是发送器准备好状态位，它与引脚信号有些区别。对于状态寄存器中的 TxRDY 位，当发送数据缓冲器为空时就被置 1；而引脚 TxRDY 置 1 的条件是，发送数据缓冲器空、TxEN =1 和 $\overline{CTS}$ =0 必须同时成立。

PE（Parity Error）位是奇偶校验错标志位。当 PE=1 时，表示当前产生了奇偶校验错误，它并不中止 8251A 的工作。

OE（Overrun Error）位是溢出错误标志位。当 OE=1 时，表示 CPU 还没把输入到缓冲器中的前一个字符取走，新的字符又被送入缓冲器。此标志位不禁止 8251A 的工作，但发生溢出时，前一个字符已经丢失。

FE（Frame Error）为帧错误标志位，只适用于异步方式。一帧数据必须从起始位开始，停止位结束，中间是字符位和奇偶校验位（如果有奇偶校验的话）。如果在一个字符的结束处没有检测到有效的停止位，则 FE 标志置 1。此标志位不禁止 8251A 工作。

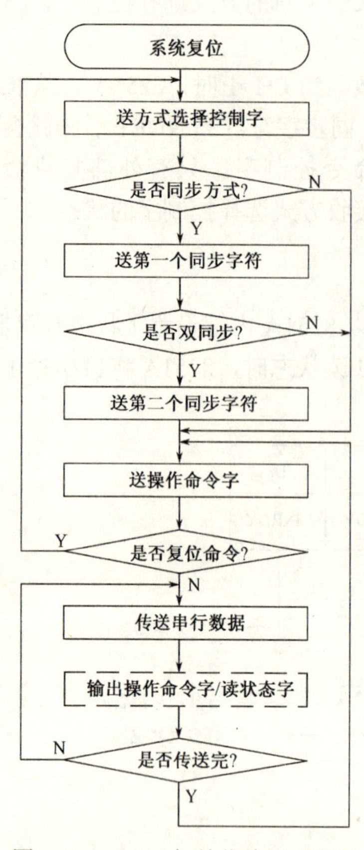

图 8.22　8251A 初始化编程流程图

DSR 位是数据装置准备好位。当 DSR=1 时，表示外设或调制/解调器已经准备好了发送数据，此时输入引脚 $\overline{DSR}$ 产生有效的低电平。

4. 8251A 的编程流程

接通电源时，能通过硬件电路使 8251A 自动进入复位状态，但不能保证总是正确复位，为了确保 8251A 正确复位，应先向 8251A 的控制口连续写入 3 个全 0，然后再向该端口送入一个使 D_6 位等于 1 的复位控制字（40H），用软件命令使 8251A 可靠复位。之后，就可以对其进行初始化编程。它是通过写入方式选择控制字、操作命令控制字和同步字符来实现的。由于这 3 个字都是同一端口地址，在向 8251A 写入这些控制字时，必须按照一定的顺序，不能颠倒。8251A 初始化编程的流程图如图 8.22 所示。

芯片复位之后，应先将方式选择控制字写入控制口，以便确定 8251A 的工作方式。如果选择的是同步工作方式，在方式选择控制字后就需将 1 个或 2 个同步字符写入控制口。在同步字符后，只要不是复位命令，不管是同步方式还是异步方式，由 CPU 往控制口写入操作命令控制字。写入命令字之后，8251A 就准备发送或接收数据了。

例如，8251A 工作在异步方式，方式选择控制字为 11111011B（0FBH），操作命令字为 00010001B（11H），其初始化程序如下：

```
        ⋮
MOV     AL, 0FBH
OUT     COUNT, AL       ; COUNT 为控制端口的符号地址
MOV     AL, 11H
OUT     COUNT, AL
        ⋮
```

8.2.4 8251A 芯片的应用

【例 8.3】 编写一段通过 8251A 采用查询方式接收数据的程序。要求 8251A 定义为异步传输方式，波特率系数为 64，采用偶校验，1 位停止位，7 位数据位。设 8251A 的数据端口地址为 04A0H，控制/状态寄存器端口地址为 04A2H。

实际应用中，通常先向控制/状态端口写入 3 个 00H，再送一个 40H，使 8251A 复位。然后再初始化。

程序如下：

```
        MOV DX,  04A2H              ; 8251A 复位
        MOV AL,  00H
        OUT  DX,  AL
        OUT  DX,  AL
        OUT  DX,  AL
        MOV AL,  40H
        OUT  DX,  AL
        MOV AL,  7BH                ; 写方式选择控制字
        OUT  DX,  AL
        MOV AL,  15H                ; 写操作命令控制字
        OUT  DX,  AL
    LP: IN   AL,  DX                ; 读状态控制字
        AND AL,  02H                ; 检查 RxRDY 是否为 1
        JZ   LP
        MOV DX,  04A0H
        IN   AL,  DX
```

【例 8.4】 若采用查询方式发送数据，且假定要发送的字节数据放在 TABLE 开始的数据区中，要发送的字节个数放在 BX 中，端口地址为 3F8H、3FAH，则在初始化程序后，查询方式发送数据的程序段如下：

```
SEND:  MOV    DX, 3FAH
       LEA    SI, TABLE
WAIT:  IN     AL, DX
       TEST   AL, 01H           ; 查发送缓冲器是否空
       JZ     WAIT              ; 若为空，则继续等待
       PUSH   DX
       MOV    DX, 3F8H
       LODSB                    ; （DS：[SI])送 AL, SI+1
       OUT    DX, AL            ; 否则发送一个字节
       POP    DX
       DEC    BX
       JNZ    WAIT
```

同样，在初始化程序后，可以用查询方式实现接收数据。下面是一段接收数据程序，设接收后的数据送入 DATA 开始的数据存储区中。

程序如下：

```
RECEIVE:   MOV   SI, OFFSET DATA
           MOV   DX, 3FAH
WAIT1:     IN    AL, DX             ; 读状态寄存器
```

```
        TEST    AL, 38H         ; 检查是否有任何错误产生
        JNZ     ERROR           ; 有，转出错处理
        TEST    AL, 02H         ; 否则检查数据是否准备好
        JZ      WAIT1           ; 未准备好，继续等待检测
        MOV     DX, 3F8H
        IN      AL, DX          ; 否则接收一个字节
        AND     AL, 7FH         ; 保留低 7 位
        MOV     [SI] , AL       ; 送数据缓冲区
        INC     SI
        MOV     DX, 3FAH
        JMP     WAIT1
ERROR：…
```

习　题

1．简述 8255A 的基本组成及各部分的功能。

2．8255A 有哪几种工作方式？各用于什么场合？端口 A、端口 B 和端口 C 各可以工作于哪几种工作方式？

3．说明 8255A 在工作方式 1 下输入时的工作过程。

4．8255A 用做查询式打印机接口时的电路连接和打印机各信号的时序如图 8.23 所示，8255A 的端口地址为 80H～83H，在工作方式 0，试编写一段程序，将数据区中变量 DATA 的 8 位数据送打印机打印，程序以 RET 指令结束，并写上注释。

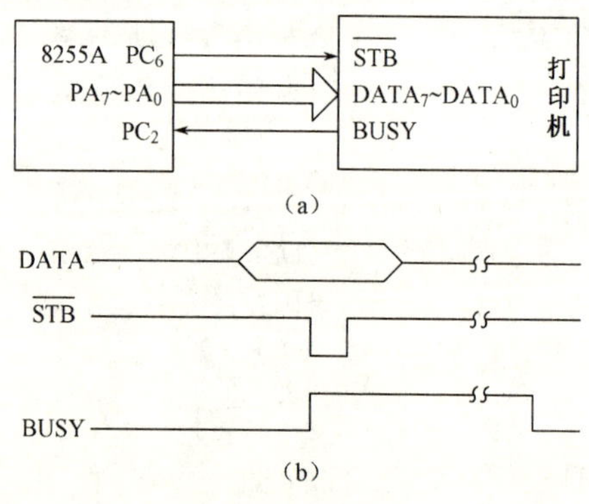

图 8.23　题 4 图

5．若输入设备输入的 ASCⅡ码通过 8255A 端口 B，采用中断方式，将数据送入 INBUF 为首地址的输入缓冲区中，连续输入直到遇到$就结束输入。假设此中断类型码为 52H，中断服务程序的入口地址为 INTRP。8255A 的端口地址为 80H～83H。

（1）写出 8255A 初始化程序（包括把入口地址写入中断向量表）；

（2）写出完成输入一个数据，并存入输入缓冲区 BUF1 的中断服务程序。

6．何谓异步通信？何谓同步通信？两者各有什么优缺点？

7．在异步通信中，可能出现的错误类型有哪几种?

8．什么是波特率？

9．8251A 芯片在发送过程中，用什么信号向 CPU 申请中断？在接收过程中，又用什么信号向 CPU 申请中断，将其数据取走？

10．8251A 有哪些主要功能？

11．8251A 有几个寄存器和外部电路有关？一共要几个端口地址？为什么？

12．8251A 内部有哪些功能模块？其中读/写控制逻辑电路的主要功能是什么？

13．8251A 与外设之间有哪些信号？

14．8251A 的状态字哪几位和引脚信号有关？

15．在对 8251A 进行编程时应注意哪些问题？

16．8251A 作好发送准备时，信号 TxRDY 有效，产生此信号有效的条件是什么？

17．8251A 的方式选择控制字的格式是什么样的？

18．8251A 的操作命令控制字的格式是什么样的？

19．8251A 状态控制字的格式是什么样的？

20．设 8251A 的控制端口地址为 66H，规定用内同步方式，同步字符为两个，奇校验，7 个数据位。对 8251A 进行同步模式设置的程序是什么？

21．若 8251A 的收发时钟（RxC，TxC）频率为 38.4kHz，它的 RTS 和 CTS 引脚相连。半双工异步通信，每帧字符 7 位数据位，1 位停止位，偶校验、波特率为 600b/s。设 8251A 的地址为 0F0H，0F1H。初始化程序是什么样的？

22．设 8251A 为异步方式工作，波特率因子为 16，7 位数据位，奇校验，两位停止位。CPU 对 8251A 输入 80 个字符，其初始化程序是什么样的？

第9章 总 线

现代微型计算机系统普遍采用总线结构，使计算机系统内各部件之间，以及系统与系统之间通过总线进行数据传送和通信。采用总线的优点是便于部件和设备的扩充，使不同设备之间的互连变得更加容易。总线设计好坏在很大程度上影响着系统配置的灵活性、成本、可靠性和可扩展性。

9.1 总线的基本概念

9.1.1 微型计算机总线的定义

总线是一组能为多个部件分时共享的公共信息传送线路，即系统之间、模块之间、芯片内部用来传送信息的信号线集合。分时和共享是总线的两个主要特征。

共享是指总线上可以连接多个部件，各个部件之间互相交换信息都可以通过总线来传送，分时是指同一时刻总线上只能传送一个部件的信息。

9.1.2 总线的标准

总线标准指计算机界承认或推荐的系统中互连各个模块的标准，通常总线标准规定了插件的尺寸大小、数据传送率、信号线的数目、各信号的定义以及时序和信号的电平标准等。每一个总线都具有规范说明，一般包括以下几点。

1．机械结构规范

规定插件的尺寸大小，插槽、总线插头的规格等。

2．时序规范

规定总线的定时、应答时序和周期及各种操作的时间参数。

3．电气规范

规定信号的逻辑电平、驱动类型、负载能力、交流与直流特性等。

4．功能结构规范

确定信号的分类，数据传送方式、流向、位数，控制信号的功能等。

在采用标准总线的系统中，主机底板上各插座上同一信号的引脚都是并联在一起的，不同功能的板、卡只要符合总线标准就可以插入系统。

常用的标准系统总线如下：

（1） PC/AT 的 AT 总线或 ISA 总线。

（2）高性能 PC 的 EISA 总线。

（3）PCI 总线，即外围部件互连局部总线。

常用的标准外部总线如下：

（1）IEEE-488 总线。

（2）RS-232C 总线。

9.1.3 总线的分类

在计算机系统中，有各式各样的总线，可以从不同的角度对其分类。按信息传送的方向，总线分为单向总线和双向总线；按传送信息的类型，总线分为数据总线、地址总线和控制总线；按数据在总线中是同时传送还是逐位传送，总线分为并行总线和串行总线；按总线连接的外设、功能、层次和位置，总线分为片内总线、片总线、内部总线和外部总线。

1. 片内总线

片内总线就是连接集成电路芯片内部各功能单元的信息通路。例如 CPU 芯片内部总线，它是连接片内运算器、寄存器等功能部件的信息通路。

2. 片总线

片总线又称芯片级总线，是连接印制电路板上各芯片的公共通路。例如，CPU、RAM、ROM、I/O 接口等各种芯片是通过片总线连接的。

3. 系统总线

系统总线又称内部总线或板级总线。用于微型计算机系统内各插件、各模块之间的通信，是构成微型计算机的总线。常见的系统总线标准有 PC/XT、EISA、VESA、PCI 总线等。

4. 外部总线

外部总线又称设备总线或通信总线，它是微型计算机系统与系统、微型计算机系统与其他仪器仪表或设备之间的连线。一般来说，外部系统和设备与微型计算机系统的通信联系，可以采用并行方式或串行方式来实现。因此，外部总线既有并行总线，也有串行总线。外部总线的数据传输速率通常较低。不同的应用目的，不同的要求和场合，采用不同的外部总线。常见的外部总线标准有通用串行总线 RS-232C、USB、智能仪表总线 IEEE 488、并行外部设备总线 SCSI、并行打印机总线 CENTRONIC 等。

本章主要介绍常用的几种系统总线和外部总线。

9.1.4 采用标准总线的优点

在微型计算机中，部件间是通过总线相连的，总线上的地址信号、数据信号及控制信号都是利用总线进行传输的。总线性能的好与坏将直接反映微型计算机系统的性能。现在的微机都是采用标准总线来构成系统的，使用标准总线具有如下优点。

1. 简化了系统的软硬件设计

从硬件角度来看，厂家根据严格的总线定义标准，设计制作各种模块。用户可根据自己的需要进行选购或者自行设计制作符合要求的应用系统，简化了系统设计。

硬件的模块化和标准化也使软件系统的设计和调试得到了简化，由于硬件各个模块是挂在总线上的相对独立的模块，这就使得编写该模块的相应软件变得更加容易，给调试和修改带来诸多方便。编写的各种模块化程序，可为多个用户重复使用，从而提高了效率，降低了软件成本。

2. 简化了系统结构、提高系统可靠性

由于采用了标准总线，各模块通过总线的连接就可构成微型计算机的硬件系统。同时，各模块的相同的插脚共用总线同一信息插脚，减少了信息传输线路，缩短了连线的距离，提高了系统的可靠性。

3. 便于系统的扩充

对于采用标准总线构成的微型计算机，要扩充系统规模是很容易的，只要按要求加插模块即可达到扩充的目的。

4. 便于系统的更新

新的器件只要按照总线的标准生产，就可以达到微型计算机系统的不断更新和扩充。

9.1.5 总线的操作过程

总线最基本的任务就是保证数据能在总线上高速可靠地传输。系统总线上的数据传输是在总线主模块的控制下进行的，主模块有控制总线的能力，如 CPU 和 DMA 模块。从模块对总线上传来的地址信号进行地址译码，并且接收和执行总线主模块的命令。总线完成一个数据传输周期，一般可分为 4 个阶段。

1. 总线请求

当系统总线上接有多个总线主模块时，需要使用总线的主模块提出总线申请，由总线仲裁机构确定把下一个传输周期的总线使用权分配给哪个模块。如果系统总线上只有一个总线主模块，就不需要这一阶段。

2．寻址阶段

获得总线使用权的主模块通过总线发出本次需要访问的从模块的存储地址或 I/O 端口地址及有关操作指令，以启动参与本次传输的从模块。

3．传送阶段

主模块和从模块之间进行数据交换，数据由源模块发出，经数据总线传送到目的模块（从模块）。

4．结束阶段

主、从模块的有关信息均从系统总线上撤除，让出总线，以便其他主模块使用总线。

显然，对于只有一个主模块的单机系统，实际上不存在总线的请求、分配和撤除等问题，因为总线始终归它所有，所以，总线传输周期只需寻址和传送两个阶段。但对于含有中断控制器、DMA 控制器和多处理器的系统，则必须有一种总线管理机构来控制和管理总线。

9.1.6 总线的主要性能指标

随着计算机的主机性能迅速提高，各功能模块的性能也相应提高，这对总线性能提出了更高的要求。总线的主要性能技术指标体现在以下几方面。

1．总线宽度

一次操作可以同时传输的数据位数，用 bit 表示，如总线宽度为 8 位、16 位、32 位和 64 位。常用的 ISA 总线宽度为 16 位，EISA 总线宽度为 32 位，PCI 总线宽度可达到 64 位。总线宽度不会超过微处理器外部数据总线的宽度。

2．总线时钟频率

总线信号中有一个 CLK 时钟，时钟频率以 MHz 表示。CLK 频率越高，每秒传输的数据量越大。如 ISA、EISA 总线时钟频率为 8MHz，PCI 总线时钟频率为 33.3MHz 等。

3．总线传输速率（总线带宽）

总线传输速率指每秒在总线上传输的最大字节数，用每秒处理多少兆字节（MB/s）表示。可通过总线宽度和总线时钟频率来计算总线传输速率。

$$总线传输速率（总线带宽）=总线时钟频率\times总线宽度\div 8$$

例如，在 EISA 总线的总线频率为 8MHz，总线宽度为 32 位的情况下，总线数据传输速率为

$$8\text{MHz}\times 32\div 8=32\text{MB/s}$$

4．总线负载能力（也称总线驱动能力）

指在不影响总线 I/O 的逻辑电平情况下，总线可接负载、接口设备（数量）的能力。

通常是以电流形式表示，总线输入信号有输入低电平负载电流 IIL 和输入高电平负载电流 IIH，总线输出信号有输出低电平负载电流 IOL 和输出高电平负载电流 IOH。总线工作时，接在总线上的负载、接口设备的电流之和不能大于这 4 个对应的负载电流的绝对值。当总线上所接负载超过总线的负载能力时，必须在总线和负载之间加接缓冲器或驱动器。

5. 信号线数

指总线拥有多少信号线，是数据、地址、控制线及电源线的总和。信号线数与性能不成正比，但与复杂度成正比。

另外还有总线控制方式、数据总线/地址总线是否多路复用、电源电压等级等也是表征总线主要性能技术指标的重要参数。

9.1.7 总线的通信方式

共享总线的各个部件进行数据传输时，为使部件间能够协调配合，确保数据传送的可靠性，部件间必须进行联络，即进行通信来了解源和目的部件之间所传送的信息类型、操作类型、控制每个总线传送周期的开始和结束，也就是说必须要有通信联络控制信号。通信联络通常有两种方式：同步通信方式和异步通信方式。

1. 同步通信方式

同步通信方式也称同步传输，或称无应答式通信，即总线上的各个部件使用总线进行信息传输时都是在统一的时钟信号控制下步调一致地进行，从而实现整个系统工作的同步。部件在发送信息和接收信息时，都由统一的时钟规定，包括每一步的起止时间。实现同步的统一时钟信号有两种方法：一是由 CPU 总线控制部件发送到每个部件为所有部件共享；二是由每个部件自带时钟脉冲，但都必须由系统时钟同步。

同步传输速率较高，因此，适合传输距离短、总线所连各部件工作速度比较接近的场合。采用同步方式的总线也称同步总线。

2. 异步通信方式

异步通信方式也称应答方式，即总线上的部件使用总线进行信息传送时不在统一的时钟信号控制下，通信双方采用“请求”（Request）和“应答”（Acknowledge）的方式进行传输，不依赖于公共时钟。当源部件发出信息时，待收到目的部件确认信号后，才能进行通信，在通信的每个进程都有应答，彼此进行确认。

异步通信方式的数据传输效率低于同步通信，但对收发时钟要求不高。

9.1.8 总线的仲裁

总线仲裁也称总线控制。当系统总线上挂接多个总线主模块时，同一个时刻若有两个或两个以上的主模块申请使用总线，必然存在着总线资源竞争问题，为使任意时刻总线上最多只有一个主模块占用总线，系统就必须有一个仲裁机构或称总线控制机构对总线的使用进行控制和管理，这个控制和管理机构通常称为总线仲裁器。总线仲裁器的组成与总线控制方式有关，总线控制方式有集中控制方式和分布式控制方式两种。其中，集中控制方式是将总线仲裁逻辑集中在一处，或设置一个单独的控制器（如总线仲裁器 8289）或为 CPU 的一部分；分布式控制方式是将总线仲裁逻辑分散在各个连接于总线上的主模块中。目前系统总线多采用集中控制方式。按仲裁时对各主模块优先权确定方法，常用总线仲裁有串行仲裁、并行仲裁和循环优先权判别法 3 种。

9.2 系统总线

系统总线多种多样，这里只介绍常用的几种。

9.2.1 ISA 总线

ISA（Industry Standard Architecture，总线标准体系结构）总线也称 AT 总线，是 PC 总线的基础，是典型的总线，在目前的计算机教学所采用的实验设备大多是基于 ISA 总线开发的。

1. ISA 总线的主要特点

ISA 总线的特点如下：

（1）64KB I/O 地址空间 0100H～03FFH；

（2）24 位地址线可直接寻址的内存容量为 16MB；

（3）8/16 位数据线；

（4）62+36 引脚；

（5）最高时钟频率 8MHz；

（6）最大稳定传输速率 16MB/s；

（7）中断功能；

（8）DMA 通道功能；

（9）开放式总线结构，允许多个 CPU 共享系统资源。

2. ISA 总线的引脚定义

由于 ISA 是 8 位和 8/16 位兼容的总线。因此，插槽有两种类型，即 8 位和 16 位。8 位扩展 I/O 插槽由 62 个引脚组成，用于 8 位的插接板；8/16 位的扩展槽除了具有一个 8 位 62 线的连接器外，还有一个附加的 36 线连接器，这种扩展 I/O 插槽既可以支持 8 位的插接板，也可以支持 16 位的插接板。ISA 总线扩展槽如图 9.1 所示。

1）地址信号

SA_0～SA_{19}（输入/输出）：20 位系统地址总线，用于寻址系统内的存储器和 I/O 接口设备。在存储器和 I/O 端口读/写等总线周期中，该地址总线由 CPU 驱动，寻址能力是 1MB。

LA_{17}～LA_{23}（输入/输出）：新增的地址线，其中的 LA_{20}～LA_{23} 是高位地址线。

SA_0～SA_{19}加上LA_{17}～LA_{23}寻址能力可提高到16MB。LA_{21}～LA_{23}将总线上的SA_{17}～SA_{19}从复用引脚分离出来，提高了传输速率。

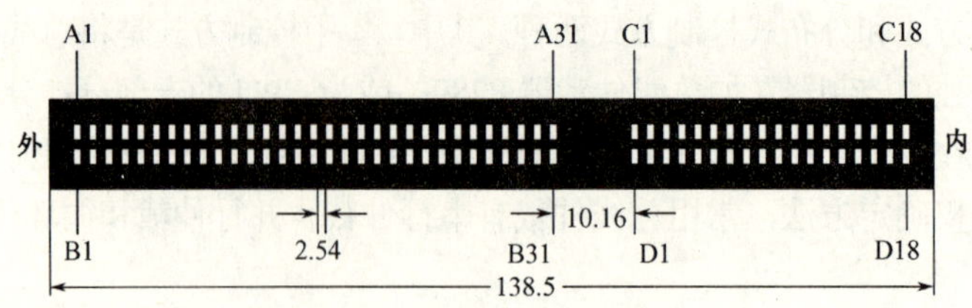

图 9.1　ISA 总线扩展槽

2）数据信号

SD_0～SD_7（输入/输出）、SD_8～SD_{15}（输入/输出）：系统数据总线。数据总线SD_0～SD_7为低 8 位，SD_8～SD_{15}为 ISA 总线增加的高 8 位。

3）控制信号

$\overline{\text{MEMR}}$（输入/输出）、$\overline{\text{SMEMR}}$（输出）：存储器读命令，低电平有效。

$\overline{\text{MEMW}}$（输入/输出）、$\overline{\text{SMEMW}}$（输出）：存储器写命令，低电平有效。

$\overline{\text{IOR}}$（输入/输出）、$\overline{\text{IOW}}$（输入/输出）：I/O 读命令和 I/O 写命令，低电平有效。

$\overline{\text{MEMCS16}}$（输入）、$\overline{\text{IOCS16}}$（输入）：存储器 16 位片选信号和 I/O 16 位片选信号，低电平有效。

$\overline{\text{OWS}}$（输入）：零等待状态，低电平有效。

I/O CHRDY（输入）：I/O 通道就绪。

$\overline{\text{MASTER}}$（输入）：低电平有效。此信号由具备主控能力的接口卡驱动，并与 DRQ 信号一起使用，接口卡的 DRQ 得到确认（DACK 有效）后才驱动，随后该板保持对总线的控制直到无效。

$\overline{\text{I/OCHCK}}$（输入）：I/O 通道检查信号，低电平有效。当它为低电平时，表明接口插件的 I/O 通道出现奇偶错误，并向 CPU 提出不可屏蔽中断请求。

RESET（输出）：复位信号，高电平有效。此信号使各部件置于初始状态。

$\overline{\text{REFRESH}}$（输入/输出）：刷新信号。输出低电平时启动外部 RAM 刷新周期。当它作为输入信号时，将从外设驱动刷新周期。

BALE（输出）：地址锁存允许信号。此信号由总线控制器 8288 提供，当 BALE 为高电平时，其下降沿用来锁存SA_0～SA_{19}。

BCLK（输出）：总线时钟信号。

OSC（输出）：振荡器信号。

AEN（输出）：地址允许信号，高电平有效。信号有效时表明正处于 DMA 控制周期中，此信号可用来在 DMA 期间禁止 I/O 端口的地址译码。

SBHE（输入/输出）：总线高字节允许。高电平有效时，表示数据的高字节在总线SD_8～SD_{15}上传送。16 位设备用 SBHE 信号控制数据总线缓冲器与SD_8～SD_{15}的连接。

4）中断信号

IRQ_3～IRQ_7、IRQ_9～IRQ_{12}、IRQ_{14}～IRQ_{15}（输入）：中断请求信号，分别连到主

片 8259A 和从片 8259A 中断控制器的输入断。中断优先级顺序（从高到低）依次是 IRQ_9，IRQ_{10}～IRQ_{12}，IRQ_{14}～IRQ_{15}，IRQ_3～IRQ_7。

5）DMA 信号

DRQ_0～DRQ_3、DRQ_5～DRQ_7（输入）：DMA 请求信号，高电平有效。由 I/O 设备提出，以便得到 DMA 服务。分别连到主片 8259A 和从片 8259A 中断控制器的输入端。其中，DRQ_0 优先级最高，DRQ_7 优先级最低。DRQ_0～DRQ_3 用于 8 位 DMA 传输，DRQ_5～DRQ_7 用于 16 位 DMA 传输。

$\overline{DACK_0}$～$\overline{DACK_3}$、$\overline{DACK_5}$～$\overline{DACK_7}$（输出）：对应以上 DMA 请求的 DMA 应答信号，低电平有效。有效时，表示 DMA 请求被接受，DMA 控制器占用总线，进入 DMA 周期。

T/C（输出）：DMA 计数结束。该信号是一个正脉冲。在任何一个 DMA 通道计数器达到程序已设定的计数值时发出此信号。

6）电源线和地线

ISA 总线有+12V、–12V、+5V、–5V 电源线以及 4 个接地线（GND）。

9.2.2 EISA 总线

EISA 总线出现在 32 位微型计算机中，是在 ISA 总线基础上扩展构成的，与 ISA 兼容，现有的 ISA 扩充板可以用于 EISA 总线上，因此，在结构上和以往的插槽不同，采用了双层结构。引脚由 98 个扩展到 198 个。EISA 相对于 ISA 具有如下特点：

（1）32 位地址域直接寻址范围为 4GB。

（2）32 位数据线，最大时钟频率 8.3MHz。

（3）最大传输速率 33MB/s。

（4）EISA 总线支持多主控总线设备。

（5）任一中断可编程为边沿触发或电平触发。

（6）具有自动配置功能。

（7）扩展了 DMA 范围。

（8）采用同步数据传输协议。

下面介绍 EISA 总线增加的主要引脚。

$\overline{BE_3}$～$\overline{BE_1}$：字节允许信号，分别用来表示 32 位数据总线上的哪个字节与当前总线周期有关。

$\overline{START}$：起始信号，用来表示 EISA 总线周期的开始。

$\overline{CMD}$：定时控制信号，在 EISA 总线周期中提供定时控制。

LA_{31}～LA_2：地址总线信号，它们与 $\overline{BE_3}$～$\overline{BE_1}$ 共同决定 32 位地址的寻址空间，范围可达 4GB。

D_{31}～D_{16}：高 16 位数据总线，与 D_{15}～D_0 构成 32 位数据总线。

$MIREQ_n$：第 n 号主控器请求信号，总线上主控器希望得到总线时，发出该信号，用于请求总线控制权。

$\overline{MAK_n}$：第 n 号主控器指示信号，利用此信号表示第 n 号总线主控器已获得总线控制权。

需要指出，EISA 的中断线是电平触发，使用集电极开路驱动，允许共享中断线，而 ISA 则不能。

9.2.3 VESA 总线

VESA 总线是在 ISA 和 EISA 总线基础上发展起来的一种局部总线，解决了 ISA 和 EISA 在新的应用领域中所引起的系统瓶颈问题，其特点如下：

（1）提供了 32 位数据线，且可通过扩展槽扩展到 64 位。

（2）使用 33MHz 时钟频率。

（3）最大传输速率可达 132MB/s，可与 CPU 同步工作，是一种高速、高效的局部总线，可支持 386SX、386DX、486SX、486DX 及奔腾微处理器。

（4）支持总线主控设备。

（5）支持写回高速缓存。

（6）无自动配置，规范性和扩展性较差。

9.2.4 PCI 局部总线

随着计算机技术的不断发展，微型计算机的体系结构发生了显著的变化，如 CPU 速度的提高、高速缓冲存储器的应用等，这就要求有高速的总线来传输数据，从而出现了多总线结构。多总线结构是指 CPU 与存储器、I/O 等设备之间有两种以上的总线。多总线结构使慢速设备和快速设备可以挂在不同的总线上，减少了总线的竞争，提高系统的效率。在多总线的结构中，局部总线（LocalBus）的发展很快，局部总线是指来自处理器的延伸线路，与处理器同步操作。

外围部件互连总线（Peripheral Component Interconnect，PCI）是随系统速度不断提高，以及总线接口相对简单的要求而制定出的一种处理器局部总线，PCI 总线是当前最流行的总线之一。

1. PCI 总线的主要特点

PCI 总线的特点如下：

（1）32 位数据宽度可升级为 64 位。

（2）读/写任意数量的 Lurst 传输方式。

（3）与处理器/存储器子系统完全并行操作。

（4）最高时钟频率 33MHz 或升级为 66MHz。

（5）中央式集中仲裁逻辑。

（6）采用地址/数据线复用技术以降低成本。

（7）全自动配置与资源分配/申请（即插即用），PCI 设备内含设备信息的寄存器组。

（8）独立于处理器，与 CPU 更新换代无关，不会因处理器技术的变化而导致其他互连外设系统的设计变更。

（9）完全的主控设备占用总线能力。

（10）5V、3.3V 环境可平滑过渡。

（11）密度接插卡减少 PCB 面积。

（12）地址及数据奇偶校验使系统更可靠。

（13）PCI 总线的最大特点是高速与低延迟，最高工作速度下为 66MHz 时钟，每个时钟传送一个数据，每个数据 64 位（8B），达到 528MB/s 的峰值传输速率。

2. PCI 总线信号

32 位 PCI 总线信号分为系统控制、传输控制、地址与数据、仲裁、错误报告等。5V/32 位 PCI 总线插槽如图 9.2 所示。

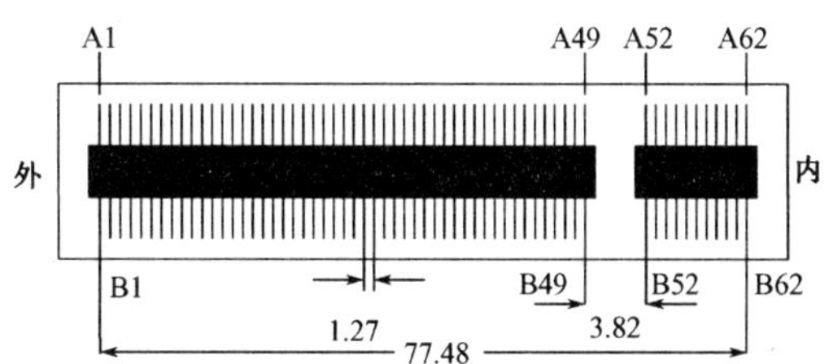

图 9.2　5V/32 位 PCI 总线插槽

1）系统控制信号

CLK（输入）：PCI 时钟，上升沿有效。

RST（输入）：Reset 信号。用来迫使所有 PCI 专用的寄存器、定时器和信号转为初始状态。

2）传输控制信号

$\overline{\text{FRAME}}$（输入/输出）：标志传输开始与结束。由当前主设备驱动，表示一次访问的开始和持续时间；该信号无效时，是传输的最后一个数据周期。

$\overline{\text{IRDY}}$：主设备准备好信号。要与 $\overline{\text{TRDY}}$ 配合使用，当两者同时有效时，才能进行完整的数据传输，否则即为等待状态。

$\overline{\text{DEVSEL}}$：设备选择信号。该信号由从设备（接收端）在识别出地址时发出，当它有效时，说明总线上有某处的某一设备已被选中，并作为当前访问的从设备。

$\overline{\text{TRDY}}$：从设备准备好信号。要与 $\overline{\text{IRDY}}$ 配合使用，当两者同时有效时，才能进行完整的数据传输，否则即为等待状态。

$\overline{\text{STOP}}$：停止数据传输请求。从设备发出的要求主设备终止当前数据传输的信号。

IDSEL：初始化设备选择信号。在即插即用系统启动时用于选中板卡的信号。

3）地址与数据总线信号

AD[31::0]：地址/数据分时复用的 I/O 信号。在 $\overline{\text{FRAME}}$ 有效的第一个时钟，AD[31::0]上传送的是 32 位地址，成为地址期。在 $\overline{\text{IRDY}}$ 和 $\overline{\text{TRDY}}$ 同时有效时，AD[31::0]上传送的是 32 位数据，成为数据期。

一个 PCI 总线的传输过程中包含了一个地址信号周期和一个（或多个）数据周期。地址周期为一个时钟周期；在数据周期，当 $\overline{\text{IRDY}}$ 有效时，表示写数据稳定有效，$\overline{\text{TRDY}}$ 有效时，表示读数据稳定有效。

$\overline{C/BE}$ [3::0]：命令/字节使能信号。在地址周期，这四条线上传输的是总线命令；在数据周期，传输的是字节使能信号，用来表示在整个数据周期中，$AD_0 \sim AD_{31}$上哪些字节为有效数据。

PAR：奇偶校验信号。针对 AD [31::0]和$\overline{C/BE}$ [3::0]进行奇偶校验的校验位。

4）仲裁信号

$\overline{REQ}$：总线占用请求信号。该信号一旦有效，表示驱动它的设备要求使用总线。

$\overline{GNT}$：总线占用允许信号。用来向申请占用总线的设备表示其请求已获批准。

5）错误报告信号

$\overline{PERR}$：数据奇偶校验错。一个设备只有在响应设备选择信号和完成数据期之后，才能报告一个$\overline{PERR}$。对于每个数据接收设备，如果发现数据有错误，就应在数据收到后的两个时钟周期内将$\overline{PERR}$激活。由于该信号是持续的三态信号，因此，该信号在释放前必须先驱动为高电平。

$\overline{SERR}$：系统奇偶校验错。用做报告地址奇偶错、特殊命令序列中的数据奇偶错，以及其他可能引起灾难性后果的系统错误。它可由任何设备发出。

在数据传输时，由一个 PCI 设备做发起者（主控，Initiator 或 Master），而另一个 PCI 设备做目标（从设备，Target 或 Slave）。总线上的所有时序的产生与控制，都由 Master 来发起。PCI 总线在同一时刻只能供一对设备完成传输，这就要求有一个仲裁机构（Arbiter），来决定谁有权力拿到总线的主控权。

当 PCI 总线进行操作时，发起者先置$\overline{REQ}$，当得到仲裁器的许可时（$\overline{GNT}$），会将$\overline{FRAME}$置低，并在 AD 总线上放置 Slave 地址，同时$\overline{C/BE}$放置命令信号，说明接下来的传输类型。所有 PCI 总线上设备都需对此地址译码，被选中的设备要置$\overline{DEVSEL}$以声明自己被选中。然后当$\overline{IRDY}$与$\overline{TRDY}$都置低时，可以传输数据。当 Master 数据传输结束前，将$\overline{FRAME}$置高以标明只剩最后一组数据要传输，并在传完数据后放开$\overline{IRDY}$以释放总线控制权。

可见，PCI 总线的传输是很高效的，发出一组地址后，理想状态下可以连续发数据，峰值速率为 132MB/s。实际上，目前流行的 33MHz、32 位北桥芯片一般可以做到 100MB/s 的连续传输。

9.2.5 PCI-X 总线

PCI-X 接口是并连的 PCI 总线的更新版本，仍采用传统的总线技术，不过有更多数量的接线引脚。

与 PCI 接口所不同的是 PCI-X 采用 64 位宽度来传送数据，其频宽倍增 2 倍，扩展槽的长度加大，其传输通信协议、信号和标准的接头格式都一并兼容，32 位 PCI 适配卡可以用在 PCI-X 扩充槽上，也可以将 64 位 PCI-X 适配卡接在 32 位 PCI 扩充槽上，不过，频宽速度将会大减。

该总线对一些专业存储控制器，例如，SCSI、iSCSI、光纤信道（fibre channel）、10GB/s 以太网络和 InfiniBand 等其他传输装置，仍然无法提供足够的频宽，因此，引进 PCI-SIG

（Special Interest Group）接口以提供数个不同速度等级，可以从 PCI-X66 到 PCI-X533 规格，表 9.1 列出 PCI-X 总线的技术细节。

表 9.1 PCI-X 总线的不同类型

总线类型	总线宽度	频率速度	功能	频宽
PCI-X66	64 位	66MHz	Hot Plugging 3.3V	533 MB/s
PCI-X133	64 位	133 MHz	Hot Plugging 3.3V	1.06GB/s
PCI-X266	64/16 位选项	133 MHz Double Data Rate	Hot Plugging 3.3V & 1.5V	ECC Supported 2.13GB/s
PCI-X533	64/16 位选项	133 MHz Quad Data Rate	Hot Plugging 3.3V & 1.5V	ECC Supported 4.26GB/s

从表 9.1 可以看出，当频率速度到达了 PCI-X133 的 133MHz 时，为了让频宽能够倍增，PCI-X266 用 Double Data Rate（双倍数据速率）技术，让每一个时钟脉冲的上升与下降边缘都可以传输数据，所以，又多出了 1 倍的机会来传输数据，而 PCI-X533 规格更进一步采用每一个时钟脉冲可以传送 4 次的技术，即 Quad Data Rate（4 倍数据速率）技术，Intel 公司早在所有的 Pentium 4 CPU 和 Xeon 处理器的前端总线使用该技术了。

9.2.6 PCI Express 总线

PCI Express（支持错误检查与纠错）是新一代的总线接口，而采用此类接口显卡产品，已经在 2004 年正式面世。

PCI Express 采用了目前业内流行的点对点串行连接，比起 PCI 以及更早期的计算机总线的共享并行架构，每个设备都有自己的专用连接，不需要向整个总线请求带宽，而且可以把数据传输率提高到一个很高的频率，达到 PCI 所不能提供的高带宽。相对于传统 PCI 总线在单一时间周期内只能实现单向传输，PCI Express 的双单工连接能提供更高的传输速率和质量，它们之间的差异跟半双工和全双工类似。

PCI Express 的接口根据总线位宽的不同而有所差异，包括 X1、X4、X8 以及 X16（X2 模式将用于内部接口而非插槽模式）。较短的 PCI Express 卡可以插入较长的 PCI Express 插槽中使用。PCI Express 接口能够支持热拔插。PCI Express 卡支持的 3 种电压分别为+3.3V、3.3Vaux 以及+12V。用于取代 AGP 接口的 PCI Express 接口位宽为 X16，将能够提供 5GB/s 的带宽。

PCI Express 规格从 1 条通道连接到 32 条通道连接，有非常强的伸缩性，以满足不同系统设备对数据传输带宽不同的需求。例如，PCI Express X1 规格支持双向数据传输，每向数据传输带宽 250MB/s，PCI Express X1 已经可以满足主流声效芯片、网卡芯片和存储设备对数据传输带宽的需求，但是远远无法满足图形芯片对数据传输带宽的需求。因此，必须采用 PCI Express X16，即 16 条点对点数据传输通道连接来取代传统的 AGP 总线。PCI Express X16 也支持双向数据传输，每向数据传输带宽高达 4GB/s，双向数据传输带宽有 8GB/s 之多，相比之下，目前，广泛采用的 AGP 8X 数据传输只提供 2.1GB/s 的数据传输带宽。

尽管 PCI Express 技术规格允许实现 X1（250MB/S）、X2、X4、X8、X12、X16 和 X32 通道规格，但是依目前形式来看，PCI Express X1 和 PCI Express X16 将成为 PCI Express 主流规格，同时芯片组厂商将在南桥芯片当中添加对 PCI Express X1 的支持，在北桥芯片当中添加对 PCI Express X16 的支持。除去提供极高数据传输带宽之外，PCI Express 因为采用串行数据包方式传递数据，所以 PCI Express 接口每个针脚可以获得比传统 I/O 标准更多的带宽，这样就可以降低 PCI Express 设备生产成本和体积。另外，PCI Express 也支持高阶电源管理，支持热插拔，支持数据同步传输，为优先传输数据进行带宽优化。

在兼容性方面，PCI Express 在软件层面上兼容目前的 PCI 技术和设备，支持 PCI 设备和内存模组的初始化，也就是说目前的驱动程序、操作系统无须推倒重来，就可以支持 PCI Express 设备。PCI Express 是新一代能够提供大量带宽和丰富功能以实现令人激动的新式图形应用的全新架构。PCI Express 可以大幅提高 CPU 和图形处理器 GPU 之间的带宽，对最终用户而言，他们可以感受到影院级图形效果，并获得无缝多媒体体验。

PCI Express 采用串行方式传输数据。它和原有的 ISA、PCI 和 AGP 总线不同。这种传输方式，不必因为某个硬件的频率而影响到整个系统性能的发挥。整个系统依然是一个整体，但是可以方便地提高某一频率低的硬件的频率，以便系统在没有瓶颈的环境下使用。以串行方式提升频率增进效能，关键的限制在于采用什么样的物理传输介质。目前人们普遍采用铜线路，而理论上铜这个材质可以提供的极限传输速率 10GB/s。这也就是 PCI Express 的极限传输速率。

因为 PCI Express 工作模式是一种称为“电压差式传输”的方式。两条铜线，通过相互间的电压差来表示逻辑符号 0 和 1。以这种方式进行资料传输，可以支持极高的运行频率。所以，在传输速率达到 10GB/s 后，只需换用光纤就可以使之效能倍增。

PCI Express 是下一阶段的主要传输总线带宽技术。GPU 对总线带宽的需求是子系统中最高的，视频在 PCI Express 应占有一定的分量。显然，PCI Express 的提出，并非是总线形式的一个结束，芯片、主板、视频等厂家是否能支持是 PCI Express 发展的关键。

9.3 外部总线

外部总线是非计算机所特有的，不同的应用场合有不同的标准。

9.3.1 IEEE 488 总线

IEEE 488 总线是 HP 公司为可编程台式仪器系统设计的互联线，也称为 GPIB（通用接口总线）或 HP-IB 总线，IEEE 488 总线目前在微型计算机应用系统和单片机控制系统中有着广泛的应用。

1. IEEE 488 总线的主要特点

IEEE 488 总线的特点如下：

（1）IEEE 488 总线上最多可挂接 15 个设备（包括作为主控器的微型计算机），设备间的最大距离为 20m，整个系统电缆总长度不超过 220m。

（2）总线上最大的数据传输速率为 1MB/s。

（3）总线采用负逻辑，小于+0.8V 时，电平为逻辑 1，大于 2V 的电平逻辑为 0。

（4）所传信号的代码体制没有统一规定，采用 BCD 或 ASCII 码等由用户需求决定。

2．IEEE 488 总线信号

1）数据信号

D_1～D_8：8 条数据线，用于传输数据、设备地址及控制信息。IEEE 488 总线没有专门的地址线及完善的控制线，所以地址和控制功能均由这 8 条数据线来完成。

2）交换信号

DAV：发送器控制的数据有效信号。当发送器使该信号变低时，表示发送到数据线上的数据有效，总线上的接收器可以接收。

NRFD：接收器控制的未准备好接收数据信号。当该信号有效时，表示总线上至少有一个接收器没有准备就绪。只有当所有的接收器准备好时，此信号才变为高电平。

NDAC：接收器控制的未接收完数据信号。总线上只要有一个接收器未将数据接收完，则该信号为低电平，只有当所有的接收器都收到数据后，此信号才变高电平。

3）控制信号

ATN：控制器产生的监视信号。当 ATN =1 时，表示数据线上发的是命令或地址信息，ATN =0 时，表明数据线上传送的是数据信息。

EOI：结束或识别信号。该信号与 ATN 信号一起用来表示数据传送结束或用来识别一个具体设备。

SRQ：服务请求信号。当 SRQ=0 时，表示没有设备请求服务，反之则有设备请求服务。

REN：远程控制信号。当 REN=0 时，系统处于远程的控制状态，设备面板开关按钮均不起作用，反之，远程控制不起作用，本地面板控制开关按钮起作用。

IFC：接口清除信号。由控制器建立此信号，用以控制总线上的设备，当 IFC=0 时，IEEE 488 总线停止工作，即发送器停止发送，接收器停止接收，它使系统处于初始状态（系统复位）。

9.3.2 RS-232C 串行总线

RS-232C 总线是一种串行外部总线，由 EIA（Electronic Industry Association）于 1962 年公布，并于 1969 年作了最后一次修订。RS-232 是标准的标识号。推出这种总线标准的最初目的是实现数据终端设备（Data Terminal Equipment，DTE）和数据通信设备（Data Communication Equipment，DCE）之间的串行通信。DCE 一般指调制解调器（Modem）。当计算机和 DCE 相连时，其串行接口的地位等同于 DTE。后来人们将其广泛应用于计算机与终端之间、计算机与计算机之间或计算机与串行打印机及其他串行接口设备之间的近距离串行通信。

1．引脚信号定义

RS-232C 总线共有 25 根信号线，其中，2 根地线、4 根数据线、11 根控制线、3 根定时线、5根备用线。RS-232C总线信号定义如表9.2所示，DB-25总线连接器示意图如图9.3所示。

表9.2 RS-232C总线信号

引脚号	功 能	缩 写	引脚号	功 能	缩 写
1	保护地	PG	14	第二发送数据（出）	
2	发送数据（出）	TxD	15	发送码元定时（出）	
3	接收数据（入）	RxD	16	第二接收数据（入）	
4	请求发送（出）	RTS	17	接收码元定时（出）	
5	清除发送（入）	CTS	18	电流环收数据线（入）	
6	数据设备准备好（入）	DSR	19	第二请求发送（出）	
7	信号地	SG	20	数据终端就绪（出）	DTR
8	载波信号检测（入）	DCD	21	信号质量检测（出）	
9	电流环发送返回线（出）		22	振铃指示（入）	RI
10	空		23	数据信号速率选择	
11	电流环发送数据线（出）		24	发送码元定时（出）	
12	第二接收信号检出（入）		25	电流环接收返回线（入）	
13	第二清除发送（入）				

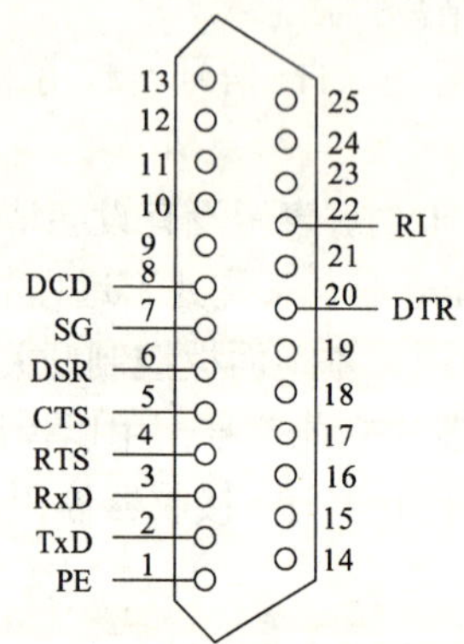

图9.3 DB-25总线连接器示意图

RS-232C总线在微型计算机串行通信中，经常用到9种信号：

（1）TxD：发送数据线，输出信号。通过TxD终端将串行数据发送到其他通信设备。

（2）RxD：接收数据线，输入信号。通过RxD终端将接收来自其他通信设备的串行数据。

（3）RTS：请求发送信号，输出信号，高电平有效。RTS=1，表示终端要向其他通信设备发送数据。通常RTS用来控制modem或外设是否要进入发送状态。

（4）CTS：清除发送（发送允许），输入信号，高电平有效。该信号是对请求发送信号RTS的响应信号。当CTS=1时，表示Modem或外设已准备好接收终端发送来的数据，并通过终端开始发送数据。

（5）DSR：数据装置准备就绪信号，输入信号，高电平有效。DSR=1，表明Modem或外设处于可用状态。

（6）DTR：数据终端准备就绪信号，输出信号，高电平有效。DTR=1，表明数据终端可以使用。

（7）DCD：接收信号检出，输出信号，高电平有效。DCD=1，表明 Modem 已接收到通信线路另一端 Modem 送来的信号。

（8）RI：振铃指示，输入信号，高电平有效。RI=1，表明 Modem 收到了交换台送来的振铃呼叫信号，用它来通知终端。

（9）SG、PG：信号地和保护地信号，无方向的数字地和保护地。

2. RS-232C 主要特点

1）信号线少

RS-232C 总线共有 25 根，包含主副通道，可进行全双工通信。在实际应用中，多数只采用主信号通道（第一通道），且只使用其中的几个信号。

2）传输距离远

由于 RS-232C 采用串行传输方式，且将 TTL 电平转换成了 RS-232C 的电平，在基带传输时，通信距离可达 30m，若采用光电隔离 20mA 电流环传送，其传输距离可达 1000m，若在串行口加上调制解调器，利用有线、无线进行传送，其传输距离会更远。

3）可供选择的传输速率多

RS-232C 规定的标准传输速率为 50 波特、75 波特、110 波特、150 波特、300 波特、600 波特、1200 波特、2400 波特、4800 波特、9600 波特、19200 波特，可以灵活使用不同速率的设备。

4）抗干扰能力强

RS-232C 采用负逻辑，用–15～–3V（通常取–12V）表示 1，用+3～+15V（通常取+12V）表示 0，这种电平称为 EIA 电平，它是无间隔不归零传送，提高了抗干扰能力。而计算机和终端一般采用 TTL 电平，所以通过 RS-232C 进行数据传输需要进行电平转换。MC1488 和 SN75150 是典型的由 TTL 电平变 EIA 电平的器件，而 MC1489 和 SN75154 是典型的由 EIA 电平变 TTL 电平的器件。

RS-232C 的电气特性还有其他规定，如驱动器要能经得起任意两引脚的开路或短路，最大传输速率为 20kb/s，接口的负载电阻为 3～7kΩ，接口的负载电容应小于等于 2500pF 等。

3. RS-232C 总线接口的几种常用连接方法

图 9.4（a）是最简单的连接方法，不需要检测，随时都可以发送和接收，这种方法无论在硬件上还是在软件上都是最简单的一种连接方法。

图 9.4（b）连接方式使传送请求总是被允许的，收方随时可接收信息，不用再去发“请求发送 RTS”信号，因为是全双工通信，所以在任何时候都可以双向传送数据。

图 9.4（c）连接方式是图 9.1（b）的扩展，在检测出对方“数据已就绪”的状态时（20→6），振铃指示（22），在发送请求时（4→5），进行载波检测指示（8，一般接到发光二极管指示器上）。

图 9.4（d）是计算机通过调制解调器进行远程通信时，RS-232C 的连接方法。

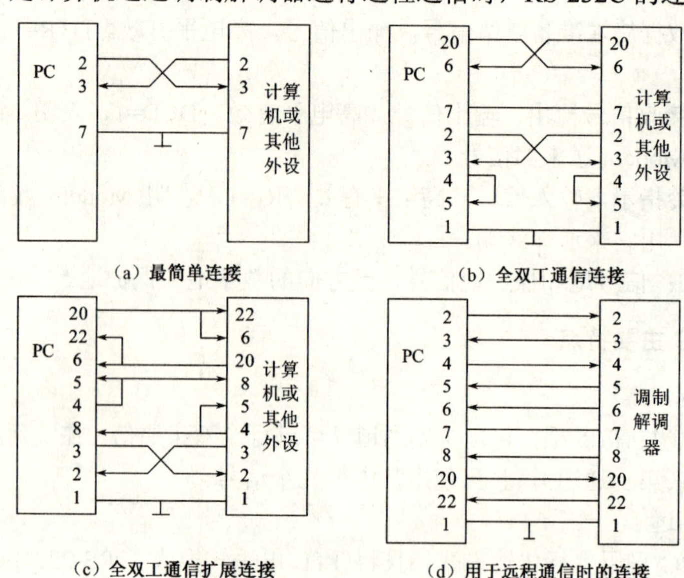

（a）最简单连接　（b）全双工通信连接

（c）全双工通信扩展连接　（d）用于远程通信时的连接

图 9.4　常用 RS-232C 接口连线

9.3.3　SCSI 总线

SCSI 是小型计算机系统接口（Small Computer System Interface），一种用于计算机和智能设备之间（硬盘、软驱、光驱、打印机、扫描仪等）系统级接口的独立处理器标准。

1．SCSI-1 标准

1983 年开始研究，1985 年制定标准。主要特点：支持同步和异步的 SCSI 设备；支持 7 台 8 位的 SCSI 设备；传输速率最大为 5Mb/s；支持 WORM（Write Once Read Many）设备；最大连线长度为 6m，接头为 50 针。但由于其传输速率慢，现在已不使用。

2．SCSI-2 标准

SCSI-2 标准是 1992 年制定的，它在 SCSI-1 标准中加入以下新功能：支持高密度 SCSI 接头；支持 CD-ROM 和扫描仪；SCSI 总线具有偶校验功能；支持 Fast SCSI 和 WideSCSI；支持 Tagged Queuing 功能。Fast SCSI 是 SCSI-2 的标准规格。Wide SCSI 是 SCSI-2 附带制定的加强规格。Fast SCSI 可使 SCSI 总线上的数据传输速度达到 10Mb/s，这个速度是 SCSI-1 设备速度的 2 倍。绝大多数 SCSI 硬盘都支持 Fast SCSI 标准。Fast SCSI 设备要求数据同步传输。安装 Fast SCSI 设备时，它的最大电缆长度不能超过 3m，接头为 50 针，最多可接 7 台设备。Wide SCSI 总线和 Fast SCSI 总线比较，在同一时间中可传输 16 位的数据，这就使支持 Wide SCSI 的设备的数据传输速率提高到 20Mb/s。并且 Wide SCSI 总线上可同时支持 8 位和 16 位 SCSI 设备，当使用 Wide SCSI 控制卡时，最多只能连接 15 台 SCSI 设备，接头为 68 针或 80 针，最大的电缆长度不能超过 6m。

3．SCSI-3标准

SCSI-3与SCSI-2相比能支持更多的计算机硬件种类，并且数据传输率也更快。SCSI-3支持Ultra SCSI，SCSI-3也称Fast-20、Doublespeed SCSI，它定义怎样在8位SCSI总线上每秒传输20Mb数据和在16位Wide SCSI总线上每秒传输40Mb数据。这种控制卡用50针接头、8位数据传输时，可串接7台SCSI设备，电缆的最大长度为1.5m。当用68针或80针接头、16位数据传输时，可串接15台SCSI设备，电缆的最大长度为1.5m；支持光纤通道，提供高达100Mb/s的传输速率。

9.3.4 IEEE 1394总线

IEEE 1394是一种高性能的串行总线，是由IEEE标准化组织制定的具有视频数据传输速率的串行接口标准。它支持外接设备热插拔，同时可为外设提供电源，省去了外设自带的电源，支持同步数据传输。IEEE 1394接口最初由苹果公司开发，早期是为了取代SCSI接口而设计的，英文取名为Fire Wire。

IEEE 1394称为火线，一方面是因为速度快，总线最快传输速率达到了400MB/s，而且即将推出的IEEE 1394B标准更是将速率提升到了800MB/s甚至1.6GB/s的标准上，另一方面由此英文名翻译而来。作为新一代的高性能串行总线标准，IEEE 1394的主要性能特点如下：

（1）数字接口。数据能够以数字形式传输，不需要数模转换，从而降低了设备的复杂性，保证了信号的质量。

（2）热插拔。即系统在全速工作时，IEEE 1394设备也可以插入或拆除，用户会发现，增添一个1394器件，就像将电源线插入其插座中一样容易。

（3）即插即用。不需要设定ID（识别符）或终端负载，主节点可以动态确定。

（4）总线结构。采用读/写映射空间的结构，而不是IEEE 1212标准规定的寻址发送数据方式，对于外部电缆和底板技术规格，都有详细规定。

（5）速度快。IEEE 1394标准定义了3种传输速率：98.304Mb/s、196.608Mb/s、392.216Mb/s。因为这3种速率分别在100Mb/s，200Mb/s，400Mb/s附近，所以，标准中也称为S100、S200、S400。这个速度完全可以用来传输未经压缩的动态画面信号。

（6）兼容性好。IEEE 1394总线可适应台式个人机用户的全部I/O要求，并可以与SCSI并口、RS-232C标准串口、IEEE 1284标准并口、Centronics接口、Apple's Desktop Bus等接口兼容。

（7）接口设备对等（Peer-to- Peer）。接口设备对等，不分主从设备，都是主导者和服务者。其中有足够的智能用于连接，不需要附加控制功能。如此便可不通过计算机而在两台摄像机之间直接传递数据，也可以让多台计算机共享一台摄像机。

（8）使用方便。物理体积小，制造成本低，易于安装。

（9）非专利性。使用IEEE 1394串行总线不存在专利问题。

（10）价廉。适合于家电产品。IEEE 1394的价格降低，部分原因是通过串行数据传输来达到的，它采用了简化电子电路和电缆设计。其发送和接收器件作为标准芯片组提供，处理寻址、初始化、仲裁和协议。

9.3.5 USB

通用串行总线（Universal Serial Bus，USB）是由 Intel、Compaq、Digital、IBM、Microsoft、NEC、Northern Telecom 7 家世界著名的计算机和通信公司共同推出的一种新型接口标准。它基于通用连接技术，实现外设的简单快速连接，达到方便用户、降低成本、扩展 PC 连接外设范围的目的。它可以为外设提供电源，而不像普通的使用串、并口的设备需要单独的供电系统。另外，快速是 USB 技术的突出特点之一，USB 的最高传输速率可达 12Mb/s，比串口快 100 倍，比并口快近 10 倍，而且 USB 还能支持多媒体。

1．USB 的特点

1）具有热插拔功能

热插拔就是指系统上电后可以自由的插拔 USB 设备，而不会对系统产生任何影响。USB 提供机箱外的热插拔连接，连接外设不必再打开机箱，也不必关闭主机电源。这个特点为用户提供了很大的方便。

2）采用级联方式连接各个外部设备

每个 USB 设备用一个 USB 插头连接到前一个外设的 USB 插座上，而其本身又提供一个 USB 插座供下一个 USB 外设连接用。通过这种连接，一个 USB 控制器可以连接多达 127 个外设，而两个外设间的距离（线缆长度）可达 5m。

3）适用于低速外设的连接

据 USB 规范，USB 传输速率可达 12Mb/s，除了可以与鼠标、键盘、MODEM 等常见外设连接外，还可以与 ISDN、数字音响、电话系统、打印机/扫描仪等低速外设连接。

4）具有良好的可靠性及兼容性

因为 USB 在协议层提供了很强的差错控制和恢复功能，使用起来十分可靠。而且 USB 是与系统完全独立的。只要有软件的支持，同一个 USB 设备就可以在任何一种计算机系统中使用。这种良好的兼容性也使 USB 技术迅速地得到发展。

2．物理拓扑结构

USB 的物理拓扑结构如图 9.5 所示。USB 系统中的设备与主机的连接方式采用的是星形连接。通过使用集线器（Hub）扩展可外接多达 127 个外设。USB 的电缆有 4 根线，两根连接 5V 电源，另外两根是数据线。功率不大的外围设备可以直接通过 USB 供电，而不必外接电源。USB 最大可以通过 5V 500mA 电流，并支持节约能源的挂机和唤醒模式。

USB 主机在 USB 系统中处于中心地位，对连接的 USB 设备进行控制。主机控制所有 USB 的访问，一个 USB 外设只有主机允许才有权访问 USB。

3．传输方式

USB 提供了 4 种传输方式，以适应各种设备的需要。

（1）控制传输方式。控制传输方式是双向传输，数据量通常较小，主要用来进行查询、配置和给 USB 设备发送通用的命令。

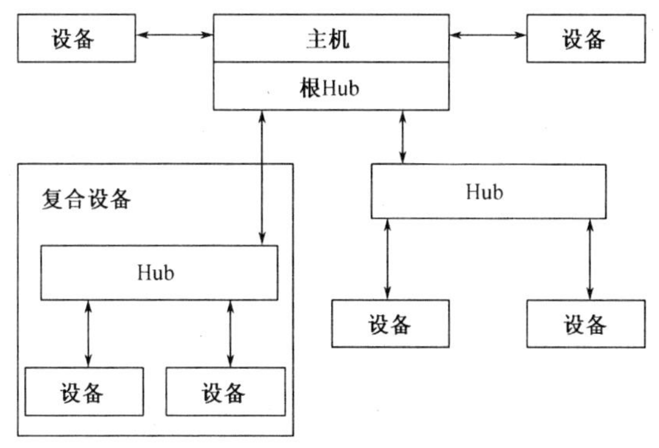

图 9.5 USB 的物理拓扑结构

（2）等时传输方式。等时传输方式提供了确定的带宽和间隔时间。它被用于时间严格并具有较强容错性的流数据传输，或者用于要求恒定的数据传送率的即时应用中。例如进行语音业务传输时，使用等时传输方式是很好的选择。

（3）中断传输方式。中断传输方式是单向的并且对于主机来说只有输入的方式。中断传输方式主要用于定时查询设备是否有中断数据要传送，该传输方式应用在少量的、分散的、不可预测的数据传输。例如，用于游戏手柄、鼠标和键盘等输入设备中。

（4）大量传输方式。主要应用在没有带宽和间隔时间要求的大量数据的传送和接收，例如，用于打印机、扫描仪、数码相机等外设中。它要求保证传输。

在 USB 传输中，任何操作都是从主机开始的，主机以预先安排的时序，发出一个描述操作类型、方向、外设地址以及端点号的包（令牌包），然后在令牌中指定数据发送者发出一个数据包或指出它没有数据传输。而 USB 外设要以一个确认包作出响应，表明传输成功。

习　　题

1．微型计算机总线的定义是什么？总线的两个主要特征是什么？
2．总线都有哪些规范？
3．采用标准总线的优点有哪些？
4．总线的操作过程是怎样的？
5．总线的主要性能指标有哪些？
6．简述 VESA 总线的主要特点。
7．简述 PCI 总线的主要特点。
8．简述 IEEE 488 总线的主要特点。
9．简述 RS-232C 总线的主要特点。
10．简述 IEEE 1394 总线的主要特点。
11．简述 USB 的主要特点。
12．画出 USB 的物理拓扑结构图。

附录A　ASCII 码编码表

$B_6B_5B_4$ $B_3B_2B_1B_0$	000(0)	001(1)	010(2)	011(3)	100(4)	101(5)	110(6)	111(7)
0000　(0)	NUL	DLE	SP	0	@	P	?	p
0001　(1)	SOH	DC1	!	1	A	Q	a	q
0010　(2)	STX	DC2	?	2	B	R	b	r
0011　(3)	ETX	DC3	#	3	C	S	c	s
0100　(4)	ENQ	DC4	$	4	D	T	d	t
0101　(5)	EOT	NAK	%	5	E	U	e	u
0110　(6)	ACK	SYN	&	6	F	V	f	v
0111　(7)	BEL	ETB	`	7	G	W	g	w
1000　(8)	BS	CAN	(	8	H	X	h	x
1001　(9)	HT	EM	)	9	I	Y	i	y
1010　(A)	LF	SUB	*	:	J	Z	j	z
1011　(B)	VT	ESC	+	;	K	[	k	{
1100　(C)	FF	FS	,	<	L	\	l	|
1101　(D)	CR	GS	-	=	M	]	m	}
1110　(E)	SO	RS	.	>	N	^	n	~
1111　(F)	SI	US	/	?	O	_	o	DEL

附录B　8086/8088 指令系统表

类型	助记符	操作数	功　　能	时钟周期数	字节数	状态标志位 ODITSZAPC
数据传送	MOV	r, r r, m m, r	(r)← (r) (r)← (m) (m)← (r)	2 8+EA 9+EA	2、3 或 4	---------
	MOV	m, imm	(m)← (imm)	10＋EA	3 、4、5 或 6	---------
	MOV	r, imm	(r)← (imm)	4	2 或 3	---------
	MOV	ac, m	(ac)← (m)	10	3	---------
	MOV	m, ac	(m)← (ac)	10	3	---------
	MOV	Sreg, r16 Sreg, m16	(sreg)← (r16/m16)	2 8+EA	2、3 或 4	---------
	MOV	r16, sreg m16, sreg	(r16/m16)←(sreg)	2 9+EA	2、3 或 4	---------
	XCHG	r, r r, m m, r	(r) ←→(r) (r) ←→ (m) (m) ←→ (r)	4 17+EA 17+EA	2、3 或 4	---------
	XCHG	AX, r16	(AX) ←→(r16)	3	3	
	XLAT		(AL)←((AL)+(BX))	11	1	---------
	LDS	r16, m32	(r16) ← (m32) (DS) ← (m32+2)	16+EA	2、3 或 4	---------
	LEA	r16, m16	(r16) ← m16 (地址的偏移量)	2+EA	2、3 或 4	---------
	LES	r16, m32	(r16) ← (m32) (ES) ← (m32+2)	16+EA	2、3 或 4	---------
	PUSH	r16 m16	(SP) ← (SP)-2 ((SP)) ← (r16/m16)	16+EA	2、3 或 4	---------
	PUSH	r16	(SP) ← (SP)-2 ((SP)) ← (r16)	11	1	---------
	PUSH	sreg	(SP) ← (SP)-2 ((SP)) ← (sreg)	10	1	---------
	PUSHF		(SP) ← (SP)-2 ((SP)) ← (FLAGS)	10	1	---------

续表

类型	助记符	操作数	功　　能	时钟周期数	字节数	状态标志位 ODITSZAPC
	POP	r16 m16	(r/m) ← ((SP)) (SP) ← (SP)+2	8 17+EA	2、3 或 4	- - - - - - - - -
	POP	r16	(r16) ← ((SP)) (SP) ← (SP)+2	8	1	- - - - - - - - -
	POP	sreg	(sreg) ← ((SP)) (SP) ← (SP)+2	8	1	- - - - - - - - -
	POPF		(FLAGS) ← ((SP)) (SP) ← (SP)+2	8	1	v v v v v v v v v
	LAHF		(AH)←FLAG 低 8 位	4	1	- - - - - - - - -
	SAHF		FLAG 低 8 位←(AH)	4	1	- - - - v v v v v
加法指令	ADC	r, r r, m m, r	(r)← (r)+(r)+(C) (r)← (r)+(m)+(C) (m)← (m)+(r)+(C)	3 9+EA 16+EA	2、3 或 4	o- - -ooooo
	ADC	r, imm m, imm	(r)← (r)+imm+(C) (m)←(m)+imm+(C)	4 17+EA	3、4、5 或 6	o- - -ooooo
	ADC	Ac, imm	(ac)← (m)+imm+(C)	4	2 或 3	o- - -ooooo
	ADD	r, r r, m m, r	(r)← (r)+(r) (r)← (r)+(m) (m)← (m)+(r)	3 9+EA 16+EA	2、3 或 4	o- - -ooooo
	ADD	r, imm m, imm	(r)← (r)+imm (m)←(m)+imm	4 17+EA	2、3 或 4	o- - -ooooo
	ADD	ac, imm	(ac)← (ac)+imm	4	2 或 3	o- - -ooooo
	INC	r8 m	(r8/m)← (r8/m)+1	3 15+EA	2、3 或 4	o- - -oooo -
	INC	r16	(r16)← (r16)+1	2	2	o- - -oooo -
	AAA		把 AL 中的和调整到非压缩的 BCD 格式	4	1	u- - -u u o u o
	DAA		把 AL 中的和调整到压缩的 BCD 格式	4	1	u- - -u u o u o
减法指令	SUB	r, r r, m m, r	(r)← (r)-(r) (r)← (r)-(m) (m)← (m)-(r)	3 9+EA 16+EA	2、3 或 4	o- - -ooooo
	SUB	r, imm m, imm	(r)← (r)-imm (m)←(m)-imm	4 17+EA	3、4、5 或 6	o- - -ooooo
	SUB	ac, imm	(ac)← (m)-imm	4	2 或 3	o- - -ooooo
	SBB	r, r r, m m, r	(r)← (r)-(r)-(C) (r)← (r)-(m)-(C) (m)← (m)-(r)-(C)	3 9+EA 16+EA	2、3 或 4	o- - -ooooo

续表

类型	助记符	操作数	功　　能	时钟周期数	字节数	状态标志位 ODITSZAPC
	SBB	r, imm m, imm	(r)← (r)-imm-(C) (m)←(m)-imm-(C)	4 17+EA	3、4、5 或 6	o- - -ooooo
	SBB	ac, imm	(ac)← (ac)-imm-(C)	4	2 或 3	o- - -ooooo
	DEC	r8 m	(r8)← (r8)-1 (m)← (m)-1	3 15+EA	2、3 或 4	o- - -oooo -
	DEC	r16	(r16)← (r16)-1	2	1	o- - -oooo -
	AAS		把 AL 中的差调整到非压缩的 BCD 格式	4	1	u- - -u u o u o
	DAS		把 AL 中的差调整到压缩的 BCD 格式	4	1	u- - -ooooo
	NEC	r m	(r)←0-(r) (m)← 0-(m)	3 16+EA	2、3 或 4	o- - -ooooo
乘法指令	MUL	r8 r16 m8 m16	字节操作： (AX)← (AL)·(r/m) 字操作： (DX)(AX)← (AX)·(r/m)	70~77 118~113 (76~83) +EA (124~139) +EA	2 2 2、3 或 4 2、3 或 4	o- - -u u u u o
乘法指令	IMUL	r8 r16 m8 m16	字节操作： (AX)← (AL)·(r/m) 字操作： (DX)(AX)← (AX)·(r/m)	80~98 128~154 (86~104) +EA (134~160) +EA	2 2 2、3 或 4 2、3 或 4	o- - -u u u u o
	AAM		(AX)←把(AL)中的积调整到非压缩的 BCD 格式	83	2	u - - -oouou
除法指令	DIV	r8 r16 m8 m16	字节操作： (AL)← (AX)/(r/m)的商 (AH)← (AX)/(r/m)的余数 字操作： (AX)←(DX)(AX)/(r/m) 的商 (DX)←(DX)(AX)/(r/m) 的余数	80~90 144~162 (86~96) +EA (150~168) +EA	2 2 2、3 或 4 2、3 或 4	u- - -u u u u u
	IDIV	r8 r16 m8 m16	字节操作： (AL)← (AX)/(r/m)的商 (AH)← (AX)/(r/m)的余数 字操作： (AX)←(DX)(AX)/(r/m) 的商 (DX)←(DX)(AX)/(r/m) 的余数	101~112 165~184 (107~118) +EA (171~190) +EA	2 2 2、3 或 4 2、3 或 4	u- - -u u u u u

续表

类型	助记符	操作数	功　能	时钟周期数	字节数	状态标志位 ODITSZAPC
	CBW		(AL)的符号扩展到(AH)	2	1	---------
	CWD		(AX)的符号扩展到(DX)	5	1	---------
	AAD		(AL)← 10*(AH)+(AL) (AH) ←0 实现除法的非压缩 BCD 调整	60	2	u---○○u○u
比较及逻辑操作指令	CMP	r, r r, m m, r	(r)-(r) (r)-(m) (m)-(r)	3 9+EA 9+EA	2、3 或 4	○---○○○○○
	CMP	r, imm m, imm	(r)-imm (m)-imm	4 17+EA	3、4、5 或 6	○---○○○○○
	CMP	ac, imm	(m)-imm	4	2 或 3	○---○○○○○
	AND	r, r r, m m, r	(r)← (r)∧(r) (r)← (r) ∧(m) (m)← (m) ∧(r)	3 9+EA 16+EA	2、3 或 4	0---○○u○ 0
	AND	r, imm m, imm	(r)← (r) ∧imm (m)←(m) ∧imm	4 17+EA	3、4、5 或 6	0---○○u○ 0
	AND	ac, imm	(ac)← (m) ∧imm	4	2 或 3	0---○○u○ 0
	NOT	r m	(r)←($\bar{r}$) (m)←($\overline{m}$)	4 16+EA	2、3 或 4	---------
	OR	r, r r, m m, r	(r)← (r) ∨(r) (r)← (r) ∨(m) (m)← (m) ∨(r)	3 9+EA 16+EA	2、3 或 4	0---○○u○ 0
	OR	r, imm m, imm	(r)← (r) ∨imm (m)←(m) ∨imm	4 17+EA	3、4、5 或 6	0---○○u○ 0
比较及逻辑操作指令	OR	ac, imm	(ac)← (m) ∨imm	4	2 或 3	0---○○u○ 0
	TEST	r, r r, m m, r	(r)∧(r) (r) ∧(m) (m) ∧(r)	3 9+EA 16+EA	2、3 或 4	0---○○u○ 0
	TEST	r, imm m, imm	(r)← (r) ∧imm (m)←(m) ∧imm	5 17+EA	3、4、5 或 6	0---○○u○ 0
	TEST	ac, imm	(ac)← (m) ∧imm	4	2 或 3	0---○○u○ 0

续表

类型	助记符	操作数	功　能	时钟周期数	字节数	状态标志位 ODITSZAPC
	XOR	r, r r, m m, r	(r)← (r) ∀(r) (r)← (r) ∀ (m) (m)← (m) ∀ (r)	3 9+EA 16+EA	2、3 或 4	0- - -○○u○ 0
	XOR	r, imm m, imm	(r)← (r) ∀imm (m)←(m) ∀imm	4 17+EA	3、4、5 或 6	0- - -○○u○ 0
	XOR	ac, imm	(ac)← (m) ∀imm	4	2 或 3	0- - -○○u○ 0
串操作指令	LODS		(ac)← ((SI)) (SI) ←(SI)±1 或 2	不重复：12 重 复 ： 9 + 13/rep	1	- - - - - - - - -
	MOVS		((DI))← ((SI)) (SI) ←(SI)±1 或 2 (DI) ←(DI)±1 或 2	不重复：18 重 复 ： 9 + 17/rep	1	- - - - - - - - -
	STOS		((DI))← (ac) (DI) ←(DI)±1 或 2	不重复：11 重 复 ： 9 + 10/rep	1	- - - - - - - - -
	CMPS		((SI))－((DI)) (SI) ←(SI)±1 或 2 (DI) ←(DI)±1 或 2	不重复：22 重 复 ： 9 + 22/rep	1	○- - -○○○○○
	SCAS		((ac))－((DI)) (DI) ←(DI)±1 或 2	不重复：15 重 复 ： 9 + 15/rep	1	○- - -○○○○○
无条件转移、调用和返回指令	CALL	addr	(SP) ←(SP)-2 ((SP)+1,(SP)) ←(CS) (SP) ←(SP)-2 ((SP)+1,(SP)) ←(IP) (IP) ←addr(偏移地址部分) (CS) ←addr(段地址部分)	28	5	- - - - - - - - -
	CALL	D16	(SP) ←(SP)-2 ((SP)+1,(SP)) ←(IP) (IP) ←(IP)+D16	19	3	- - - - - - - - -
	CALL	m (sreg+IP)	(SP) ←(SP)-2 ((SP)+1,(SP)) ←(CS) (SP) ←(SP)-2 ((SP)+1,(SP)) ←(IP) (IP) ←(m) (CS) ←(m+2)	29+EA	2、3 或 4	- - - - - - - - -

续表

类型	助记符	操作数	功　能	时钟周期数	字节数	状态标志位 ODITSZAPC
	CALL	r m (仅有 IP)	(SP) ←(SP)-2 ((SP)+1,(SP)) ←(IP) (IP) ←(r/m)	16 21+EA	2、3 或 4	---------
	RET	(近)	(IP) ←((SP)) (SP) ←(SP)+2	8	1	---------
	RET	(远)	(IP) ←((SP))；(SP) ←(SP)+2 (CS) ←((SP))；(SP) ←(SP)+2	17	1	---------
无条件转移、调用和返回指令	RET	D16(近)	(IP) ←((SP)) (SP) ←(SP)+2+D16	12	3	---------
	RET	D16(远)	(IP) ←((SP))；(SP) ←(SP)+2 (CS) ←((SP))； (SP) ←(SP)+2+D16	18	3	---------
	JMP	addr	(IP) ←addr(偏移地址部分) (CS) ←addr(段地址部分)	15	5	---------
	JMP	D8	(IP) ←(IP)+D8	15	2	---------
	JMP	D16	(IP) ←(IP)+D16	15	3	---------
	JMP	m (sreg+IP)	(IP) ←(m) (CS) ←(m+2)	24+EA	2、3 或 4	---------
	JMP	r m (仅有 IP)	(IP) ←(r) (IP) ←(m)	11 18+EA	2、3 或 4	---------
条件转移指令	JA/JNBE	D8	若(C)∨(Z)=0, 则(IP) ←(IP)+D8	4/16	2	---------
	JAE/JNC/JNB	D8	若(C)=0, 则(IP) ←(IP)+D8	4/16	2	---------
	JB/JC/JNAE	D8	若(C)=1, 则(IP) ←(IP)+D8	4/16	2	---------
	JBE/JNA	D8	若(C)∨(Z)=1, 则(IP) ←(IP)+D8	4/16	2	---------
	JZ/JE	D8	若(Z)=1, 则(IP) ←(IP)+D8	4/16	2	---------
	JNLE/JG	D8	若(Z)=0,并且(SF)=(OF) 则(IP) ←(IP)+D8	4/16	2	---------

续表

类型	助记符	操作数	功　能	时钟 周期数	字节数	状态标志位 ODITSZAPC
	JNL/JGE	D8	若(S)=0, 则(IP) ←(IP)+D8	4/16	2	- - - - - - - - -
	JL/JNGE	D8	若(S)≠0, 则(IP) ←(IP)+D8	4/16	2	- - - - - - - - -
	JLE/JNG	D8	若(S)≠0 并且(Z)=1 则(IP) ←(IP)+D8	4/16	2	- - - - - - - - -
	JNZ/JNE	D8	若(Z)=0, 则(IP) ←(IP)+D8	4/16	2	- - - - - - - - -
	JNO	D8	若(OF)=0, 则(IP) ←(IP)+D8	4/16	2	- - - - - - - - -
	JNP/JPO	D8	若(PF)=0, 则(IP) ←(IP)+D8	4/16	2	- - - - - - - - -
	JNS	D8	若(SF)=0, 则(IP) ←(IP)+D8	4/16	2	- - - - - - - - -
	JP/JPE	D8	若(PF)=1, 则(IP) ←(IP)+D8	4/16	2	- - - - - - - - -
	JS	D8	若(SF)=1, 则(IP) ←(IP)+D8	4/16	2	- - - - - - - - -
	JCXZ	D8	若(CX)=1, 则(IP) ←(IP)+D8	4/18	2	- - - - - - - - -
条件转移指令	LOOP	D8	(CX) ←(CX) 1,若(CX)≠0, 则(IP) ←(IP)+D8	2	5/17	- - - - - - - - -
	LOOPE/LOOPZ	D8	(CX) ←(CX)-1,若(CX)≠0, 并且(Z)=1,则(IP) ←(IP)+D8	2	6/18	- - - - - - - - -
	LOOPNE/LOOPNZ	D8	(CX) ←(CX)-1,若(CX)≠0, 并且(Z)=0,则(IP) ←(IP)+D8	2	5/19	- - - - - - - - -
处理器控制指令	CLC		(C) ←0	2	1	- - - - - - - -0
	CMC		(C) ←($\overline{C}$)	2	1	- - - - - - - - ○
	CLD		(D) ←0	2	1	-0 - - - - - - -
	CLI		(I) ←0	2	1	- -0 - - - - - -
	STC		(C) ←1	2	1	- - - - - - - - 1
	STD		(D) ←1	2	1	- 1 - - - - - - -
	STI		(I) ←1	2	1	- - 1 - - - - - -

续表

类型	助记符	操作数	功　能	时钟周期数	字节数	状态标志位 ODITSZAPC
处理器控制指令	NOP		无操作	3	1	- - - - - - - - -
	ESC	m r	数据总线←(m) 数据总线←(r)	8+EA 2	2、3 或 4	- - - - - - - - -
	LOCK		封锁总线前缀	3		- - - - - - - - -
	WAIT		等待	3 或更多		- - - - - - - - -
	HLT		CPU 暂停	2 或更多		- - - - - - - - -
	IN	ac,DX	(ac) ←(DX)	8		- - - - - - - - -
	IN	ac,port	(ac) ←(port)	10		- - - - - - - - -
	OUT	DX, ac	(DX) ←(ac)	8		- - - - - - - - -
	OUT	port ,ac	(port) ←(ac)	10		- - - - - - - - -
	INT	n≠3 n=3	(SP) ←(SP) − 2,((SP)+1.(SP))←(FLAG) (IF)←0,(TF)←0 (SP) ←(SP) − 2,((SP)+1,(SP))←(CS) (SP) ←(SP)−2,((SP)+1,((SP))←(IP) (IP) ←(n*4),(CS) ←(n*4+2)	52 51	1 2	- - 00 - - - - -
	INTO		若(OF)=1,则 (SP) ←(SP) − 2,((SP)+1.(SP))←(FLAG) (IF)←0,(TF)←0 ((SP)+1,(SP))← (CS) (SP) ←(SP)−2，((SP)+1,((SP))←(IP) (IP) ←(10H),(CS) ←(12H)	53(OF=1) 4(OF)=0	1	- -00- - - - -
	IRET		(IP)←((SP)+1.(SP)),(SP)←(SP)+2 (CS) ←((SP)+1.(SP)), (SP)←(SP)+2 (FLAG) ←((SP)+1,((SP)), (SP)←(SP)+2	18	3	v v v v v v v v v
移位指令	RCL	r,1 m,1 r,CL m,CL	C ← [←] (循环)	2 15+EA 8+4(CL) 20+EA+4(CL)	2、3 或 4	○- - - - - - - ○

续表

类型	助记符	操作数	功　能	时钟周期数	字节数	状态标志位 ODITSZAPC
	RCR	r,1 m,1 r,CL m,CL	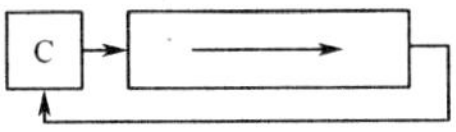	2 15+EA 8+4(CL) 20+EA+4(CL)	2、3 或 4	o- - - - - - - o
	ROL	r,1 m,1 r,CL m,CL	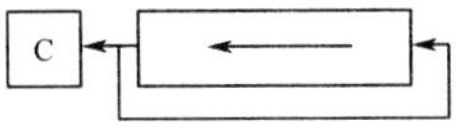	2 15+EA 8+4(CL) 20+EA+4(CL)	2、3 或 4	o- - - - - - - o
	ROR	r,1 m,1 r,CL m,CL	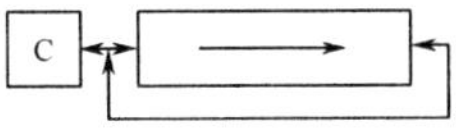	2 15+EA 8+4(CL) 20+EA+4(CL)	2、3 或 4	o- - -oouoo
	SAL	r,1 m,1 r,CL m,CL	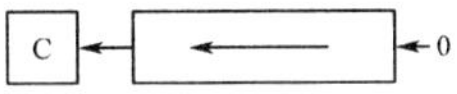	2 15+EA 8+4(CL) 20+EA+4(CL)	2、3 或 4	o- - -oouoo
	SHL	r,1 m,1 r,CL m,CL	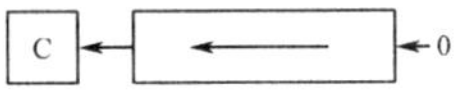	2 15+EA 8+4(CL) 20+EA+4(CL)	2、3 或 4	o- - -oouoo
	SAR	r,1 m,1 r,CL m,CL	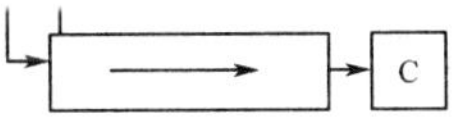	2 15+EA 8+4(CL) 20+EA+4(CL)	2、3 或 4	o- - -oouoo
	SHR	r,1 m,1 r,CL m,CL	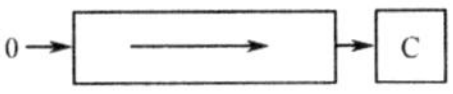	2 15+EA 8+4(CL) 20+EA+4(CL)	2、3 或 4	o- - -oouoo

注：8086 指令表中使用的符号说明如下。

r:	8 位或 16 位寄存器	m:	字节或字单元	D8:	8 位偏移量
r8:	8 位寄存器	m8:	字节单元	D16:	16 位偏移量
r16:	16 位寄存器	m16:	字单元	－：	不影响
sreg:	段寄存器	port:	端口地址	u：	无定义
imm:	立即数	addr:	8086 地址	v：	恢复原来保存的值
ac:	累加器	EA:	有效地址计算时间	○：	根据结果设置

附录 C　BIOS 中断调用

BIOS 中断功能调用为用户使用微机系统的硬件资源提供了方便，其使用过程为：将功能号放入 AH 中，并设置调用参数，然后执行软中断语句“INT n”。

INT	AH	功　能	调 用 参 数	返 回 参 数
10H	0H	设置显示方式	AL=00　40×25 黑白方式 AL=01　40×25 彩色方式 AL=02　80×25 黑白方式 AL=03　80×25 彩色方式 AL=04　320×200 彩色图形方式 AL=05　320×200 黑白图形方式 AL=06　320×200 黑白图形方式 AL=07　80×25 单色文本方式 AL=08　160×200 16 色图形(PCjr) AL=09　320×200 16 色图形(PCjr) AL=0A　640×200 16 色图形(PCjr) AL=0B　保留(EGA) AL=0C　保留(EGA) AL=0D　320×200 彩色图形(EGA) AL=0E　640×200 彩色图形(EGA) AL=0F　640×350 黑白图形(EGA) AL=10　640×350 彩色图形(EGA) AL=11　640×480 单色图形(EGA) AL=12　640×480 16 色图形(EGA) AL=13　320×200 256 色图形(EGA) AL=40　80×30 彩色文本(CGE400) AL=41　80×50 彩色文本(CGE400) AL=42　640×400 彩色图形(CGE400)	
10H	1H	置光标类型	$(CH)_{0-3}$=光标起始行 $(CH)_{0-3}$=光标起始行	
10H	2H	置光标位置	BH=页号 DH,DL=行,列	
10H	3H	读光标位置	BH=页号	CH=光标起始行 DH,DL=行,列

续表

INT	AH	功　　能	调 用 参 数	返 回 参 数
10H	4H	读光笔位置		AH=0 光笔未触发 AH =1 光笔触发 CH=像素行 BX=像素列 DH=字符行 DL=字符列
10H	5H	置显示页	AL=页号	
10H	6H	屏幕初始化或上卷	AL=上卷行数 AL=0 整个窗口空白 BH=卷入行属性 CH=左上角行号 CL=左上角列号 DH=右下角行号 DL=右下角列号	
10H	7H	屏幕初始化或下卷	AL=下卷行数 AL=0 整个窗口空白 BH=卷入行属性 CH=左上角行号 CL=左上角列号 DH=右下角行号 DL=右下角列号	
10H	8H	读光标位置的字符和属性	BH=显示页	AH=属性 AL=字符
10H	9H	在光标位置显示字符及属性	BH=显示页 AL=字符 BL=属性 CX=字符重复次数	
10H	0AH	在光标位置显示字符	BH=显示页 AL=字符 CX=字符重复次数	
10H	0BH	置彩色调板(320×200 图形)	BH=彩色调板 ID BL=和 ID 配套使用的颜色	
10H	0CH	写像素	DX=行(0~199) CX=列(0~639) AL=像素值	
10H	0DH	读像素	DX=行(0~199) CX=列(0~639)	AL=像素值
10H	0EH	显示字符 (光标前移)	AL=字符 BL=前景色	

INT	AH	功　能	调 用 参 数	返 回 参 数
10H	0FH	取当前显示方式		AH=字符列数 AL=显示方式
10H	13H	显示字符串(适用 AT)	ES:BP=串地址 CX=串长度 DH,DL=起始行,列 BH=页号 AL=0,BL=属性 串:char,char,… AL=1,BL=属性 串:char,char,… AL=2 串:char,attr,char,attr,… AL=3 串: char,attr,char,attr,…	光标返回起始位置 光标跟随移动 光标返回起始位置 光标跟随移动
11H		设备检验		AX=返回值 Bit0=1,配有磁盘 bit1=1,80287 协处理器 bit4,5=01,40×25BW（彩色板） =10,80×25BW（彩色板） =11,80×25BW（黑白板） bit6,7=罗盘驱动器 bit9,10,11=RS-232 版号 bit12=游戏适配器 bit13=串行打印机 bit14,15=打印机号
12H		测定存储器容量		AL=字节数(KB)
13H	0H	软盘系统复位		
13H	1H	读软盘状态		AL=状态字节
13H	2H	读磁盘	AL=扇区数 CH,CL=磁盘号，扇区号 DH,DL=磁头号，驱动器号 ES:BX=数据缓冲区地址	读成功：AH=0 AL=读取的扇区数 读失败：AH=出错代码
13H	3H	写磁盘	同上	写成功：AH=0 AL=写入的扇区数 写失败：AH=出错代码
13H	4H	检验磁盘扇区	同上(ES:BX 不设置)	成功：AH=0 AL=检验的扇区数 失败：AH=出错代码
13H	5H	格式化磁盘道	ES:BX＝磁道地址	成功：AH=0 失败：AH=出错代码

续表

INT	AH	功　能	调 用 参 数	返 回 参 数
14H	0 H	初始化串行通信口	AL=初始化参数 DX=通信口号(0,1)	AH=通信口状态 AL=调制解调器状态
14H	1H	向串行通信口写字符	AL=字符 DX=通信口号(0,1)	写成功：$(AH)_7$=0 写失败：$(AH)_7$=1 $(AH)_{0\sim6}$=通信口状态
14H	2H	从串行通信口读字符	DX=通信口号(0,1)	读成功：$(AH)_7$=0 (AL)=字符 写失败：$(AH)_7$=1 $(AH)_{(0\sim6)}$ =通信口状态
14H	3H	取通信口状态	DX=通信口号(0,1)	AH=通信口状态 AL=调制解调器状态
15H	0H	启动盒式磁带马达		
15H	1H	停止盒式磁带马达		
15H	2H	磁带分块读	ES:BX=数据传输区地址 CX=字节数	AH=状态字节 AH=00 读成功 =01 冗余检验错 =02 无数据传输 =04 无引导
15H	3H	磁带分块写	DS:BX=数据传输区地址 CX=字节数	同上
16H	0H	从键盘读字符		AL=字符码 AH=扫描码
16H	1H	读键盘缓存区字符		ZF=0,AL=字符码 AH=扫描码 ZF=1 缓存区空
16H	2H	读键盘状态字节		AL=键盘状态字节
17H	0H	打印字符 回送状态字符	AL=字符 DX=打印机号	AH=打印机状态字节
17H	1H	初始化打印机 回送状态字节	DX=打印机号	AH=打印机状态字节
17H	2H	取状态字节	DX=打印机号	AH=打印机状态字节
1AH	0H	读时钟		CH:CL=时:分 DH:DL=秒:1/100 秒
1AH	1H	置时钟	CH:CL=时:分 DH:DL=秒:1/100 秒	
1AH	2H	读实时钟		CH:CL=时:分(BCD) DH:DL=秒:1/100 秒(BCD)
1AH	6H	置报警时间	CH:CL=时:分(BCD) DH:DL=秒:1/100 秒(BCD)	
1AH	7H	清楚报警		

附录D　DOS功能调用（INT 21H）

AH	功　　能	入 口 参 数	出 口 参 数
00H	程序终止	CS=程序段前缀 PSP	
01H	键盘输入并回显		AL=输入字符
02H	显示输出	DL=输出字符	
03H	辅助设备（COM1）输入		AL=输入数据
04H	辅助设备（COM1）输出	DL=输出字符	
05H	打印机输出	DL=输出字符	
06H	直接控制台 I/O	DL=FF(输入)	AL=输入字符
		DL=字符（输出）	
07H	键盘输入（无回显）		AL=输入字符
08H	键盘输入（无回显）		AL=输入字符
	检测 Ctrl-Break 或 Ctrl+C		
09H	显示字符串	DS:DX=串地址	
		字符串以‘$’结尾	
0AH	键盘输入到缓冲区	DS:DX=缓冲区首址	
		(DS:DX)=缓冲区最大字符数 (DS:DX+1)=实际输入字符数	
0BH	检验键盘状态		AL=00 有输入
			AL=FF 无输入
0CH	清楚缓冲区并请求指定的输入功能	AL=输入功能号(1，6，7，8)	
0DH	磁盘复位		清除文件缓冲区
0EH	指定当前默认的磁盘驱动器	DL=驱动器号	AL=系统中的驱动器数
		(0=A,1=B,…)	
0FH	打开文件(FCB)	DS:DX=FCB 首地址	AL=00 文件找到
			AL=FF 文件为找到
10H	关闭文件(FCB)	DS: DX=FCB 首地址	AL=00 目录修改成功
			AL=FF 目录中未找到文件
11H	查找第一个目录项(FCB)	DS:DX=FCB 首地址	AL=00 找到匹配的目录项
			AL=FF 未找到匹配的目录项
12H	查找下一个目录项(FCB)	DS:DX=PCB 首地址	AL=00 找到匹配的目录项
			AL=FF 未找到匹配的目录项
13H	删除文件(FCB)	DS:DX=FCB 首地址	AL=00 删除成功
			AL=FF 文件未删除

续表

AH	功　能	入口参数	出口参数
14H	顺序读文件(FCB)	DS:DX=FCB 首地址	AL=00 读成功
			AL=01 文件结束，未读到数据
			AL=02 DTA 边界错误
			AL=03 文件结束，记录不完整
15H	顺序写文件(FCB)	DS:DX=FCB 首地址	AL=00 写成功
			AL=01 磁盘满或是只读文件
			AL=02 DTA 边界错误
16H	建文件(FCB)	DS:DX=FCB 首地址	AL=00 建文件成功
			AL=FF 磁盘操作有错
17H	文件改名(FCB)	DS:DX=FCB 首地址	AL=00 文件被改名
			AL=FF 文件未改名
19H	取当前默认磁盘驱动器	AL=00 默认的驱动器号	
	0=A,1:B,2=C···		
1AH	设置 DTA 地址	DS:DX=DTA 地址	
1BH	取默认驱动器 FAT 信息		AL=每簇的扇区数
			DS:BX=指向介质说明的指针
			CX=物理扇区的字节数
			DX=每磁盘簇数
1CH	取指定驱动器 FAT 信息		同上
1FH	取默认磁盘参数块		AL=00 无错
			AL=FF 出错
			DS:BX=磁盘参数块地址
21H	随机读文件(FCB)	DS:DX=FCB 首地址	AL=00 读成功
			AL=01 文件结束
			AL=02 DAT 边界错误
			AL=03 读部分记录
22H	随机写文件(FCB)	DS:DX=FCB 首地址	AL=00 写成功
			AL=01 磁盘满或是只读文件
			AL=02 DAT 边界错误
23H	测文件大小(FCB)	DS:DX=FCB 首地址	AL=00 成功，记录数填如 FCB
			AL=FF 未找到匹配的文件
24H	设置随即记录号	DS:DX=FCB 首地址	
25H	设置中断向量	DS:DX=中断向量 AL=中断类型号	
26H	建立程序段前缀 PSP	DX=新 PSP 段地址	
27H	随即分块读(FCB)	DS:DX=FCB 首地址	AL=00 读成功
		CX=记录数	AL=01 文件结束
			AL=02 DTA 边界错误

续表

AH	功 能	入 口 参 数	出 口 参 数
			AL=03 读入部分记录
			CX=读取的记录数
28H	随即分块写(FCB)	DS:DX=FCB 首地址	AL=00 写成功
		CX=记录数	AL=01 磁盘满或是只读文件
			AL=02 DAT 边界错误
29H	分析文件名字符串(FCB)	ES:DI=FCB 首地址	AL=00 标准文件
		DS:SI=ASCIIZ 串	AL=01 多义文件
			AL=02 DAT 边界错误
2AH	取系统日期		CX=年(1980-2099)
			DH=月(1-12),DL=日(1-31)
			AL=星期（0-6）
2BH	置系统日期	CX=年(1980-2099)	AL=00 成功
		DH=月(1-12)DL=日(1-31)	AL=FF 无效
2CH	取系统时间		CH:CL=时：分
			DH:DL=秒：1/100 秒
2DH	置系统时间	CH:CL=时：分	AL=00 成功
		DH:DL=秒：1/100 秒	AL=FF 无效
2EH	设置磁盘检验标志	AL=00 关闭检测	
		AL=FF 打开检测	
2FH	取 DTA 地址		ES:BX=DAT 首地址
30H	取 DOC 版本号		AL=版本号 AH=发型号 BH=DOS 版本标志 BL:CX=序号(24 位)
31H	结束并驻留	AL=返回号夹 DX=驻留区大小	
32H	取驱动器参数快	DL=驱动器号	AL=FF 驱动器无效 DS:BX=驱动器参数块地址
33H	Crtl-Break 检测	AL=00 取标志状态	DL=00 关闭检测 DL=01 打开检测
35H	取中断向量	AL=中断类型号	ES:BX=驱动器参数块地址
36H	取空闲磁盘空间	DL=驱动器号	成功：AX=每簇扇区数
		0=默认，1=A,2=B···	BX=可用扇区数 CX=每扇区字节数 DX=磁盘总扇区数
39H	建立子目录	DS:DX=ASCII Z 串	AX=错误代码
3AH	删除子目录	DS:DX=ASCII Z 串	AX=错误代码
3BH	设置目录	DS:DX=ASCII Z 串	AX=错误代码
3CH	建立文件	DS:DX=ASCII Z 串 CX=文件属性	成功：AX=文件代号 失败：AX=错误代码
3DH	打开文件	DS:DX=ASCII Z 串 AL=访问和文件的共享方式 0=读，1=写，2=读/写	成功：AX=文件代号 失败：AX=错误代码

续表

AH	功　能	入 口 参 数	出 口 参 数
3EH	关闭文件	BX=文件代号	失败:AX=错误代码
3FH	读文件或设备	DS:DX=ASCIIZ 串 BX=文件代号 CX=读取的字节数	成功:AX =实际读入的字节数 AX =0 已到文件结尾 失败：AX =错误代码
40H	写文件或设备	DS:DX=ASCIIZ 串 BX=文件代号 CX=写入的字节数	成功:AX =实际写入的字节数 失败:AX =错误代码
41H	删除文件	DS:DX=ASCIIZ 串	成功:AX =00 失败:AX =错误代码
42H	移动指针文件	BX=文件代号	成功：DX:AX=新指针位置
		CX:DX=位移量	失败：AX=错误码
		AL=移动方式	
43H	置/取文件属性	DS:DX=ASCIIZ 串地址	成功:CX=文件属性
		AL=00 取文件属性	失败:AX=错误码
		AL=01 置文件属性 CX=文件属性	
44H	设备驱动程序控制	BX=文件代号	成功:DX=设备信息
		AL=设备子功能代码(0-11H)	AX=传送的字节数
		0=取设备信息	失败:AX=错误码
		1=置设备信息	
		2=读字符设备	
		3=写字符设备	
		4=读块设备	
		5=写块设备	
		6=取输入状态	
		7=取输出状态，…	
		BL=驱动器代码	
		CX=读/写的字节数	
45H	复制文件代号	BX=文件代号 1	成功:AX=文件代号 2
			失败: AX:错误码
46H	强行复制文件代号	BX=文件代号 1	失败:AX=错误码
		CX=文件代号 2	
47H	取当前目录路径名	DL=驱动器号	成功:DS:SI=当前 ASCII Z
		DS:SI=ASCII Z 串地址	串地址
		(从根目录开始的路径名)	失败:AX=错误码
48H	分配内存空间	BX=申请内存字节数	成功：AX：分配内存的初
			始段地址
			失败：AX=错误码
			BX=最大可用空间
49H	释放已分配内存	ES=内存起始段地址	失败：AX=错误码

续表

AH	功　能	入 口 参 数	出 口 参 数
4AH	修改内存分配	ES=原内存起始段地址	失败：AX=错误码
		BX=新申请内存字节数	BX=最大可用空间
4BH	装入/执行程序	DS:DX=ASCIIZ 串地址	失败：AX=错误码
		ES:BX=参数区首地址	
		AL=00 装入并执行程序	
		AL=01 转入程序，但不执行	
4CH	带返回码终止	AL=返回码	
4DH	取返回代码		AL=子出口代码
			AH=返回代码
			00=正常终止
			01=用 **Ctrl-c** 终止
			02=严重设备错误终止
			03=用功能调用 31H 终止
4EH	查找第一个匹配文件	DS:DX=ASCII Z 串地址	失败：AX=错误码
		CX=属性	
4FH	查找下一个匹配文件	DTA 保留 4EH 的原始信息	失败：AX=错误码
50H	置 PSP 段地址	BX=新 PSP 段地址	
51H	取 PSP 段地址		BX=当前运行进程的 PSP
52H	取磁盘参数块		ES:BX=参数块链表指针
53H	把 BIOS 参数块(BPB)转换为 DOS 的驱动器参数块（DPB）	DS:SI=BPB 的指针 ES:BP=DPB 的指针	
54H	取写盘后读盘的检验标志		AL=00 检验关闭 AL=01 检验打开
55H	建立 PSP	DX=建立 PSP 的段地址	
56H	文件改名	DS:DX=当前 ASCIIZ 串地址	失败：AX=错误码
		ES:DI=新 ASCII 串地址	
57H	置/取文件日期和时间	BX=文件代号	失败：AX=错误码
		AL=00 读取日期和时间	
		AL=01 设置日期和时间	
		(DX:CX)=日期：时间	
58H	取/置内存分配策略	AL=00 取策略代码	成功：AX=策略代码
		AL=01 置策略代码	失败：AX=错误码
		BX=策略代码	
59H	取扩充错误码	BX=00	AX=扩充错误码
			BH=错误类型
			BL=建议的操作
			CH=出错设备代码
5AH	建立临时文件夹	CX=文件属性	成功：AX=文件代号

续表

AH	功　　能	入 口 参 数	出 口 参 数
		DS:DX=ASCII Z 串（以/结束）	DS:DX=ASCII Z 串地址
		地址	失败：AX：错误代码
5BH	建立新文件夹	CX=文件属性	成功：AX=文件代号
		DS:DX=ASCII Z 串地址	失败：AX=错误代码
5CH	锁定文件存取	AL=00 锁定文件指定的区域	
		AL=01 开锁	失败：AX=错误代码
		BX=文件代号	
		CX:DX=文件区域偏移值	
		SI:DI=文件区域长度	
5DH	取/置严重错误标志的地址	AL=06 取严重错误标志地址	DS:SI=严重错误标志的地址
		AL=0A 置 ERROR 结构指针	
60H	扩展为全路径名	DS:SI=ASCII Z 串的地址	失败：AX=错误代码
		ES:DI=工作缓冲区地址	
62H	取程序段前缀地址		AX=PSP 地址
68H	刷新缓冲区数据到磁盘	AL=文件代号	失败：AX=错误代码
6CH	扩充的文件打开/建立	AL=访问权限	成功：AX=文件代号
		BX=打开方式	CX：采取的动作
		CX=文件属性	失败：AX=错误代码
		DS:SI=ASCII Z 串地址	

参考文献

[1] 刘乐善，欧阳明星，刘学清，等. 微型计算机接口技术及应用[M]. 武汉：华中科技大学出版社，2004.

[2] 史新福. 微型计算机原理与接口技术[M]. 北京：人民邮电出版社，2009.

[3] 杨帮华，马世伟，王健，等. 微机原理与接口技术实用教程[M]. 北京：清华大学出版社，2008.

[4] 马平，姚万业，王炳谦. 微机原理及应用[M]. 北京：中国电力出版社，2003.

[5] 王富东，陈蕾. 微机原理与接口技术[M]. 苏州：苏州大学出版社，2008.

[6] 王惠中，王强，李策. 微机原理及接口技术[M]. 北京：机械工业出版社，2008.

[7] 郑学坚，周斌. 微型计算机原理及应用[M]. 第3版. 北京：清华大学出版社，2001.

[8] 尚凤军，何利，杨勇，等. 微机原理与接口技术[M]. 北京：机械工业出版社，2008.

[9] 周荷琴，吴秀清. 微型计算机原理与接口技术[M]. 第3版. 合肥：中国科学技术大学出版社，2006.

[10] 任向民. 微机接口技术实用教程[M]. 北京：清华大学出版社，2008.

[11] 李恩林，陈斌生. 微机接口技术500问[M]. 北京：机械工业出版社，2005.

[12] 李恩林，陈斌生. 微机接口技术300例[M]. 北京：机械工业出版社，2003.

[13] 陈建铎. 微机原理与接口技术[M]. 北京：高等教育出版社，2008.

[14] 龚尚福. 微机原理与接口技术[M]. 西安：西安电子科技大学出版社，2003.

[15] 荆淑霞. 微机原理与汇编语言程序设计[M]. 北京：中国水利水电出版社，2005.

[16] 刘永华、王成瑞. 微机原理与汇编语言程序设计[M]. 北京：中国铁道出版社，2006.

[17] 张菊鹏，等. 计算机硬件技术基础[M]. 北京：清华大学出版社，2000.

[18] 吕林涛. 微型计算机原理与接口技术[M]. 北京：科学出版社，2005.

[19] 沈美明，温冬婵. IBM-PC汇编语言程序设计[M]. 北京：清华大学出版社，2006.

[20] 温阳东，等. 微机原理与接口技术实用教程[M]. 北京：清华大学出版社，2008.

[21] 张荣标，等. 微型计算机原理与接口技术 [M]. 第2版. 北京：机械工业出版社，2009.